Edward Russell-Walling

50 Schlüsselideen
Management

Aus dem Englischen übersetzt von Heike Reissig

Inhalt

Einleitung

Unternehmen verhalten sich in vielerlei Hinsicht wie Menschen. Manche sind stets freundlich und hilfsbereit, andere nur auf ihren eigenen Vorteil bedacht und die meisten wohl eine Mischung aus beidem. Auch Unternehmen wollen vorwärtskommen, mehr verdienen und mehr Einfluss nehmen. Und sie denken viel darüber nach, wie sie das erreichen können. Einige haben genug Selbstvertrauen und Selbstkenntnis, um ihren Weg ganz ohne Unterstützung erfolgreich zu meistern. Andere lassen sich lieber professionell beraten. Die meisten jedoch schauen sich zunächst an, was die anderen machen, um schließlich deren Ideen zu kopieren.

Von diesen Ideen, egal ob es die eigenen sind oder nicht, handelt das vorliegende Buch. Einige dieser Ideen beschäftigen sich mit Unternehmensstrategien, d. h. wie das Unternehmen seine Ziele zu erreichen gedenkt. Andere Ideen befassen sich mit Managementstilen oder Organisationsstrukturen, also wie sich das Unternehmen strukturiert und seine Systeme einsetzt. Es gibt unterschiedlichste Managementideen zu Themen wie Wettbewerbsstrategie, Mitarbeitermotivation, Qualitätssteigerung, Führungsstile und sogar Denkweisen.

Managementideen sind Produkte wie andere auch. Oft werden sie im Praxisalltag innovativer Unternehmen geboren, um dann später in den Wirtschaftshochschulen zu Theorien umformuliert zu werden und als Ideen in Produktion zu gehen. Den Vertrieb übernehmen Ideenhändler: Managementberater und Business Consultants, die diese Ideen an die Unternehmen verkaufen. Die Unternehmen wenden die Ideen schließlich in der Praxis an und geben Feedback zu eventuellen Mängeln; die Akademiker ändern daraufhin das Design ein wenig um und wenn die Idee grundsätzlich gut ist, durchwandert sie wie jedes Produkt weiter den Zyklus.

Wie alle anderen Produkte haben auch Ideen einen Wert, der durchaus hoch sein kann, vor allem, wenn die Idee brandneu ist. Doch auch Ideen sind nur begrenzt haltbar. Selbst die brillanteste Managementidee, die als heißestes Must-Have der Saison gefeiert wird, verschwindet irgendwann wieder in der Versenkung – spätestens dann, wenn die Manager erkennen, dass sie nicht wirklich hält, was sie verspricht. Die besten Ideen schaffen es, von der Allgemeinheit übernommen zu werden; sie werden dann immer wieder aufs Neue dem Wandel der Zeit angepasst. Manche Top-Ideen werden zu Bestsellern gehypt, nur um später in Ungnade zu fallen, doch immerhin schaffen es einige, als Bruchstücke in der allgemein akzeptierten Denkweise zu überleben. Zwei Seiten halten diesen kontinuierlichen „Aus alt mach neu“-Kreislauf in Gang: zum einen die Akademiker und Berater, die ständig neue Produkte anbieten müssen, um im Geschäft zu bleiben, zum anderen die Manager mit ihrer anhaltenden Nachfrage nach neuen Lösungen, um ihr Geschäft zu optimieren.

Management lässt sich nicht eindeutig als Kunst oder als Wissenschaft definieren. Wissenschaft verspricht Gewissheit, doch zum Leidwesen der Manager ist in der modernen Wirtschaftswelt vieles sehr ungewiss. Managementideen sind Produkte ohne Garantie in einer Welt, die sich ständig verändert – und deshalb werden auch in Zukunft immer wieder neue Managementideen auftauchen und zu der evolutionären Vielfalt beitragen, die in diesem Buch präsentiert wird.

01 Adhokratie

Als Organisationsform ist die Adhokratie das Gegenteil der Bürokratie: Sie hat eine organische Struktur, ist dezentralisiert und bietet – zumindest theoretisch – flexiblere und schnellere Reaktionsabläufe. In einer Bürokratie sind die Mitarbeiter der Struktur untergeordnet. Eine Adhokratie dagegen stellt die Mitarbeiter über die Struktur.

Eine Bürokratie ist nach Definition des *Oxford Dictionary of Business and Management* „ein hierarchisches Verwaltungssystem, konzipiert für die routinemäßige Bewältigung großer Arbeitsumfänge, insbesondere durch Befolgung streng festgelegter Rollen und Vorschriften". Ihre Kennzeichen sind Kontinuität, Stabilität, Erfahrungsreichtum, Anwendung bewährter Denkweisen und Verzicht auf das Vertrauen in den Einzelnen. Diese Beschreibung stellt die Unterschiede zur Adhokratie schon recht klar heraus.

Die Idee der Adhokratie wurde zuerst von Warren G. Bennis formuliert, einem der renommiertesten US-amerikanischen Wirtschaftswissenschaftler und Führungstheoretiker. In seinem Buch *The Temporary Society* (mit Philip Slater, 1968) sagte er voraus, dass das Unternehmen der Zukunft aus flexiblen, spontan agierenden Projektteams innerhalb einer Struktur besteht. Diese bezeichnete er als „Adhokratie". Der lateinische Begriff *ad hoc* bedeutet „eigens zu diesem Zweck" oder auch „aus dem Moment heraus".

„Adhokratie ist organisiertes Chaos."
Alvin Toffler, 1970

Alvin Tofflers Beststeller *Der Zukunftsschock* von 1970 machte das Konzept der Adhokratie einem breiten Publikum bekannt. Er beschrieb die Adhokratie als eine neue, informelle, dynamische Organisation. Seine Prognose lautete, dass Unternehmen flachere Strukturen, schnellere Informationsflüsse und veränderungsfähige Projektteams benötigen würden, um zu überleben. Eine Weiterentwicklung erfuhr der Begriff insbesondere durch den kanadischen Wirtschaftswissenschaftler Henry Mintzberg. Mintzberg untersuchte, mit welchen Tätigkeiten Manager tatsächlich ihre Zeit verbringen und beschäftigte sich dabei auch mit Organisationsstrukturen. In seinem Buch *The Structu-*

Zeitleiste

1450 Innovation

1920 Dezentralisierung

Mintzbergs Organisationsformen (und Koordinierungsmechanismen)

	einfach	**komplex**
stabil	**Maschinenbürokratie** Standardisierung von Arbeitsprozessen und -ergebnissen	**Profibürokratie** Standardisierung von Kompetenzen und Normen
dynamisch	**Einfachstruktur** Direkte Aufsicht	**Adhokratie** Gegenseitige Abstimmung

ring of Organizations von 1979 beschrieb er vier Grundtypen. Die Zuordnung eines Unternehmens zu einem dieser Grundtypen erfolgte in Abhängigkeit von der Arbeitsumwelt (einfach oder komplex) und von der Veränderungsgeschwindigkeit (stabil oder dynamisch) des Unternehmens. Mintzbergs Modell enthielt vier Konfigurationen: Maschinenbürokratie, professionelle Bürokratie, Einfachstruktur und Adhokratie. Mintzberg zufolge verwendet jede von ihnen verschiedene grundlegende Mechanismen zur Koordinierung ihrer Aktivitäten. Darüber hinaus ist die Machtverteilung bei jeder Konfiguration anders.

Maschinenbürokratie Dieses Organisationsmodell ist durch hochspezialisierte und zugleich routinemäßige Arbeitsaufgaben, formale Abläufe, eine Vielzahl von Vorschriften und Regeln, eine formalisierte Kommunikation, große Betriebseinheiten und eine relativ zentralisierte Entscheidungsfindung gekennzeichnet. Es verfügt über zahlreiche Funktionsstellen, in denen Prozesse und Arbeitsabläufe definiert und überwacht werden; Mintzberg bezeichnet sie als „Technostruktur". Die vorherrschenden Koordinierungsmechanismen sind die Standardisierung der Arbeitsprozesse und die Standardisierung der Arbeitsergebnisse; sie liegen in der Zuständigkeit der Technokraten. In dieser Organisationsform haben die Technokraten somit eine beträchtliche Macht. Die Maschinenbürokratie findet sich beispielsweise bei General Motors.

Professionelle Bürokratie In einer professionellen Bürokratie oder auch Profibürokratie werden Entscheidungen vor allem im betrieblichen Kern getroffen, der aus hochqualifizierten Mitarbeitern besteht. Diese arbeiten relativ unabhängig voneinander.

Die Kleeblattorganisation

Die meisten Beiträge zu Managementtheorie und Innovation stammen bislang aus den USA, denn hier befindet sich die weltweit größte Unternehmenskonzentration mit einem entsprechend großen Markt. Doch nicht wenige der einflussreichsten Managementdenker kommen aus Europa, darunter der irische Wirtschafts- und Sozialphilosoph Charles Handy, der früher als Manager für Shell tätig war und seit vielen Jahren an der London Business School lehrt. Handy hat einige bahnbrechende Ideen entwickelt, darunter das Modell der „Shamrock-Organisation“ oder „Kleeblatt-Organisation“, benannt nach dem irischen Nationalsymbol, dem dreiblättrigen Kleeblatt.

In seinem Buch *The Age of Unreason* (1989) beschreibt er die Kleeblatt-Organisation als post-adhokratische Struktur, die die wachsende Flexibilität und Fragmentierung vieler moderner Organisationen reflektiert. Die Mitarbeiter der Kleeblatt-Organisation sind in drei verschiedene Gruppen aufgeteilt.

Zur **Kernbelegschaft** des Unternehmens gehört eine kleine Anzahl von Managern und Administratoren, hochentlohnte Vollzeitmitarbeiter, von denen außerordentliche Leistungen verlangt werden.

Externe Spezialisten werden im Bedarfsfall für eine begrenzte Zeitdauer eingesetzt und erhalten eine Honorarvergütung. Das Unternehmen engagiert sie, um bestimmte Ziele zu erreichen, hat jedoch meist keine Kontrolle über ihre Arbeitsmethoden.

Die Gruppe der **flexiblen Arbeitskräfte** besteht aus Teilzeitkräften und Aushilfen. Das Unternehmen setzt sie bevorzugt zur Erledigung unterstützender Aufgaben ein, um die Kernbelegschaft zu entlasten und Kosten zu sparen.

Die professionelle Bürokratie ist ebenfalls an ein Regelwerk gebunden, das jedoch im Gegensatz zur Maschinenbürokratie nicht intern, sondern extern festgelegt wird. Vorherrschende Koordinierungsmechanismen sind die Standardisierung der Qualifikationen sowie die Standardisierung der Aufgaben. Krankenhäuser oder Wirtschaftsprüfungsgesellschaften sind Beispiele für das Vorkommen von Profibürokratien.

„Die palastartigen Strukturen der Konzerne stürzen ein und plötzlich finden wir uns in einer Welt von Zelten wieder.“
Charles Handy, 1989

Die Einfachstruktur Bei diesem Grundtyp ist die Technostruktur nur schwach ausgeprägt. Das dominante Organisationselement ist die strategische Spitze: Die Macht ist zentralisiert und liegt beim Unternehmensgründer oder Geschäftsführer. Der Koordinationsmechanismus besteht in direkter Aufsicht und Kontrolle, Entscheidungen werden von der Unternehmensleitung getroffen. Dieser Organisationstyp hat eine relativ flexible und informelle Struktur, in der Planungsfunktionen kaum eine Rolle spielen; oft ist eine hohe Mitarbeiterloyalität zu beobachten. Die meisten Unternehmen beginnen als Einfachstruktur.

Die Adhokratie bildet den Gegensatz zur Maschinenbürokratie. Sie vereint den informellen Charakter der Einfachstruktur mit der dezentralisierten Machtverteilung der Profibürokratie, oft sogar noch in stärkerem Maße als diese beiden Grundtypen. Bennis zufolge verfügen ihre Spezialisten über eine beträchtliche Autonomie; sie arbeiten in kleinen, marktorientierten Projektteams zusammen. Bei diesem Organisationsmodell stehen Innovationsfähigkeit und Kreativität im Vordergrund, Standardisierungen und Rollenzuordnungen sind kaum vorhanden. Vorrangiger Koordinationsmechanismus ist die gegenseitige Abstimmung der *ad hoc*-Teams; die Macht ist also gleichmäßig verteilt. Das Modell der Adhokratie findet sich bei vielen Werbeagenturen sowie bei Unternehmen aus den Bereichen IT und Neue Medien.

» Die Adhokratie zeigt nur wenig Ehrfurcht vor klassischen Managementprinzipien. «
Henry Mintzberg, 1979

Mintzberg unterscheidet zwei Arten von Adhokratie. Die betriebliche Adhokratie entwickelt Innovationen und Problemlösungen für ihre Kunden; Beispiele sind die zuvor genannten Werbeagenturen und IT-Unternehmen. Die administrative Adhokratie hat ebenfalls eine Projektteamstruktur, führt die Projekte jedoch für den Eigenbedarf durch; als Beispiel nennt Mintzberg forschungsorientierte Institutionen wie die NASA. In einer administrativen Adhokratie werden weniger anspruchsvolle operative Aufgaben häufig automatisiert oder ausgelagert.

Das Organisationsmodell der Adhokratie ist stark auf dem Vormarsch. Robert Waterman, Co-Autor von *In Search of Excellence*, veröffentlichte 1990 ein weiteres Buch mit dem simplen Titel *Adhocracy*. Er definierte Adhokratie als „jede Form von Organisation, die sich über herkömmliche bürokratische Strukturen hinwegsetzt mit dem Ziel, Chancen zu nutzen, Probleme zu lösen und Ergebnisse zu erzielen". In einem Zeitalter des immer schnelleren Wandels haben anpassungsfähige Organisationen, die durch Adhokratie gekennzeichnet sind, laut Waterman die größten Chancen zu überleben.

Worum es geht
Das Gegenteil von Bürokratie

02 Balanced Scorecard

Stellen Sie sich einmal vor, man würde Management mit einem Sportteam gleichsetzen. Dann wäre die Strategie der Spielmacher, sozusagen der Held, der alle Schlagzeilen einheimst. Doch selbst die beste Strategie ist bedeutungslos, wenn sie nicht erfolgreich umgesetzt wird. Die restlichen Spieler des Teams sind genauso relevant, wenn es darum geht, das Spiel zu gewinnen. Seit Anfang der 1990er ist die Balanced Scorecard (BSC) ein bevorzugtes Instrument zur Steuerung und Kontrolle der Strategieumsetzung.

Seither hat die BSC verschiedene Entwicklungsstadien durchlaufen. Erstmals erwähnt wurde sie 1992 in einem Artikel von Robert S. Kaplan und David Norton in der *Harvard Business Review*. Die BSC unterteilt die Strategie eines Unternehmens in quantifizierbare Ziele und stellt dann mithilfe von Messgrößen fest, ob diese Ziele erreicht werden. Der Prozess beginnt mit einer Leitbildaussage (Vision oder Mission Statement). Daraus werden einzelne Strategien abgeleitet, die dann in taktische Maßnahmen und in Messgrößen (Kennzahlen) übersetzt werden. Das Besondere an der BSC ist, dass die Aktivitäten des Unternehmens aus verschiedenen Perspektiven bewertet werden und sich aus den Messgrößen, die jeder Perspektive zugeordnet werden, ein ausgewogenes (*balanced*) Bild ergibt.

Den Grundgedanken der Balanced Scorecard fasste Kaplan später einmal so zusammen: „Man kann kein Auto fahren, wenn man dabei nur in den Rückspiegel schaut." Kaplan und Norton stritten nicht ab, dass Finanzkennzahlen eine wichtige Navigationshilfe sind, ganz zu schweigen davon, dass sie den Informationsbedarf der Anteilseigner stillen. Sie waren jedoch überzeugt, dass bei der Betrachtung des Wertschöpfungsprozesses eines Unternehmens neben der finanziellen Perspektive auch andere Blickwinkel berücksichtigt werden sollten. Ihr Konzept umfasste insgesamt vier Perspektiven.

Zeitleiste

1965 Unternehmensstrategie

1985 Wertschöpfungskette

Die finanzielle Perspektive „Wie sehen uns die Aktionäre?“ Finanzielle Daten gibt es in Unternehmen meist im Überfluss. Die finanzielle Performance ist entscheidend für das Überleben des Unternehmens und für die Zufriedenheit seiner Shareholder. Präzise Kennzahlen wie Rendite, Stückkosten, Cashflow oder Marktanteil sind nach wie vor sehr wichtige Indikatoren für den Unternehmenserfolg. Kaplan und Norton gaben bei der finanziellen Perspektive eigentlich nur zu bedenken, dass sie nicht die einzige sein sollte. Sie weisen darauf hin, dass finanzielle Daten per Definition historischer Natur sind. Sie geben nur Aufschluss darüber, was in der Vergangenheit passiert ist. Wichtiger können jedoch Informationen über das sein, was momentan geschieht. Nicht umsonst heißt es in der Finanzwerbung: Vergangene Leistung ist keine Garantie für zukünftigen Erfolg.

» Die Balanced Scorecard beschreibt die Theorie Ihrer Strategie. Sie glauben, wenn Sie A tun, geschieht B. Als nächstes müssen Sie Ihre Strategie mithilfe Ihres Feedbacksystems überwachen und Ihre Hypothese testen. Sie sollten also stets die Frage stellen: Wenn ich A tue, geschieht B dann wirklich? «

David Norton, 2001

Die Kundenperspektive „Wie sehen uns die Kunden?“ Kaplan und Norton entwickelten die BSC zu einer Zeit, als immer mehr Unternehmen die Notwendigkeit erkannten, die Sicht des Kunden zu berücksichtigen und die Tatsache zu akzeptieren, dass Kundengewinnung wesentlich teurer ist als Kundenbindung. Das Wort Kundenzufriedenheit wurde zu einem regelrechten Mantra und Kundenbeziehungsmanagement (Customer Relationship Management, CRM) zur nächsten angesagten Managementidee. Die Kundenorientierung ist inzwischen ein unverzichtbarer Aspekt der Geschäftstätigkeit. Die Berücksichtigung der Kundenperspektive bedeutet, dass das Unternehmen gezwungen ist herauszufinden, wie zufrieden die Kunden mit den erhaltenen Produkten und Dienstleistungen sind. Zu den messbaren Aspekten gehören hier Kundenzufriedenheit, Kundenbindungsraten, Response-Raten und Reputation.

Die Prozessperspektive „Wie effektiv sind wir intern?“ Die Prozessperspektive ist nach innen gerichtet und die Messung der Leistung betrifft alle Schlüsselprozesse des eigentlichen Geschäfts. Für viele Firmen, insbesondere die produzierenden, war dies bekannteres Terrain, sie kannten sich aus mit Stoppuhren und Klemmbrett. Die Kennzahlen hängen vom Kern des Geschäfts ab; messbare Aspekte wären beispielsweise die Produktionsleistung, die Qualität des Produktionspro-

Kaplan und Norton

Die Balanced Scorecard (BSC) zählt zu den populärsten Managementkonzepten der Gegenwart. Schätzungen zufolge wenden mindestens 40 Prozent der Fortune 1000 Unternehmen diese Methode an.

Ihre Erfinder, Robert S. Kaplan und David Norton, haben zahlreiche Bücher veröffentlicht und ein erfolgreiches Beratungsunternehmen aufgebaut, das Unternehmen bei der Implementierung der BSC unterstützt. Kaplan lehrt seit 1984 an der Harvard Business School und wurde 2005 von der *Financial Times* als einer der wichtigsten Vordenker der Wirtschaft bezeichnet. Norton leitet das gemeinsame Beratungsunternehmen.

In *Die strategiefokussierte Organisation*, erschienen 2001, ergänzten Kaplan und Norton die Balanced Scorecard mit einem neuen Tool zu einem „strategischen Managementsystem“: Die sogenannte „Strategy Map“ ist eine grafische Darstellung mit den vier Perspektiven der BSC und laut Kaplan „ein Modell für die Wertschöpfungsprozesse einer Organisation“.

zesses, die Dauer bis zur Markteinführung oder das Bestandsmanagement. Die Frage, die durch diese Perspektive beantwortet werden soll, lässt sich auch so ausdrücken: „Wodurch zeichnen wir uns aus?“

„Sobald Sie etwas beschreiben können, können Sie es managen.“
David Norton, 2001

Die Lern- und Wachstumsperspektive „Wie können wir uns verändern und verbessern?“ Die Lern- und Wachstumsperspektive, auch Mitarbeiter- oder Potenzialperspektive genannt, bezieht sich auf die zukünftige Performance und langfristige Ziele, wobei sie den Fokus auf die Notwendigkeit legt, in die Entwicklung der Mitarbeiter zu investieren. „Lernen“ umfasst mehr als nur „Schulungen“, auch wenn diese natürlich dazugehören. Beispiele für messbare Aspekte wären hier die Anzahl der Weiterbildungsstunden oder die Anzahl von Mitarbeitervorschlägen. Kaplan und Norton befürworteten zudem die Idee von Mentoren und Tutoren innerhalb des Unternehmens, sowie einen respektvollen Umgangston, der auch die Basis für die mögliche Entwicklung von Problemlösungen darstellt. Auch Innovationen können Teil dieser Perspektive sein; mögliche Kennzahlen wären der prozentuale Anteil von neuen Produkten oder von Forschung und Entwicklung am Umsatz.

Die Zusammenfassung der Daten aus diesen vier unterschiedlichen Perspektiven liefert ein ausgewogeneres Bild vom Unternehmen als eines, das hauptsächlich auf Finanzkennzahlen beruht. Die Verbindung zwischen Strategie und Messung der

Zielerreichung erfolgt durch die Auswahl der Kennzahlen. Doch die BSC beschränkt sich nicht auf die Messung. Der Zweck der Messung besteht darin, Managern einen klareren Blick auf das Unternehmen zu ermöglichen und das Unternehmen effektiver zu managen – also auf der Grundlage der gemessenen Daten bessere Entscheidungen zu treffen.

Kaplan und Norton, die ein profitables Geschäft daraus gemacht haben, Unternehmen bei der Implementierung der BSC zu unterstützen, betonen, dass sie Management- und Messsystem zugleich ist. Ihrer Ansicht nach kann nur das verbessert werden, was sich messen lässt. Das Feedback aus der Scorecard wird verwendet, um die Umsetzung der Strategie anzupassen oder erforderlichenfalls die Strategie selbst zu verändern.

„Ein finanzielles System liefert eine Momentaufnahme. Es kann jedoch keinen zeitlichen Zusammenhang zwischen Ursache und Wirkung beschreiben. Es kann keine materiellen und immateriellen Vermögenswerte zu einem ‚strategischen Rezept' zusammenzufassen."

David Norton, 2001

Heute wird die BSC noch immer von vielen Konzernen verwendet und auch im öffentlichen Sektor sowie bei Non-Profit-Organisationen ist sie populär. Bei richtiger Anwendung kann die BSC ein echter Katalysator für den Wandel sein. Die Leistungsmessung darf jedoch kein Selbstzweck sein. So ähnlich formulierte es auch schon Charles Goodhart. Stattdessen sollen die Kennzahlen als Hilfsmittel zur Analyse dienen. Sie müssen nicht genau sein, aber es muss Einigkeit darüber herrschen, dass sie zuverlässige Indikatoren für das tatsächliche Geschehen sind.

Worum es geht

Ein Panoramablick auf das Unternehmen

03 Benchmarking

Wenn jemand erfolgreicher ist als man selbst, macht es Sinn, der Konkurrenz über die Schulter zu schauen – vielleicht kann man etwas von ihr lernen. Genau das taten US-amerikanische Unternehmen, als japanische Mitbewerber zunehmend ihre Märkte eroberten. Die Methode nennt sich Benchmarking und ist inzwischen so verbreitet, dass einige Experten von ihr abraten.

Xerox war der erste US-Konzern, der Benchmarking anwandte. Wie viele andere US-Unternehmen bekam Xerox den Wettbewerb in den späten 1970ern stark zu spüren. Der Konzern analysierte daraufhin alle Schlüsselprozesse seines Geschäfts, von der Produktion über den Vertrieb bis zur Instandhaltung, und verglich sie mit den entsprechenden Prozessen in anderen Unternehmen aus dem In- und Ausland. Wenn sich herausstellte, dass die anderen Unternehmen eine bessere Leistung erbrachten – also schneller, kostengünstiger oder effizienter waren –, setzte sich Xerox zum Ziel, mindestens dasselbe zu erreichen. Auf diese Weise konnte Xerox seine Leistung insgesamt bedeutend verbessern, was sich schnell herumsprach. So etablierte sich das Benchmarking schon bald als Managementkonzept.

Ein weiteres Beispiel aus den Anfangstagen des Benchmarking betrifft das von 1985 bis 1990 laufende International Motor Vehicle Programme, das als „die MIT-Studie" bekannt wurde. Das Ziel der vom Massachusettes Institute of Technolgy (MIT) koordinierten Studie, an der Automobilhersteller aus den USA, Europa und Japan teilnahmen, bestand darin herauszufinden, warum japanische Konzerne so oft Spitzenleistungen erzielten. Die Schlussfolgerungen führten dazu, dass westliche Konzerne das sogenannte Lean Manufacturing (siehe Seite **112**) einführten.

Als Benchmark wird ein Leistungsstandard bezeichnet, der sich auf alle möglichen Aspekte anwenden lässt, von Produktionsraten über Fehlerraten bis hin zur Methode der Anrufbeantwortung. Beim Benchmarking wird zunächst die eigene Leistung analysiert und dann mit der Leistung anderer Unternehmen verglichen. Sind die Leistungen der Anderen besser, werden Maßnahmen ergriffen, um die eigene Leistung so zu steigern, dass sie mindestens das Niveau der Anderen erreicht.

Zeitleiste

1940er Lean Manufacturing

1951 Total Quality Management

Interessanterweise haben die Japaner kein Wort für Benchmarking – und doch wenden sie diese Methode ständig an in dem Bestreben, sich kontinuierlich zu verbessern. Ein gewohntes Bild auf internationalen Handelsmessen sind Scharen von höflichen jungen Japanern, die pausenlos damit beschäftigt sind, sich Notizen zu machen.

Intern und extern Benchmarking gibt es in verschiedenen Formen. Ein Beispiel: Internes Benchmarking wäre der Vergleich des Kundenbeschwerdenmanagements in den verschiedenen regionalen Serviceabteilungen eines Unternehmens. Mit dieser Methode lässt sich gut herausfinden, wie Benchmarking eigentlich funktioniert. Externes Benchmarking ist schwieriger durchzuführen und bedarf einer gründlichen Vorbereitung. Benchmarking mit direkten Wettbewerbern kann heikel sein, da diese bestimmte Daten vermutlich nur ungern herausgeben. In manchen Branchen – zum Beispiel solche mit hoher gesellschaftlicher Relevanz, wie das Gesundheitswesen – zeigt die Konkurrenz jedoch möglicherweise mehr Kooperationsbereitschaft.

» Der bedeutendste Kostenfaktor [beim Benchmarking] ist die Managementzeit. «

Oxford Dictionary of Business and Management, 2006

Branchenübergreifend Ein Benchmarking-Vergleich mit Unternehmen aus anderen Branchen ist einfacher und meistens auch nützlicher, weil er völlig neue Erkenntnisse liefern kann. Der Blick über den eigenen Tellerrand hinaus hilft, Scheuklappen abzulegen und wenn es um die spätere Umsetzung identifizierter Best Practices geht, ist die Gefahr des „Not-Invented-Here"-Syndroms geringer. Der weltweit führende Flughafenbetreiber British Airports Authority (BAA) lieferte ein klassisches Beispiel für branchenübergreifendes Benchmarking, als er seine Leistungen mit denen der Pferderennstrecke Ascot und des Fußballstadions Wembley verglich. Das stichhaltige Argument lautete, dass auch diese beiden Unternehmen in kurzen Zeitabständen Massenankünfte und -abreisen bewältigen müssen.

Schritt für Schritt Benchmarking-Methoden unterscheiden sich in den Details, doch das Grundschema bleibt in etwa gleich. **Festlegung des Benchmarking-Objekts:** Die Zielsetzung sollte nicht zu breit gefasst sein und eine präzise Definition enthalten. Manche sagen, dass alles gebenchmarkt werden kann und sollte, aber dieser Ansatz dürfte schon am erforderlichen Kosten- und Personalaufwand scheitern. Wichtig ist ein fokussiertes Benchmarking, das von der Unternehmensleitung enga-

Nützliche Tipps

Benchmarking wurde weltweit begeistert aufgenommen, so auch in Australien. Dort erwähnt man gern das Beispiel des Betonanbieters, der einen Benchmarking-Vergleich mit einem Pizzaservice durchführte, um die eigenen Lieferzeiten zu optimieren. Benchmarking Plus, ein Beratungsunternehmen aus Melbourne, gibt folgende Tipps, worauf beim Benchmarking geachtet werden sollte:

Verwechseln Sie Benchmarking nicht mit Umfragen. Benchmarking ist ein wechselseitiger Lernprozess, der nicht nur aus Befragungen besteht. Umfragen liefern sicherlich interessante Zahlen, aber Benchmarking gibt Aufschluss über die Hintergründe dieser Zahlen.

Verwechseln Sie Benchmarking nicht mit Marktforschung. Benchmarking untersucht bereits existierende Prozesse. Wenn Sie die Ideen anderer Unternehmen als Vorbereitung für einen ganz neuen Prozess unter die Lupe nehmen, ist das Marktforschung.

Nehmen Sie sich nicht zu viel vor. Wenn ein Prozess aus einer Reihe von Aufgaben besteht und ein System aus einer Reihe von Prozessen, dann sollten Sie nicht gleich versuchen, das gesamte System zu benchmarken. Das würde zu lange dauern, zu viel kosten und die Fokussierung erschweren.

Unterschätzen Sie die Wichtigkeit der richtigen Partner nicht. Suchen Sie sich Ihre Benchmarking-Partner sehr sorgfältig aus. Verschwenden Sie keine Zeit – weder Ihre eigene noch die Ihrer potenziellen Partner.

Machen Sie Ihre Hausaufgaben. Studieren Sie Ihre eigenen Prozesse gründlich und machen Sie sich klar, worin Sie sich verbessern wollen, bevor Sie mögliche Benchmarking-Partner kontaktieren.

Wählen Sie das richtige Benchmarking-Objekt. Es sollte mit den übergeordneten Geschäftszielen und auch mit bereits existierenden Initiativen im Einklang stehen.

giert unterstützt wird. **Zusammenstellung des Teams:** Egal, ob das Team klein oder groß ist, seine Mitglieder sollten über ausreichende Erfahrungen verfügen, um Empfehlungen aussprechen zu können. Externe Berater können konsultiert werden, vor allem wenn es um vertrauliche Aspekte geht oder das Unternehmen bisher kaum Erfahrung mit Benchmarking hat. **Analyse des eigenen Prozesses:** Die gründliche Analyse des eigenen Prozesses dient dem Ziel, sich Klarheit darüber zu verschaffen, was eigentlich gebenchmarkt werden soll. Auch wer überzeugt ist, die eigenen Prozesse gut zu kennen, wird möglicherweise von den Ergebnissen der Analyse überrascht sein und bereits davon profitieren.

Auswahl der Benchmarking-Partner: Dieser Schritt kann einige Zeit in Anspruch nehmen, da die bevorzugten Kandidaten vielleicht kein Interesse haben. **Festlegung der Messmethoden:** Dieser Schritt beinhaltet die Festlegung eines

Kennzahlenrasters zur Leistungsermittlung. **Erhebung der Daten:** Der Datenbericht sollte die Unterschiede zu Praktiken, Struktur und Prozessen des Benchmarking-Partners aufzeigen. **Analyse der Ergebnisse:** Die erhobenen Daten werden verglichen und ein Ranking wird erstellt. **Ableitung von Verbesserungsansätzen:** Die besten Praktiken, die im eigenen Unternehmen adaptiert werden sollen, werden bestimmt.

Veränderungsplan: Der Plan enthält Aktionspläne zur Umsetzung der Verbesserungsansätze im eigenen Unternehmen. Diese Maßnahmenpläne sollten das Ziel verfolgen, das eigene Leistungsniveau nicht nur auf das der Besten anzuheben, sondern diese sogar noch zu übertreffen. Denn beim nächsten Vergleich werden die Benchmarking-Partner ihre Leistungen vermutlich auch längst verbessert haben.

„Die Nachahmung von Best Practices kann Ihr Unternehmen effizienter machen, aber auch dazu führen, dass Ihr Unternehmen Ihren Mitbewerbern immer ähnlicher wird.“

Nicolaj Siggelkow, 2006

Gründe dagegen Die Benchmarking-Methode ist als gängige Praxis inzwischen so weit verbreitet, dass manche Experten von ihrer Anwendung abraten. Ein Argument lautet, dass das Management seine Zeit besser damit verbringen sollte, sich mit den Grundlagen des eigenen Unternehmens zu beschäftigen.

Daniel Levinthal, Leiter des Fachbereichs Management an der Wharton Business School in Pennsylvania erklärt, dass Benchmarking von großem Wert sein und viel bewirken kann, warnt jedoch davor, dass die Adaption von Prozessen anderer Unternehmen auch Risiken birgt. Er weist darauf hin, dass die verschiedenen funktionalen Einheiten eines Unternehmens sich gegenseitig ergänzen und verstärken: Sie stehen in einer Wechselbeziehung miteinander. Unternehmen, die ihren Wettbewerbsvorteil langfristig halten können, verstehen sich gut darauf, diese Wechselbeziehungen zu managen.

Die Benchmarking-Methode birgt die Gefahr, die bei anderen Unternehmen beobachteten Prozesse unabhängig von den Prozessen des eigenen Unternehmens zu betrachten und zu übernehmen. Wenn beispielsweise die Personalabteilung des eigenen Unternehmens die Best Management Practice eines anderen Unternehmens übernimmt, kann dies aller guten Absichten zum Trotz für das eigene Unternehmen von Nachteil sein. Es ist wichtig, dass die Praxis, die adaptiert werden soll, zu den übrigen Prozessen und zu den Strategien des eigenen Unternehmens passt.

Ein weiterer Kritikpunkt ist, dass Benchmarking alle Unternehmen gleich aussehen lässt und strategische Konvergenz produziert. Michael Porter würde es vielleicht so ausdrücken: Ein Mangel an Differenzierung bringt keinen Wettbewerbsvorteil.

04 Blue-Ocean-Strategie

Innovation an sich ist nichts Neues. Jedes Unternehmen träumt davon, ein neues Produkt zu kreieren, das jeder haben will und das niemand sonst anbietet, doch dieses Kunststück zu vollbringen, ist leichter gesagt als getan. Wie kann man das schaffen? W. Chan Kim und Renée Mauborgne glauben, die Antwort mit ihrer Blue-Ocean-Strategie gefunden zu haben: Sie soll Unternehmen ermöglichen, den „Roten Ozean“ des erbitterten Konkurrenzkampfs hinter sich zu lassen und den „Blauen Ozean“ zu erobern, einen neuen Markt, in dem es keinen Wettbewerb gibt.

Seit Michael Porter haben die meisten Unternehmen ihre Strategien auf der Basis des Wettbewerbsgedankens aufgebaut. Porters Theorien über Wettbewerbsvorteile durch Differenzierung oder Kostenführerschaft waren so überzeugend, dass sie inzwischen selbstverständlich sind. Nahezu jedes Unternehmen folgt diesem Ansatz. Strategisches und operatives Benchmarking tragen inzwischen allerdings nicht mehr zur Differenzierung bei, sondern eher zu einem globalen Einerlei. Ein Überangebot an Massenartikeln, stagnierende oder sinkende Nachfrage und zurückgehende Markentreue haben zu Preiskriegen und sinkenden Gewinnmargen geführt. Die Rede ist vom allseits bekannten, begrenzten und hart umkämpften Markt: dem „Roten Ozean“. Der „Blaue Ozean“ dagegen ist der unbekannte, noch nicht erschlossene Markt. Immer wieder gibt es Unternehmen, die es schaffen, ihre eigenen „Blauen Ozeane“ zu schaffen. Kim und Mauborgne sind davon überzeugt, dass dies auch Unternehmen gelingen kann, die im „Roten Ozean“ feststecken. Beide lehren Strategie und Internationales Management an der Pariser Wirtschaftshochschule INSEAD und veröffentlichten ihre Ideen 2004 in einem Aufsatz mit dem Titel „Blue Ocean Strategy“, gefolgt von einem Buch im Jahr 2005, das beschreibt, wie diese Strategie umgesetzt werden kann.

» Wenn die Strategie eines Unternehmens in Reaktion auf das formuliert wird, was die Mitbewerber machen, verliert sie ihre Einzigartigkeit. «

W. Chan Kim und Renée Mauborgne, 2005

Zeitleiste

1450 Innovation

1924 Marktsegmentierung

Ein Zirkus im blauen Ozean Eines der beeindruckendsten Beispiele für ein Unternehmen, das einen blauen Ozean erobert hat, ist Cirque du Soleil, der wohl bekannteste kanadische Kulturexport. Als Cirque du Soleil 1984 gegründet wurde, litt die Zirkusbranche unter sinkenden Zuschauerzahlen. Kinder wollten sich lieber mit ihren Spielkonsolen beschäftigen; Tierschützer kämpften gegen die Dressur in der Manege. Cirque du Soleil beschloss daher, sich nicht an der Konkurrenz zu orientieren, sondern neue Wege zu gehen. Statt auf noch berühmtere (und noch teurere) Clowns zu setzen, erschuf das Unternehmen ein noch nie dagewesenes Zirkuserlebnis und damit zugleich einen neuen Markt für eine neue Zielgruppe, die sogar bereit war, mehr Eintritt zu zahlen. Inzwischen kann Cirque du Soleil weltweit mehr als 40 Millionen Besucher verzeichnen.

Weitere Unternehmen, die erfolgreich eigene blaue Ozeane erschlossen haben, sind die britische Kette Pret A Manger, die hochwertiges, frisches Fastfood ohne Zusatzstoffe anbietet, das US-amerikanisches Franchiseunternehmen Curves mit einem einzigartigen Fitnesskonzept für Frauen, sowie JCDecaux, eines der weltweit führenden Unternehmen für Stadtmöblierung und Außenwerbung. Kim und Mauborgne behaupten, dass diese erfolgreichen Blue-Ocean-Unternehmen eine strategische Logik gemeinsam haben: die sogenannte „Nutzeninnovation“.

„Die Fokussierung auf den roten Ozean bedeutet, die einschränkenden Faktoren des Krieges zu akzeptieren: begrenztes Terrain und die Notwendigkeit, den Feind besiegen.“
W. Chan Kim und Renée Mauborgne, 2005

Bei Nutzeninnovation sind Nutzen und Innovation gleich wichtig. Nutzen ohne Innovation bedeutet meist inkrementelle Wertschöpfung; Innovation ohne Nutzen ist meist technologiebasiert und zu „futuristisch“, um von den Verbrauchern sofort angenommen zu werden. Nutzeninnovation bedeutet, dass das Unternehmen einen Nutzengewinn für die Käufer und für sich selbst schafft und auf diese Weise einen völlig neuen Markt erschließt, in dem es keine Mitbewerber gibt. Die Nutzeninnovation verknüpft Nutzen mit Preis und Kosten. Im Gegensatz zu Porters Modell wird bei der Blue-Ocean-Strategie keine Entscheidung zwischen Differenzierung und Kostenführerschaft getroffen, sondern beides gleichzeitig angestrebt.

Das Segelhandbuch Die Blue-Ocean-Strategie folgt vier Prinzipien für die Formulierung:

Disruptive Innovationen

Die oft gepriesene Innovation kann für manche Unternehmen desaströse Folgen haben. Technologische Innovationen, die das Risiko bergen, irgendwann eine aktuell dominierende Technologie zu verdrängen, werden als „disruptive Innovationen" bezeichnet. Der Begriff wurde von Harvard-Professor Clayton Christensen geprägt.

In seinem Buch *The Innovator's Dilemma* weist er darauf hin, dass disruptive Innovationen verschiedene Formen annehmen können. Bei der disruptiven Innovation am unteren Ende des Marktes übertrifft das existierende Produkt die Anforderungen einer kleinen Gruppe von Kunden. Das neue Produkt betritt den Markt an diesem weniger profitablen unteren Ende mit einer Qualität, die gerade gut genug ist. Die ersten Digitalkameras beispielsweise hatten eine geringe Bildqualität, doch sie waren preiswert. Mit der Zeit gelingt es dem Anbieter aufgrund steigender Nachfrage seine Gewinnmarge erhöhen und in die Verbesserung der Qualität zu investieren. Der bisherige Branchenführer bemüht sich währenddessen kaum, seinen Anteil in diesem noch immer wenig rentablen Segment zu verteidigen und bewegt sich stattdessen ans obere Ende des Marktes, um sich auf die höherwertigen Kunden zu konzentrieren. Irgendwann stellt die Qualität der disruptiven Innovation jedoch auch das rentable obere Ende des Marktes zufrieden – und der bisherige Branchenprimus hat das Nachsehen.

Disruptive Innovationen in neuen Märkten haben meist eine vergleichweise niedrige Leistung, doch sie bedienen ein aufstrebendes Segment. Ein Beispiel dafür ist das Betriebssystem Linux. Manche disruptive Technologien sind überlegen, werden jedoch von den etablierten Mitbewerbern ignoriert, da sie lieber ihre Investitionen in ältere Technologien verteidigen. Als sich beim Schiffstransport allmählich die Containerisierung durchsetzte, verweigerte sich der Hafen von San Francisco der Modernisierung und verlor schließlich gegen den Hafen von Oakland.

Disruptive Technologien ermöglichen zahlreichen Menschen, Dinge zu tun, die bislang nur eine Handvoll Experten erledigen konnten. Christensen meint allerdings, dass eine disruptive Innovation einen Markt erst dann erobern kann, wenn die Kunden vom existierenden Angebot bereits übersättigt sind.

1. **Umgestaltung der Marktgrenzen**
   Unternehmen sollten dort nach blauen Ozeanen Ausschau halten, wo ihre Mitbewerber nicht hinsehen: in alternativen Branchen, direkt bei den Anwendern statt bei Einkäufern oder Einflussnehmern, bei ergänzenden Dienstleistungen (etwa Post-Sales Support), beim emotionalen oder funktionalen Nutzen, oder durch das Vorauserkennen von Trends.

   NetJets, der Timesharing-Pionier der Flugbranche, analysierte alternative Märkte und erfand das völlig neue Angebot, durch den Erwerb eines Mindestanteils an einem Flugzeug relativ kostengünstig den Service eines Privatjets zu nutzen. Home Depot tat das Gleiche und führte als erste Baumarktkette in den USA das Do-It-Yourself-Konzept ein. In Japan war QB House die erste Friseur-Kette, die eine traditionell aufwändige, teure und emotional geprägte Dienstleistung durch einen funktionellen, schnellen und preiswerten Service ersetzte. Swatch dagegen verwandelte die funktionelle Budget-Armbanduhr in ein emotionales Fashion-Statement.

2. **Fokussierung auf das Gesamtbild**
   Kim und Mauborgne setzen auf eine „Visualisierung" des Gesamtbildes anstelle von Tabellen und Budgets.
3. **Über die vorhandene Nachfrage hinausgehen**
   Statt sich auf die Anforderungen bestehender Kunden zu konzentrieren, sollte der Blick auf Nichtkunden gelenkt werden. Callaway Golf fand heraus, dass viele Menschen nur deshalb nicht Golf spielen, weil sie es schwer finden, den Ball zu treffen. Also konzipierte das Unternehmen einen Golfschläger mit einem größeren Schlägerkopf.
4. **Einhaltung der richtigen strategischen Abfolge**
   Beim Aufbau seiner Blue-Ocean-Strategie sollte das Unternehmen sich an die untenstehende Reihenfolge halten. Wenn die Antwort auf eine der genannten Fragen „Nein" lautet, sollte die Strategie überdacht werden.
   - Kundennutzen: Beinhaltet die Geschäftsidee einen außergewöhnlichen Nutzen für den Kunden?
   - Preis: Ist der Preis für die Masse der Käufer erschwinglich? Traditionell beginnt der Produktlaunch mit einem hohen Preis, der nach einer Weile gesenkt wird (Skimming). Bei der Blue-Ocean-Strategie ist es wichtiger, von Anfang an zu wissen, welcher Preis die Masse der Zielkäufer überzeugen wird. Volumen generiert höhere Renditen als früher, und für Käufer kann der Wert eines Produktes eng mit der Anzahl der Leute verbunden sein, die es benutzen.
   - Kosten: Kann das Kostenziel erreicht und mit dem strategischen Preis Gewinn erzielt werden?
   - Annahme: Welche Hürden sind bei der Umsetzung der Strategie zu erwarten und gibt es bereits einen Plan, wie diese beseitigt werden sollen? Die Umsetzung einer Blue-Ocean-Strategie gefährdet den Status Quo und löst vielleicht Ängste und Widerstand bei den Mitarbeitern oder Geschäftspartnern aus. Es ist wichtig, alle Beteiligten ins Boot zu holen.

„Nutzeninnovation ist ein neuer Weg, über Strategie nachzudenken und sie umzusetzen. Sie führt zur Schaffung eines blauen Ozeans und zur Abkehr vom Wettbewerb."

W. Chan Kim und Renée Mauborgne, 2005

Ob die Blue-Ocean-Strategie sich langfristig behaupten wird, bleibt abzuwarten. Sie ist auf jeden Fall ein inspirierender Beitrag zur neueren Managementliteratur.

Worum es geht
Die Abkehr vom Wettbewerb

05 Boston-Matrix

Die Boston-Matrix ist der Marlon Brando der Management-Tools: Als sie ins Scheinwerferlicht trat, wurde sie als Star gefeiert, doch später oft missverstanden und kritisiert. Nichtsdestotrotz zählt sie bis heute zu den Einflussreichsten ihrer Art. In einem seiner Bücher bezeichnete Richard Koch die Boston-Matrix, die manchmal auch Marktwachstum-Marktanteil-Matrix genannt wird, als eines der „beiden wohl mächtigsten Tools in der Geschichte der Managementstrategie".

Unternehmen können die Boston-Matrix verwenden, um ihr Geschäftsportfolio zu analysieren und dann zu entscheiden, ob sie in Bezug auf die einzelnen Portfolio-Elemente eine Investitions-, Desinvestitions- oder Haltestrategie verfolgen. Die Boston-Matrix wurde in den späten 1960ern von Bruce Henderson, dem Gründer der Boston Consulting Group (BCG) entwickelt, weshalb sie auch als „BCG-Matrix" bekannt ist. Henderson und seine Kollegen entwickelten noch ein anderes, sehr einflussreiches Management-Tool: die Erfahrungskurve (siehe Seite 80).

In der Mathematik ist eine Matrix eine Anordnung von Zahlenwerten in Tabellenform. Sie stellt Zusammenhänge, in denen Linearkombinationen eine Rolle spielen, übersichtlich dar und erleichtert auf diese Weise Rechen- oder Gedankenvorgänge. Die Boston-Matrix ist eine Methode der Portfolioanalyse und ermöglicht die Visualisierung der komplexen strategischen Probleme eines Unternehmens.

Der erste Schritt bei der Anwendung der Matrix besteht darin, das Unternehmen in strategische Geschäftseinheiten (SGE) zu unterteilen. Eine SGE kann jede Einheit sein, die eigene Kunden und Mitbewerber hat, etwa ein Tochterunternehmen, eine Abteilung, ein Produkt oder eine Marke. Die Position der SGE wird in der Matrix auf Basis von zwei Variablen ermittelt: der Stärke der SGE in ihrem Markt und der Attraktivität dieses Marktes.

Der relative Marktanteil der SGE – das heißt, der eigene Anteil im Verhältnis zum Anteil des größten Konkurrenten – wird auf der x-Achse angegeben. Wenn die SGE zum Beispiel einen Marktanteil von 10 Prozent und ihr größter Rivale einen Anteil von 40 Prozent hat, dann beträgt der relative Marktanteil der SGE 25 Prozent

Zeitleiste

1920
Dezentralisierung

(bzw. 0,25). Wären die Positionen umgekehrt, hätte die SGE einen relativen Marktanteil von 400 Prozent (bzw. 4,0). Die Wachstumsrate des Marktes wird auf der y-Achse angegeben.

Henderson wählte diese zwei Variablen aufgrund ihrer Auswirkungen auf Cash-Generierung und Cash-Verbrauch. Gemäß seiner Theorie der Erfahrungskurve sollte ein Anstieg des relativen Marktanteils von einem Kostenvorteil und somit von einem Anstieg der Cash-Generierung begleitet sein. Ein schnell wachsender Markt erfordert Kapazitätsinvestitionen, was einen erhöhten Cash-Verbrauch bedeutet. Diese Prinzipien spiegeln sich in der Analyse wieder, die folgt, sobald die Position der SGE in der Matrix ermittelt wurde.

„Dogs sind überflüssig. Sie sind der Beweis für den misslungenen Versuch, entweder während der Wachstumsphase eine Führungsposition zu erobern oder den rechtzeitigen Absprung zu schaffen, um Verluste gering zu halten."
Bruce Henderson, 1970

Die SGE wird einem der vier Felder (2 x 2) in der Matrix zugeordnet. Wie diese Felder bezeichnet werden und welche strategischen Maßnahmen mit ihnen verbunden sind, wird nachfolgend erläutert.

Cash Cows Eine SGE mit einem hohen Markanteil in einem reifen (wachstumsschwachen) Markt wird Cash Cow (Melkkuh) genannt. Eine Cash Cow sollte mehr Cash generieren als sie verbraucht. Cash Cows sollten „gemolken" und so wenig wie möglich „gefüttert" werden. Das durch sie erwirtschaftete Kapital kann beispielsweise in den Aufbau von Question Marks oder in die Finanzierung bestehender Stars fließen (siehe nachfolgend).

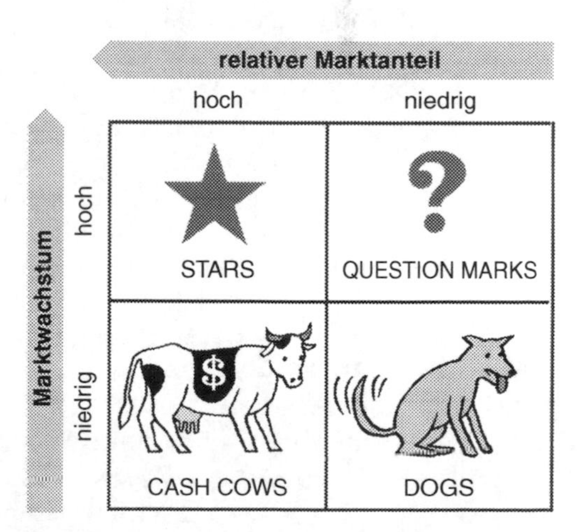

Stars Eine SGE mit einer relativ starken Position in einem wachstumsstarken Markt wird als Star (Stern) bezeichnet. Ein Star generiert viel Cash, verbraucht aufgrund seines Wachstums allerdings auch viel. Da diese Entwicklung erwünscht ist, sollte so viel wie möglich in einen Star investiert werden, damit er seinen relativen Marktanteil halten kann. Gelingt dies, wird der Star zur Cash Cow, sobald sich das Marktwachstum verlangsamt. Wenn dies jedoch

Die McKinsey-Matrix

Die McKinsey-Matrix, auch als Marktattraktivitäts-Wettbewerbsvorteil-Matrix bekannt, ist ebenfalls ein Instrument der Portfolioanalyse. Entwickelt wurde sie vom Beratungsunternehmen McKinsey & Co., das von General Electric den Auftrag erhielt, die Boston-Matrix zu überarbeiten und eine neue, detailliertere und aussagekräftigere Version zu erstellen. Bei der x-Achse wurde der „relative Marktanteil" durch die breiter gefasste Dimension „Wettbewerbsstärke" ersetzt, die sich aus Kriterien wie relative Markenstärke, Kundentreue, Distributionsstärke, Innovationsstärke und Investitionsattraktivität zusammensetzt.

Bei der y-Achse wich das „Marktwachstum" der erweiterten Dimension „Marktattraktivität" mit Kriterien wie Marktgröße, Rentabilität, Preispolitik und Diversifikationschancen. Die McKinsey-Matrix umfasst im Gegensatz zur Boston-Matrix neun (3 x 3) statt vier (2 x 2) Felder. An die Stelle der einfachen Unterscheidung zwischen „hohem" und „niedrigen" Marktanteil und Marktwachstum trat die komplexere Unterscheidung zwischen „hoher", „mittlerer" und „niedriger" Wettbewerbsstärke und Marktattraktivität.

nicht gelingt und der Star seinen Marktanteil verliert, besteht das Risiko, dass er sich in einen Dog (Hund) verwandelt.

Dogs Von Henderson ursprünglich als Pets (Haustiere) bezeichnet, vereinen die Dogs (Hunde) die ungünstigsten Kriterien in sich. Ein Dog hat eine schwache Position in einem Markt, der nur geringes oder gar kein Wachstum aufweist. Er verbraucht zwar nicht viel Cash, doch er generiert auch kaum Cash und ist daher meist nicht sehr rentabel. Die Theorie der Boston-Matrix besagt, dass Dogs abgestoßen werden sollten, um Kapital zu generieren, das in einen Star oder in eine Diversifikation investiert wird. Kritiker argumentieren, dass eine SGE im Feld der Dogs – wo sich übrigens recht viele SGE eines Unternehmens befinden können – durchaus das Potenzial zu einer Cash Cow hat.

> **Alle Produkte werden irgendwann entweder zu Cash Cows oder zu Pets [Dogs].**
>
> Bruce Henderson, 1970

Question Marks Bei den Question Marks (Fragezeichen) erweist sich das strategische Management oft als heikle Angelegenheit. Question Marks befinden sich in attraktiven, wachstumsstarken Märkten, haben jedoch nur einen geringen Marktanteil. Sie verbrauchen viel Cash, um ihr Wachstum zu finanzieren, generieren andererseits jedoch nicht viel. Die Frage ist, welche von ihnen die zusätzlichen Investitionen wert sind, die getätigt werden müssen, um ihren Marktanteil zu erhöhen und sie in Stars zu verwandeln.

„Wenn kein Cash [in die Questions Marks] fließt, gehen sie bald zugrunde."
Bruce Henderson, 1970

Die Boston-Matrix sorgte in den frühen 1970ern für enormes Aufsehen und zog eine ganze Kultur der zentralisierten strategischen Planung, Geschäftsrationalisierung und Diversifikation nach sich. Als jedoch Mitte der 1970er durch die Ölkrise und die damit einhergehende Rezession die Schwächen von zentraler Planung und Diversifikation zu Tage traten, gerieten die Boston-Matrix und ihre Erfinder unter Beschuss – vielleicht zu Unrecht.

Kritiker merkten an, dass die Wachstumsrate nur eines von zahlreichen Merkmalen ist, die die Attraktivität eines Marktes bestimmen, ebenso wie der relative Marktanteil nur eines von mehreren Elementen ist, die einen Wettbewerbsvorteil ausmachen. Diese Aspekte finden in der Boston-Matrix keine Berücksichtigung. Sie verfährt besonders hart mit Dogs, obwohl diese anderen SGE vielleicht zum Erfolg verhelfen. Ebenso zu bedenken ist, dass die Dogs je nach Definition ihres „Marktes" möglicherweise gar keine Dogs sind.

Dennoch ist die Boston-Matrix nach wie vor ein wichtiges Tool zur Visualisierung des Unternehmensportfolios und als solches zweifellos ein hilfreicher Ansatzpunkt für strategische Diskussionen. So wie Marlon Brando mit seiner charismatischen Leinwandpräsenz die Welt des Films für immer veränderte, hat die Boston-Matrix die Welt des strategischen Managements nachhaltig geprägt.

Worum es geht
Hunde, Sterne, Kühe und Fragezeichen

06 BPR

Business Process Reengineering (BPR) war das heißeste Management-Schlagwort der 1990er. Die Begeisterung dafür mag inzwischen abgekühlt sein, doch das grundlegende Konzept ist auch heute noch durchaus sinnvoll, vor allem bei großen, lang etablierten Unternehmen mit Veränderungsbedarf.

Der Begriff BPR wurde zwar nicht von Michael Hammer und James Champy erfunden, doch sie machten ihn mit ihrem 1993 erschienenen Buch *Reengineering the Corporation* (*Business Reengineering: Die Radikalkur für das Unternehmen,* 1995) bekannt. Hammer sagte oft, dass es bei BPR darum ginge, „die Industrielle Revolution umzukehren“. Damit meinte er, dass die Wünsche und Bedürfnisse der Kunden sich im neuen Informationszeitalter ständig ändern, viele Unternehmen jedoch sehr unflexibel darauf reagieren würden, weil sie zu stark in alten Strukturen verhaftet seien.

Im Gegensatz zum Total Quality Management (TQM) (siehe Seite 184), das oft auf einzelne Abteilungen begrenzt bleibt, blickt BPR abteilungsübergreifend auf alle Geschäftsprozesse und versucht, die vertikalen Hierarchiestrukturen, die sich im Laufe der Zeit etabliert haben, aufzubrechen. Grundidee ist, dass sich Kundenzufriedenheit nur durch Prozesse erreichen lässt, die sich an den Kundenanforderungen statt an der funktionalen Organisation des Unternehmens orientieren.

Hammer beschrieb die Grundlagen von BPR in seinem 1990 in der *Harvard Business Review* erschienenen Aufsatz „Reengineering work: don't automate, obliterate“ (Reengineering: Nicht automatisieren, sondern ausmerzen). Er vertrat die These, dass Unternehmen Arbeitsabläufe, die keinen Mehrwert erzeugen, abschaffen sollten statt sie zu automatisieren. Auf der Grundlage dieser These baute er eine ganze Theorie auf. Hammer und Champy definierten BPR als „fundamentales Umdenken und radikales Neugestalten von Geschäftsprozessen, um dramatische Verbesserungen bei bedeutenden Kennzahlen wie Kosten, Qualität, Service und Durchlaufzeit zu erreichen“. Im Vordergrund stand die immer wiederkehrende Frage, wie Mehrwert für den Kunden geschaffen werden kann.

Zeitleiste

1911 Scientific Management

1951 Total Quality Management

Die richtige Richtung

Auch die US-Bundesregierung setzte auf BPR. In einem 1996 veröffentlichten Leitfaden zur Beurteilung der Reengineering-Bereitschaft informierte sie die Regierungsbehörden, dass jeder Reengineering-Ansatz folgende Übergänge umfassen müsse:

Von	▶	Zu
Kommunikation auf Papier	▶	elektronische Kommunikation
Hierarchien	▶	Netzwerke
Macht durch Zurückhaltung von Informationen	▶	Macht durch Weiterleitung von Informationen
Einzelrechner	▶	Virtuelle und digitale Rechner
Orientierung an Kontrolle	▶	Orientierung an Leistung
Orientierung an Regelbefolgung	▶	Orientierung an Benchmarks
allein arbeitende Spezialisten	▶	Teams nach Fähigkeiten
vertikal strukturierte Organisationen	▶	horizontal strukturierte Organisationen
Überwachung	▶	Coaching
langsame Antworten	▶	schnelle Antworten
mehrmalige Dateneingabe	▶	einmalige Dateneingabe
negative Einstellung gegenüber Technologie	▶	positive Einstellung gegenüber Technologie
Entscheidungen auf oberster Ebene	▶	Entscheidungen auf Ebene des Kundenkontakts

Quelle: Government Business Reengineering Readiness Assessment Guide, General Services Administration 1996

Die Worte in der Definition waren sorgfältig ausgewählt. BPR ist **fundamental**, weil es die Fragen „Warum machen wir das?" und „Warum machen wir das so?" stellt. Es geht darum, etablierte Regeln und Annahmen in Frage zu stellen.

BPR ist **radikal**, weil es bei Null beginnt und nicht an existierenden Strukturen und Prozessen festhält. Reengineering bedeutet nicht Reorganisation, sondern völlige Neugestaltung. BPR ist **dramatisch**, denn Ziel ist nicht die Ausbesserung einzelner Schwachstellen, sondern die grundlegende Verbesserung der betrieblichen Ablauforganisation. Viele Unternehmen haben BPR implementiert, weil sie bereits ernsthafte Probleme hatten oder erkannten, dass sie bald welche haben würden.

Prozesse sind das zentrale Element von BPR. Üblicherweise werden Organisationen in Abteilungen unterteilt und Prozesse in Aufgaben, die dann auf diese Abteilungen verteilt werden. BPR überprüft diese Aufgaben mit Blick auf ihren ultimativen Zweck und setzt den Fokus dabei ganz klar auf die Kundenbedürfnisse.

„Manche Unternehmen scheuen vielleicht den Begriff Reengineering und verwenden andere Namen, wie Prozessredesign oder Prozesstransformation. Doch letztendlich entsprechen auch sie unserer Definition perfekt."
Michael Hammer, 2003

Hammer und Champy zitierten als Beispiel den Kreditgenehmigungsprozess von IBM Credit Corporation, der im Durchschnitt sechs Tage, manchmal jedoch bis zu zwei Wochen dauerte – in dieser Zeit verlor IBM den Kunden oft an einen Mitbewerber. Der Prozess umfasste fünf Schritte. Die Kreditanfrage kam telefonisch von einem Außendienstmitarbeiter und wurde von einem Mitarbeiter der Zentrale auf einem Formular notiert. Das Formular wanderte zur Kreditabteilung, die die Bonität des Kunden prüfte, das Ergebnis auf dem Formular notierte und selbiges zur Vertragsabteilung schickte. Diese passte den Standarddarlehensvertrag an die speziellen Kundenwünsche an und schickte ihn zusammen mit dem Formular an die Abteilung Preisermittlung. Die wiederum legte den Zinssatz für den Kunden fest, notierte ihn auf dem Formular und schickte es weiter zur Verwaltung. Die Verwaltung erstellte schließlich ein Angebot und schickte es dem Außendienstmitarbeiter, der es dann dem Kunden unterbreiten konnte – falls dieser überhaupt noch Interesse hatte.

Nach mehreren erfolglosen Versuchen, das Problem zu lösen, nahm das Management die fünf Schritte des Kreditgenehmigungsprozesses genau unter die Lupe, wofür sie nicht mehr als eineinhalb Stunden brauchten. Wie sich herausstellte, lag das Problem nicht darin, dass die Mitarbeiter zu langsam waren, sondern in der komplizierten Struktur des Prozesses.

Man war stillschweigend davon ausgegangen, dass jede Anfrage einzigartig war und von insgesamt vier Spezialisten geprüft werden musste. Tatsächlich handelte es sich jedoch meist um Standardanfragen, die problemlos von einem Generalisten bearbeitet werden konnten, sofern ihm ein unkompliziertes IT-System zur Verfügung stand. Die Unterstützung durch moderne Informationstechnologie ist einer der zentralen Punkte von BPR, vorausgesetzt sie dient nicht dazu, veraltete Prozesse zu automatisieren und die IT-Abteilung bei der Umgestaltung der Aufgaben nicht involviert ist

BPR beruht Hammer und Champy zufolge auf folgenden Prinzipien:

- Die Organisation orientiert sich an Ergebnissen, nicht an Aufgaben.
- Prozesse werden durch integrierte IT-Systeme unterstützt.
- Geografisch verteilte Ressourcen werden so behandelt, als seien sie zentralisiert – IT kann dabei helfen.
- Parallele Aktivitäten des Arbeitsablaufs werden verbunden, statt nur ihre Ergebnisse zu integrieren.

- Entscheidungen werden dort getroffen, wo die Arbeit ausgeführt wird, und es werden Kontrollen in den Prozess eingebaut.
- Daten werden nur ein einziges Mal eingegeben, nämlich bei ihrer Erhebung.

Keine Gebrauchsanweisung Für BPR gibt es keine Schritt-für-Schritt-Gebrauchsanweisung, doch die übliche Vorgehensweise umfasst die Zusammenfassung von mehreren Aufgaben zur einer einzigen, die Ausstattung von Mitarbeitern mit Entscheidungsbefugnissen, die Minimierung von zeitraubenden Abstimmungen und das Prinzip eines einzigen Ansprechpartners für den Kunden. Folgende Hürden können den Erfolg eines BPR-Projekts behindern:

- der Versuch, einen Prozess notdürftig zu reparieren statt ihn ganz neu zu gestalten;
- fehlende Unterstützung durch die Geschäftsleitung;
- halbherzige Durchführung;
- vorzeitige Beendigung des Projekts;
- die Einsparung von Ressourcen;
- das Fehlen eines ganzheitlichen Ansatzes;
- das Fehlen einer systematischen Vorgehensweise;
- der Versuch, es jedem recht zu machen.

» Während anfangs vor allem typische Büroarbeitsabläufe im Fokus standen (…), erstreckt sich Reengineering inzwischen auf ein sehr breites Spektrum einschließlich kreativer Prozesse, von der Produktentwicklung bis zum Marketing. «
Michael Hammer, 2003

Neben IBM zählen auch Procter & Gamble, General Motors und Ford zu den Unternehmen, die BPR erfolgreich angewendet haben. Dennoch scheitern bis zu 70 Prozent aller BPR-Projekte, möglicherweise aufgrund der zuvor aufgeführten Faktoren. Nach der ersten Begeisterungswelle wurde die Theorie wegen ihrer mangelnden Berücksichtigung der menschlichen Dimension kritisiert. Einige bezeichneten sie als „neuen Taylorismus" (siehe Seite 152) und meinten, sie sei lediglich einVorwand, um Mitarbeiter loszuwerden. Hammer gestand später ein, dass er die sozialen Aspekte nicht genug beachtet hatte und meinte nun, dass diese keinesfalls ignoriert werden sollten. Spätere, verfeinerte Versionen von BPR sind unter den Bezeichnungen Business Process Redesign, Business Process Improvement und Business Process Management bekannt.

Worum es geht

Das vollständige Überdenken von Geschäftsprozessen

07 Branding

In einer internationalen Werbekampagne von Apple traten zwei Hauptfiguren auf: Mac und PC. PC ist der Typ in Anzug und Krawatte, ganz nett, aber ein wenig streberhaft. Seine Aufgabe besteht darin, ein Computer zu sein, wobei er sich ziemlich verkrampft und linkisch anstellt. Mac ist der Typ mit den lässigen Klamotten. Auch er hat die Aufgabe, ein Computer zu sein, aber er wirkt dabei entspannt und cool. Er ist einer, mit dem man gern ein Bier trinken würde. Mit welchen von beiden wäre man wohl lieber befreundet?

Mit dieser internationalen Kampagne, die bei jedem Spot bekannte Gesichter zeigte, wurde Markenmanagement auf die nächste logische Ebene geführt. Mit ihr gelang es Apple, die Marke zu „vermenschlichen" – im wortwörtlichen Sinne. Die Begriffe Marke und Markenmanagement, auch Branding und Brand-Management genannt, haben seit ihrer Entstehung eine enorme Entwicklung durchgemacht. Branding verfolgt das Ziel, dem Verbraucher das Produkt sozusagen ins Gedächtnis „einzubrennen". Das Wort Branding geht auf das Brandzeichen zurück, mit dem Rinder gekennzeichnet werden. Eine Marke umfasst inzwischen weitaus mehr als nur einen Namen oder ein Symbol, sondern stellt vielmehr die Summe aller Erfahrungen und Werte dar, die mit einem bestimmten Produkt, einer Serviceleistung oder einem Unternehmen assoziiert werden. Im Grunde ist jedes Objekt, das Aufmerksamkeit erzeugt oder auf die Kaufkraft von Konsumenten abzielt, imstande, sich zu einer Marke zu entwickeln, also auch Persönlichkeiten (z. B. Künstler wie Madonna), Städte und Länder. Die drei führenden Ländermarken im Jahre 2006 waren laut dem Anholt Nation Brand Index Großbritannien, Deutschland und Kanada; die USA landeten auf Rang zehn.

Marken in Form von Namen, Warenzeichen und Symbolen sind seit jeher untrennbar mit der Verpackung von Gütern verbunden. Zu den ältesten bekannten Marken zählen Campbell's und natürlich Coca-Cola, laut Beratungsunternehmen Interbrand die bis heute wertvollste Marke der Welt. Der legendäre Werber James

Zeitleiste

1886 Branding

1911 Diversifikation

1951 Marktsegmentierung

Dachmarken

Die beiden weltweit größten Markenartikelkonzerne, Procter & Gamble und Unilever, ließen lange Zeit ihre Produktmarken für sich selbst sprechen. Doch 2004, ein Jahr vor seinem 75-jährigen Bestehen, beschloss Unilever, seine Unternehmensmarke in den Vordergrund zu rücken. Seit 2005 erscheint auf jeder einzelnen Produktverpackung das neue Unilever Logo.

Der Konzern begründete seinen Schritt damit, dass die Welt sich ändert: Die Kunden würden von den Unternehmen hinter den Marken mehr erwarten und ihre Ansichten als Bürger in Kaufentscheidungen einfließen lassen. Sie wollten Marken, denen sie vertrauen könnten. Die neue Marke Unilever würde sichtbar hinter ihren Produkten stehen und Transparenz sowie Verantwortungsbewusstsein verkörpern.

Der Launch des Konzernlogos wurde von einer Reduzierung des Marken-Portfolios von 1.600 auf 400 Marken begleitet. Potenzielle Investoren erblicken nun jedes Mal, wenn sie ein Magnum Eis aus der Kühltruhe nehmen, das Unilever Logo. Der Konzern erhofft sich zudem ein neues Gefühl der Zugehörigkeit von seinen Mitarbeitern, die sich bislang vor allem den konzerneigenen Marken verbunden fühlten. Procter & Gamble plant bisher nicht, dem Beispiel von Unilever zu folgen. Eine Dachmarke zwingt die Konzernmutter dazu, bei ihren Töchtern für Konsistenz zu sorgen. Procter & Gamble setzt jedoch lieber auf die Unabhängigkeit seiner Marken.

Walter Thompson bemerkte um die Jahrhundertwende in einer Publikation über Werbung für Handelsmarken, dass immer mehr Unternehmen Gefallen an Symbolen, Maskottchen und Slogans fanden. Mit der Ankunft des Radios in den 1920ern wurden aus Slogans Jingles. 1955 begannen Akademiker Werbetheorien zu formulieren. Burleigh Gardner und Sidney Levy erklärten in *The Product and the Brand* (Das Produkt und die Marke), dass die Wahrnehmung einer Marke durch den Kunden wichtiger sei als die Marke selbst. Sie argumentierten, dass dieses „Markenimage“ ein elementarer Teil des Branding sei, der Kreation, Entwicklung und Management erforderte. So wurde eine neue Branche geboren.

Marken und Gefühle Markenmanager lernten, die Markenwahrnehmung zu beeinflussen, indem sie ihre Produkte mit attraktiven Eigenschaften wie Zuverlässigkeit, Qualität, Gesundheit, Jugend und Luxus in Verbindung brachten. Dieses so-

1960	1964	1970	2004
Was ist Ihr eigentliches Geschäft?	Die 4 P's des Marketing	Corporate Social Responsibility	Web 2.0

> „Früher lautete das Mantra, eine Marke unersetzlich zu machen. Heute reicht das nicht mehr – sie muss unwiderstehlich sein.“
>
> **Kevin Roberts**
> (CEO Saatchi & Saatchi)

genannte „Branding“ trug zur Bestätigung der These bei, dass Kunden nicht das Produkt, sondern vielmehr die Marke kaufen. Dies war eine wertvolle Erkenntnis in einer Welt, in der konkurrierende Produkte einander immer ähnlicher wurden. Manche Marken erweisen sich trotz des heftigen Wettbewerbs als sehr langlebig. Abgesehen von Coca Cola und Campbell's (bis heute der weltweit führende Suppenhersteller) zählen auch Heinz Tomato Ketchup, Kellogg's Corn Flakes oder Gillette zu den Marken, die in ihren Märkten seit mehr als 50 Jahren an der Spitze liegen.

Verbraucher schätzen Marken, weil sie verlässlich sind und die Kaufentscheidung erleichtern. Marken tragen nicht nur zu Aufbau und Aufrechterhaltung von Kundentreue bei, sondern bringen ihren Inhabern auch strategische Vorteile. Für Markenprodukte können Unternehmen in der Regel einen höheren Preis ansetzen. Da dieser höhere Preis gleichzeitig die Margen der Groß- und Einzelhändler erhöht, finden sich leichter Distributoren. Im Lebensmittelmarkt, wo die Macht von den Herstellern zu den Einzelhändlern übergegangen ist, sind Markenprodukte die letzte Trumpfkarte der Unternehmen.

Ein weiterer Vorteil entsteht durch die zunehmende Praxis der Markendehnung (Brand-Stretching) oder Markentransfers. Dabei wird eine bestehende Marke auf ein neues Produkt übertragen. Berühmte Beispiele lieferten die Modeschöpferin Coco Chanel, die in den 1920ern unter ihrem Namen ein Parfüm lancierte, und Yves Saint Laurent, der als erster Modedesigner unter seinem Namen auch Accessoires wie Gürtel oder Sonnenbrillen anbot. Mars stieß in den Eiscrememarkt vor und Procter & Gamble ergänzte sein Fairy Waschpulver durch Fairy Flüssigwaschmittel.

Markentransfers reduzieren das Risiko der Markteinführung neuer Produkte und können dazu dienen, neue Segmente innerhalb eines bestehenden Marktes zu kreieren; ein Beispiel dafür ist die Club Class von British Airways. Durch den Transfer von Markenbekanntheit und Markenimage von Produkten, die sich am Ende des Produktlebenszyklus befinden, auf Nachfolgeprodukte kann zudem das in die Marke investierte Kapital über den Produktlebenszyklus (siehe Seite 90) hinaus genutzt werden.

Heute reden Markenberater von der Notwendigkeit, die Beziehung des Kunden zur Marke zu vertiefen. Bei Beziehungen, die von Loyalität und Zuneigung geprägt sind – und genau darauf sind die Werber aus – kommen unweigerlich Gefühle ins Spiel. „Emotional Branding“ setzt auf Gefühle und damit auf die Vermenschlichung der Marke. Marc Gobé, Markenberater und Autor eines Buches über Emotional Branding, ist davon überzeugt, dass Emotionen verkaufen. Emotional Branding verschafft einer Marke neue Glaubwürdigkeit und Persönlichkeit, indem es auf einer „persönlichen und ganzheitlichen Ebene“ eine starke Verbindung zum Kunden schafft. Emotional Branding verknüpft einen existierenden Bedarf geschickt mit der Welt der Träume. Als erfolgreiches Beispiel dafür nennt Gobé den iPod von Apple.

Markenerlebnisse erschaffen Eine Marke stellt einen immateriellen Vermögenswert dar. Sie kann einen bedeutenden Beitrag zum Gesamtwert des Unternehmens leisten, dem sie gehört. Kein Wunder also, dass Unternehmen sich eifrig darum bemühen, Marken aufzubauen. Einige Stimmen kritisieren jedoch das Konzept der großen Marken. Naomi Klein traf mit ihrem Buch *No Logo* im Jahr 2000 einen Nerv, als sie Markenartiklern vorwarf, die Verbraucher in eine Art Marken-Märchenwelt einzulullen. Klein kritisiert, dass viele Markenunternehmen ihre Produktion auf namenlose Vertragsunternehmen in Entwicklungsländern verlagern, um sich nur noch auf die Vermarktung des Markenimages zu konzentrieren, eine „Barbie-Welt für Erwachsene“.

» Es ist besser, der Erste im Bewusstsein des Kunden zu sein als der Erste im Markt. Bei Marketing geht es nicht um den Wettkampf von Produkten, sondern um das Buhlen nach Aufmerksamkeit. «

Al Ries und Jack Trout, 1993

Nicht nur Klein hat die Nase voll vom Markenwahn. Der frühere Disney-Chef Michael Eisner nannte das Wort „Marke“ einmal „überstrapaziert, steril und fantasielos“. Das Setzen auf Marken und „Markenwerte“ kann sich für Unternehmen als Achillessehne entpuppen: Einigen Konzernen wie Nike und Shell kam der Vorwurf, dass ihre Geschäftspraktiken dem blütenweißen Image ihrer Marken widersprechen, teuer zu stehen (siehe Seite 47). Emotional Branding ist zweifellos ein interessantes Konzept, doch es sollte nicht vergessen werden, dass Emotionen sich sehr schnell wandeln können.

Worum es geht

Erlebniswelten für Kunden schaffen

08 Channel Management

Diskontinuierlicher Wandel ist ein Begriff, der inzwischen häufig zu hören ist. Der Begriff tauchte erstmals in der mathematischen Katastrophentheorie auf. Wirtschaftsexperten verwenden ihn gern, um die unvorhersehbaren und sprunghaften Änderungen zu beschreiben, mit denen Unternehmen sich heute konfrontiert sehen. Dabei weisen sie ebenso gern darauf hin, dass diskontinuierlicher Wandel das Wachstum letztendlich weitaus stärker fördert als inkrementeller Wandel.

Einige der bahnbrechendsten sprunghaften Veränderungen des letzten Jahrhunderts waren das Automobil, das Flugzeug, der Computer und – trotz des Zusammenbruchs des Neuen Marktes – auch das Internet. Das Worldwide Web zwingt jedes Unternehmen dazu, genau zu überdenken, wie es seine Produkte in Zukunft vermarkten, verkaufen und vertreiben will. Dies hat auch tiefgreifende Auswirkungen auf das Channel Management.

Distribution Als Channels oder Kanäle werden die Absatz- bzw. Vertriebswege bezeichnet, auf denen die Produkte zu den Käufern gelangen; sie gehören zum Element „Place" (Ort) bei den 4 P's des Marketing (siehe Seite 88). Bei der Berücksichtigung der 4 P's muss das Unternehmen entscheiden, auf wie vielen Distributionsebenen es operieren will. Kann sich das Unternehmen seinen eigenen Vertrieb leisten und will es das überhaupt? Will es seine Produkte nur über Einzelhändler oder über Groß- und Einzelhändler vertreiben, und wie selektiv erfolgt deren Auswahl?

Direktvertrieb ist teuer, hat jedoch den Vorteil, dass das Unternehmen ihn genau kontrollieren kann. Beim indirekten Vertrieb über Groß- und Einzelhändler geht das

Zeitleiste

1950	frühe 1950er
Supply Chain Management	Channel Management

nicht und deshalb ist die Motivation der Händler ein Kernelement des traditionellen Channel Managements. Wirkungsvolle Anreize für den Vertrieb bestehen darin, entweder Absatzmittlern wie dem Groß- und Einzelhandel Margen zu bieten, die attraktiver sind als die der Mitbewerber, oder aber die eigenen Vertriebsmitarbeiter für hohe Umsatzzahlen zu belohnen. Schulungen und Tools für Vertriebsmitarbeiter sind ebenfalls von Nutzen.

In einer vertikal-integrativen Organisation werden die Herstelleraktivitäten auf die nachgelagerten Händlerstufen (Vorwärtsintegration) oder die Händleraktivitäten auf die vorgelagerten Herstellerstufen (Rückwärtsintegration) ausgedehnt. Dieses Modell ist zwar unflexibel und erzeugt hohe Fixkosten, doch es kann wie der Direktvertrieb vom Unternehmen kontrolliert werden.

Ein Distributionskanal, der Kontrolle zu niedrigen Kosten ermöglicht, ist der Versandhandel. Hinzugekommen ist inzwischen natürlich auch das Internet. Wie so oft beim technologischen Fortschritt gab es anfangs nur wenige, die das Internet begeistert annahmen; die meisten warteten zunächst ab. Mittlerweile ist das Internet jedoch längst ein unverzichtbarer Kanal für die meisten Konsumgüterbranchen und zumindest ein Marketingtool für viele Business-to-Business-Anbieter.

» Durch die wachsende Zahl der Absatzkanäle haben Unternehmen in zahlreichen Branchen die Kontrolle über ihre Kunden verloren, mit finanziellen Folgeschäden. «

Joseph Myers, Andrew Pickersgill und Evan van Metre, 2004 (McKinsey & Company)

Der Kunde hat die Wahl Noch bedeutsamer ist vielleicht, dass das Internet kein weiterer Single Channel ist, sondern einer von mehreren Kanälen, die zur Wahl stehen. In der Tat hat das Internet die Entwicklung der Multi-Channel-Distribution beschleunigt, bei der Kunden in den verschiedenen Etappen des Kaufprozesses unterschiedliche Kanäle nutzen können. Kunden wollen vielleicht online überprüfen, ob ein Artikel auf Lager ist, bevor sie in ein Geschäft gehen, um ihn zu kaufen. Oder sie wollen online bestellen, um die Ware im Geschäft abzuholen. Oder sie möchten Transaktionen je nach Situation und Wunsch telefonisch, online oder persönlich durchführen.

In dieser Welt der „Bricks and Clicks" (Backsteine und Mausklicks), wo traditionelle und internetbasierte Vertriebswege koexistieren, erhält der Begriff Channel Management eine neue Bedeutung. Immer mehr Kunden wollen über neue Kanäle Zugang zu Produkten und Informationen erhalten, sei es über das Internet, das Telefon

Channel-Management: eine Herausforderung

Modernes Multi-Channel-Management hält so manche Überraschung bereit. Nicht immer sind Automatisierung und Internet Garanten für Komfort- und Kostenvorteile.

Die Finanzbranche musste dies in den späten 1990ern bei der Einführung des Bankautomaten feststellen. Die Strategie bestand darin, Transaktionen von den Filialen auf die Bankautomaten zu verlagern. Die Banken versprachen sich davon niedrigere Transaktionskosten und niedrigere Personalkosten. Als ideales Ziel wurde die Schließung von Filialen betrachtet, um sie als Immobilien zu verkaufen.

Also wurde das Schalterpersonal reduziert, was zu längeren Warteschlangen führte. Eine britische Bank erhob eine Gebühr von 1 £ für jede am Schalter vorgenommene Transaktion. Viele Kunden begannen daraufhin, die Bankautomaten zu benutzen. Doch während sie zuvor einmal wöchentlich ihre Filiale aufsuchten, benutzten sie nun zwei bis vier Mal pro Woche den komfortablen Bankenautomaten – was wiederum zur Folge hatte, dass die Transaktionskosten nicht wie erhofft sanken, sondern stiegen. Bei der Bank, die 1 £ Gebühr pro Transaktion am Schalter erhob, legten erstaunlicherweise jedoch noch immer so viele Kunden Wert auf den persönlichen Besuch, dass diese Bank einen außerordentlichen Gewinn von 25 Millionen £ erzielte.

oder den Bankautomaten. Die Finanzbranche erkannte schon früh, dass die Kunden trotz New Economy dennoch nicht auf bestimmte Services der Old Economy verzichten wollen.

Unternehmen geben hohe Summen aus, um die Ansprüche der Kunden zu erfüllen. Einige haben festgestellt, dass die Kunden, die mehrere Kanäle nutzen wollen, häufig über mehr Geld verfügen und auch mehr ausgeben als Kunden, die sich auf einen Kanal beschränken. Die Kunden wollen mehr Komfort – Beispiel: Homeshopping – und schnelleren Zugriff auf Informationen. Deshalb hat der Multi-Channel-Vertrieb inzwischen keine Chance mehr auf einen Wettbewerbsvorteil, sondern ist vielmehr eine strategische Notwendigkeit.

Multi-Channel-Management wirft jedoch auch Probleme auf. Eines davon wird die „3E"-Falle genannt: der unrentable Versuch, jedem alles und überall verfügbar zu machen („Everything to Everyone, Everywhere"). Unternehmen müssen zunächst wissen, mit welchen Kunden sie den höchsten Gewinn erzielen – hier vermischt sich Channel Management mit Customer Relationship Management oder CRM (siehe Seite 56). Anschließend müssen sie entscheiden, auf welche Absatzkanäle sie setzen wollen.

CRM legt nahe, den Fokus auf den Kunden zu legen und ihm einen nahtlosen, homogenen Service zu bieten. Wenn Multi-Channel-Vertrieb dem Kunden dieses Erlebnis vermitteln soll, muss es optimiert werden. Die Kanäle sind nicht separat, sondern wie ein System aus miteinander verbundenen, zusammenhängenden Komponenten zu sehen – und so sind sie auch zu managen. Genau das zeichnet eine erfolgreiche Multi-Channel-Strategie aus.

Kein *Laissez faire* Ausschlaggebende Kriterien für die Implementierung dieser Strategie können beispielsweise die Präferenzen der hochwertigen Kunden sein. Das heißt allerdings nicht, dass Unternehmen sich völlig passiv verhalten und den Kunden die Entscheidung überlassen sollen, welche Kanäle sie benutzen. Einige Kanäle sind kostenintensiver als andere, was in manchen Fällen überrascht (siehe Kasten). Es kommt darauf an, die Kostenstruktur der Kanäle zu verstehen und die Kunden zum geeignetsten und zugleich kosteneffizientesten Kanal zu lotsen.

» Multi-Channel-Marketing führt oft zur Schließung von Filialen. «
Corey Yulinsky, 2000
(McKinsey & Company)

Kunden zu neuen Kanälen zu lotsen ist eine riskante und heikle Aufgabe, die viel Fingerspitzengefühl erfordert. Doch auch in Bezug auf bereits vorhandene Kanäle ist Geschick vonnöten. Einzelhändler fühlen sich möglicherweise durch die Einführung eines neuen Vertriebskanals bedroht. Einige Unternehmen haben Anreize geschaffen, um ihre Einzelhändler bei Laune zu halten, während sie gleichzeitig neue web- oder telefonbasierte Absatzwege einführen.

Cleveres Multi-Channel-Management kann sich durchaus als Wettbewerbsvorteil erweisen, der sich nur schwer imitieren lässt. Eins steht fest: Seit dem Durchbruch des Internets ist Channel Management so aufregend wie nie zuvor.

09 Kernkompetenz

Michael Porter nahm mit seinem Fünf-Kräfte-Modell das externe Wettbewerbsumfeld von Unternehmen unter die Lupe. Gary Hamel und C.K. Prahalad dagegen suchten unternehmensintern nach der „Kernkompetenz", die ihrer Ansicht nach einen echten Wettbewerbsvorteil ermöglicht. Die beiden Wirtschaftstheoretiker legten Topmanagern nahe, das Konzept des Unternehmens neu zu überdenken.

Hamel und Prahalad entwickelten eine Art von Gegenentwurf zur dezentralisierten Geschäftsportfoliostrategie vieler Konzerne. In ihrem einflussreichen Artikel „The core competence of the corporation" (Die Kernkompetenz des Unternehmens), der 1990 in der *Harvard Business Review* erschien, forderten sie die Unternehmen auf, sich nicht als Portfolio von Geschäften zu begreifen, die in separaten „strategischen Geschäftseinheiten" (SGE) gemanagt werden, sondern als Portfolio von Kompetenzen.

Sie entwickelten ihr Konzept zu einer Zeit, als westliche Unternehmen begannen, sich gegen die niedrigpreisigen, qualitativ hochwertigen Importe aus Japan zur Wehr zu setzen. Die japanischen Konkurrenten legten unermüdlich mit neuen Produkten in neuen Märkten nach. Honda stürmte den Markt mit dem Offroad-Quad, Yamaha mit dem Digitalpiano und Sony mit dem 8-mm-Camcorder. Auch in der Automobilindustrie hatten die Japaner mit integrierten Navigationssystemen und elektronischer Motorsteuerung die Nase vorn. Gleichzeitig schafften sie es, ihre Kostenvorteile und Qualitätsstandards aufrechtzuerhalten. Doch in diesem Bereich holten die westlichen Unternehmen allmählich auf und der Wettbewerbsvorteil der Japaner wurde langsam schwächer. Für Hamel und Prahalad bestand das Problem vieler westlicher Unternehmen nicht darin, dass sie ein schlechteres Management oder geringere technische Fähigkeiten hatten als die Japaner. Doch ihrer Ansicht nach mangelte es westlichen Top-Managements oft an der Vision, das zweifellos vorhandene Potenzial voll auszuschöpfen.

> **Kernkompetenzen sind die Quelle für die Entwicklung neuer Geschäftsfelder.**
> Gary Hamel und C. K. Prahalad, 1980

Zeitleiste

1450 Innovation

1920 Dezentralisierung

Eine Kernkompetenz ist eine bestimmte Fähigkeit oder Tätigkeit, die ein Unternehmen besser beherrscht als seine Wettbewerber. „Besser“ heißt in diesem Zusammenhang, dass das Unternehmen Weltklassestandard bietet. Die Kernkompetenz resultiert in einem Kernprodukt oder Leistungsvermögen, das kein Endprodukt ist, sondern als essenzielle Komponente in eine ganze Reihe von Endprodukten fließt. Die Kernkompetenz von Black & Decker beispielsweise besteht darin, kleine Elektromotoren herzustellen. Diese finden sich in einem umfangreichen Sortiment von Endprodukten, von Bohrmaschinen über Rasenmäher bis hin zu Staubsaugern. Die Kernkompetenz von Canon umfasst optische Technologie und Präzisionstechnologie; was das Unternehmen sehr erfolgreich von Kameras auf Kopiergeräte und Laserdrucker übertrug. Die Kernkompetenz von Honda sind Motoren und Antriebe, was dem Konzern einen Wettbewerbsvorteil bei der Produktion und dem Vertrieb von Autos, Motorrädern und diversen Stromgeräten verschafft. 3M bietet Weltklasse bei Klebeprodukten.

» Die Zukunft ist nicht das, was geschehen wird, sondern das, was gerade geschieht. «

Gary Hamel und C.K. Prahalad, 1996

Merkmale der Kernkompetenz Kernkompetenzen öffnen also Türen zu vielen verschiedenen Märkten. Wenn Unternehmen darüber nachdenken, wie sie ihre Kernkompetenzen wertschöpfend einsetzen können, werden sie eher in der Lage sein, Innovationen zu entwickeln. Hamel und Prahalad zufolge hat eine Kernkompetenz die folgenden drei Merkmale:

- Sie bietet potenziellen Zugang zu einer Vielzahl von Märkten.
- Sie trägt wesentlich zu dem vom Kunden wahrgenommenen Nutzen des Endprodukts bei.
- Sie ist schwer zu imitieren.

Wenn ein Unternehmen Weltklasseniveau bei der Produktion einer ganz gewöhnlichen Komponente bietet, die auch von vielen Konkurrenten hergestellt wird, verschafft es sich dadurch keinen Wettbewerbsvorteil. Eine Kernkompetenz leistet einen außergewöhnlich hohen Beitrag zum Kundennutzen und muss im Vergleich zur Konkurrenz beurteilt werden. Mitbewerber gäben viel darum, sie ebenfalls zu besitzen. Eine Kernkompetenz bedeutet nicht, die Konkurrenz in Forschung und Entwicklung zu übertreffen. (Eine der herausragenden Praktiken innovativer japanischer Hersteller bestand darin, dass sie strategische Allianzen bildeten, um sich fehlende Technologien oder Kompetenzen anzueignen.) Ebenso wenig bedeutet eine Kernkompetenz die Teilung von Kosten zwischen SEG oder eine vertikale Integration, auch wenn beides aus ihr resultieren kann.

Jedes Unternehmen hat maximal fünf oder sechs Grundkompetenzen. Wenn ein Unternehmen meint, 20 zu haben, hat es die Definition missverstanden. Unternehmen können durch Kostensenkungen unwissentlich Kernkompetenzen verlieren. Hamel und Prahalad fiel auf, dass Chrysler Motoren und Antriebe lediglich als gewöhnliche Komponenten betrachtete und deren Produktion oft auslagerte. Ihrer Ansicht nach war es für Honda dagegen unvorstellbar, die Verantwortung für Herstellung und Design von derart wichtigen Fahrzeugkomponenten in andere Hände zu geben. Sie bemerkten dazu, dass Outsourcing ein Produkt zwar wettbewerbsfähiger

Risiken und Chancen

Hamel und Prahalad veranschaulichten ihr Konzept der Kernkompetenz mit dem Beispiel von zwei Elektronikanbietern, die verschiedene strategische Ansätze verfolgten. In den frühen 1980ern schien der US-amerikanische Elektronikkonzern GTE auf dem besten Weg, ein großer Player in der aufstrebenden IT-Branche zu werden; mit seinem Portfolio, das Telekommunikation, Halbleiter, Fernseher und Displaytechnologie umfasste, war er bereits gut positioniert. Sein japanischer Konkurrent NEC hatte ähnliche Voraussetzungen mit einem Portfolio, das zudem Computer einschloss, war allerdings nur halb so groß wie GTE.

NEC hatte in weiser Voraussicht der Konvergenz von Computer und Kommunikation bereits 1977 seine „C&C“-Strategie (Computer & Communication) beschlossen. Das Unternehmen erkannte, dass sein zukünftiger Erfolg bestimmte Kompetenzen erforderte, über die es vor allem im Bereich der Halbleiter bisher nicht verfügte. Also schloss es über 100 Allianzen, um sich diese Fähigkeiten schnell und kostengünstig anzueignen. Ein „C&C“-Kommittee begleitete die Entwicklung von Kernprodukten und -kompetenzen. GTE fiel es als dezentralisiertes Unternehmen dagegen schwer, sich auf Kernkompetenzen zu fokussieren. Zwar beschäftigte sich der Konzern intensiv mit der Identifizierung von zukünftigen Schlüsseltechnologien, doch die Manager der einzelnen Produktlinien agierten weiterhin unabhängig voneinander.

NEC wurde schließlich weltweit führender Halbleiter-Hersteller, festigte seine Position im Bereich Computertechnologie und baute eine starke neue Präsenz im Bereich Telekommunikation auf. Das Unternehmen führte Mobiltelefone, Laptops und Faxgeräte ein und erreichte Mitte der 1980er einen höheren Umsatz als GTE. GTE jedoch gab die Produktion von Halbleitern und Fernsehern auf und operierte Anfang der 1990er fast nur noch als Telefonunternehmen. 2000 wurde GTE von Bell Atlantic übernommen, um zum US-amerikanischen Telekommunikationsunternehmen Verizon zu fusionieren.

machen kann, jedoch naturgemäß wenig dazu beiträgt, die für die Erlangung der Produktführerschaft notwendigen Fähigkeiten der eigenen Mitarbeiter aufzubauen.

Hamel und Prahalad zufolge verhindern Dezentralisierung und „die Tyrannei der SGE“ die optimale Entfaltung von Kernkompetenzen. In einer Organisation, die aus vielen SGE besteht, ist es schwer, beim Aufbau von Kernkompetenzen an einem gemeinsamen Strang zu ziehen. SGE tendieren dazu, nur die Gegenwart zu sehen und sich auf den aktuellen Umsatz zu konzentrieren. Sie haben vielleicht Kompetenzen aufgebaut, neigen jedoch dazu, diese zu horten statt talentierte Mitarbeiter an andere SGE auszuleihen, um neue Chancen zu nutzen. Werden Kernkompetenzen jedoch nicht erkannt oder geteilt, bleiben Innovationen aus den SGE zwangsläufig inkrementell.

> **» Der Nutzen von Kompetenzen hängt wie … bei der Geldmenge von ihrer Umlaufgeschwindigkeit ab. «**
>
> **Gary Hamel und C. K. Prahalad, 1980**

Bauplan für die Zukunft Die Aufgabe des Managements besteht also darin, eine organisationsweite „strategische Architektur“ zu entwickeln, eine Art Bauplan für die Zukunft, der festlegt, welche Kompetenzen aufgebaut werden sollen und welche Technologien dafür erforderlich sind. Kernkompetenzen sollten von den SGE als Unternehmensressourcen betrachtet werden, die ebenso wertvoll sind wie Kapitalressourcen. Belohnungssysteme und Karrierewege sollten die Grenzen der SGE überwinden, damit die Mitarbeiter das Gefühl bekommen, zum Unternehmen als Ganzes zu gehören und nicht nur zu einer bestimmten Geschäftseinheit. Eine der Hauptideen von Jack Welch bei seiner Neuausrichtung von General Electric war übrigens das „grenzenlose Unternehmen“; eine Idee, die ihrer Zeit weit voraus war.

Hamel und Prahalad verglichen das diversifizierte Unternehmen mit einem Baum: Der Stamm und die dicken Äste stehen für die Kernprodukte, die kleineren Äste und Zweige repräsentieren die SGE, während die Blätter, Blüten und Früchte die Endprodukte des Unternehmens darstellen. Das nährende, erhaltende und stabilisierende Wurzelgeflecht steht für die Kernkompetenzen. Wer nur die Blätter eines Baumes betrachtet, kann dessen Stärke nicht erkennen. Oder anders ausgedrückt: Wer nur auf die Endprodukte eines Mitbewerbers schaut, erkennt möglicherweise dessen Stärke nicht.

Worum es geht

Die Wurzeln des Wettbewerbsvorteils

10 Corporate Governance

Vor einiger Zeit erhielt die US-Öffentlichkeit pikante Einblicke in die Gehälter diverser Konzernchefs und erfuhr unter anderem, dass der CEO von American Express nicht nur eine jährliche Vergünstigung von 132 000 US-Dollar für die Privatnutzung von Firmenwagen kassiert, sondern auch in den Genuss kostenfreier Snacks aus der Unternehmenskantine kommt. Einige Leute waren über die Sache mit den Snacks weitaus erboster als über die Firmenwagenregelung. Seit die US-Wertpapier- und Behördenaufsichtsbehörde SEC die Offenlegungspflichten für Unternehmen erweitert hat, werden immer mehr Informationen dieser Art publik. Die Offenlegung von Topmanager-Gehältern und die Ausweisung von Sozialleistungen und Vergünstungen sind nur zwei von vielen Aspekten, die in den Bereich der sogenannten Corporate Governance fallen, der verantwortungsvollen Unternehmungsführung und -kontrolle.

Gute Corporate-Governance-Praktiken stehen seit jeher im Fokus der Aktionäre: Sie legen großen Wert auf faire Behandlung und die Berücksichtigung ihrer Interessen, vor allem wenn es einen Mehrheitsaktionär gibt, der sich öfter über die Minderheitsaktionäre hinwegsetzt. Die Gleichbehandlung von Aktionären in Bezug auf Stimm- und Informationsrechte ist nicht immer sichergestellt. Aktionäre wollen wissen, was im Unternehmen geschieht, wie die Unternehmensleitung „ihr" Geld ausgibt und ob ihre Pläne eher weise oder kühn sind. Daher fordern sie immer mehr Offenlegung. Die wichtigsten Unternehmensentscheidungen werden in den sogenannten „Boards" gefällt, d. h. je nach Rechtsform des Unternehmens im Vorstand, im Aufsichtsrat oder in anderen Organen der Unternehmensleitung. Also möchten die Aktionäre bzw. Anteilseigner natürlich wissen, wie diese Boards strukturiert sind, wer den Vorsitz hat, und wie umfangreich die Macht des Vorstandsvorsitzenden oder anderer Mitglieder der Unternehmensführung ist.

Zeitleiste

1916 Diversifikation

1938 Leadership

Die Regierungen interessierten sich lange Zeit weniger für die Einzelaspekte von Corporate Governance als vielmehr dafür, dass die Konzerne die Gesetze beachten und sich nicht monopolistisch verhalten. In Großbritannien änderte sich dies in den 1990ern, als die Großbank BCCI und der Medienmogul Robert Maxwell mit großen Finanzskandalen Schlagzeilen machten. Die britische Regierung ließ daraufhin eine ganze Reihe von Untersuchungen in Bezug auf die Praktiken von Konzernen bei Finanzberichterstattung, Vorstandsvergütungen, Unternehmensführung und die Rolle von Aufsichtsratsmitgliedern durchführen. Die wichtigsten Empfehlungen wurden 1998 im britischen Corporate-Governance-Kodex, dem sogenannten Combined Code, gebündelt. Die Einhaltung des Kodex durch die Unternehmen ist allerdings freiwillig. Immerhin hat sich mehr als die Hälfte der an der Londoner Börse notierten Unternehmen zur Einhaltung des Kodex bereit erklärt und diejenigen, die sich weigern, müssen in ihren Jahresberichten die Gründe dafür darlegen.

» Ein gutes Corporate-Governance-System sollte dem Aufsichtsorgan und der Unternehmensleitung die richtigen Anreize zur Verfolgung der im Interesse des Unternehmens und seiner Aktionäre liegenden Ziele geben. «
OECD, 2004

Unternehmensführung im angloamerikanischen Raum In Großbritannien orientiert sich Corporate Governance am monistischen Modell: Vorstand und Aufsichtsrat sind in einem einzigen Führungsorgan vereint, dem „Board“. Eine der Empfehlungen des Combined Code lautet, dass der Chairman – der Vorsitzende des Boards – nicht zum Unternehmen gehören sollte. Zudem sollte er nicht zugleich die Position des CEO wahrnehmen, der die operative Geschäftsführung innehat, weil die Machtkonzentration dann zu groß wäre. Das Board sollte gleichmäßig zusammengesetzt sein aus Non-Executive-Directors – als Nichtangestellte des Unternehmens nehmen sie wie Aufsichtsratsmitglieder vor allem Beratungs- und Kontrollfunktionen wahr – und Executive-Directors, die dem Unternehmen angehören und sich wie Vorstandsmitglieder um das operative Geschäft kümmern. Es sollte einen Vergütungsausschuss geben, der über die Vergütung der Board-Mitglieder entscheidet, und einen Prüfungsausschuss, der sich mit den Wirtschaftsprüfern beschäftigt; diesen beiden Ausschüssen sollten nur Non-Executive-Directors angehören. Der Combined Code fungierte bereits in zahlreichen europäischen Ländern als Modell für ähnliche Corporate-Governance-Kodizes.

Mehrere Finanzskandale zu Beginn des neuen Jahrtausends – Enron, WorldCom, Tyco – zwangen schließlich auch die US-Regierung, Maßnahmen zu ergreifen. Sie

Wegweisende Grundsätze

„Die Integrität von Unternehmen, Finanzinstitutionen und Märkten ist essenziell für die Stabilität der Wirtschaft." Die OECD, der 30 Mitgliedsländer angehören, ist davon überzeugt, dass gute Corporate Governance zu Wachstum und finanzieller Stabilität beiträgt. Die *OECD Grundsätze für Corporate Governance*, die 1999 vom Rat der OECD auf Ministerebene gebilligt und 2004 aktualisiert wurden, verstehen sich als internationale Richtschnur – nicht nur für Regierungen, sondern auch für Unternehmen.

1. Sicherung der Grundlagen eines effektiven Corporate-Governance-Rahmens (Corporate Governance Framework, CGF): Der CGF sollte transparente und leistungsfähige Märkte fördern, mit dem Prinzip der Rechtsstaatlichkeit in Einklang stehen und eine klare Trennung der Verantwortlichkeiten der verschiedenen Aufsichts-, Regulierungs- und Vollzugsinstanzen gewährleisten.
2. Aktionärsrechte und Schlüsselfunktionen der Kapitaleigner: Der CGF sollte die Aktionärsrechte schützen und deren Ausübung erleichtern.
3. Gleichbehandlung der Aktionäre: Der CGF sollte die Gleichbehandlung aller Aktionäre, einschließlich der Minderheits- und der ausländischen Aktionäre, sicherstellen. Alle Aktionäre sollten bei Verletzung ihrer Rechte Anspruch auf effektive Rechtsmittel haben.
4. Rolle der verschiedenen Unternehmensbeteiligten (Stakeholder): Der CGF sollte die gesetzlich verankerten oder einvernehmlich festgelegten Rechte der Unternehmensbeteiligten anerkennen und eine aktive Zusammenarbeit zwischen Unternehmen und Stakeholdern mit dem Ziel der Schaffung von Wohlstand und Arbeitsplätzen sowie der Erhaltung finanziell gesunder Unternehmen fördern.
5. Offenlegung und Transparenz: Der CGF sollte gewährleisten, dass alle wesentlichen Angelegenheiten, die das Unternehmen betreffen, namentlich Vermögens-, Ertrags- und Finanzlage, Eigentumsverhältnisse und Strukturen der Unternehmensführung, zeitnah und präzise offen gelegt werden.
6. Pflichten des Aufsichtsorgans (Board): Der CGF sollte die strategische Ausrichtung des Unternehmens, die Überwachung der Geschäftsführung durch den Board und die Rechenschaftspflicht des Board gegenüber dem Unternehmen und seinen Aktionären gewährleisten.

reagierte rasch und kompromisslos mit dem Sarbanes-Oxley Act, der 2002 in Kraft trat. Mit dem Public Company Accounting Oversight Board (PCAOB) schuf dieses Gesetz eine unabhängige Aufsichtsbehörde für Wirtschaftsprüfungsgesellschaften. CEOs und CFOs sind nun verpflichtet, die Ordnungsmäßigkeit von Jahresabschlüssen zu bestätigen; falls diese nicht ordnungsgemäß sind, drohen Gefängnisstrafen. Der britische Combined Code ist nach wie vor unverbindlich, doch immer mehr Unternehmen halten sich an ihn; ein vorbildliches Beispiel ist der weltweit führende Finanzdienstleister HSBC. In Amerika ist der CEO noch immer mit sehr weitreichenden Befugnissen ausgestattet und hat weiterhin oft auch die Funktion des

Chairman. Doch es ist eine allmähliche Verteilung der Macht auf die Directors zu beobachten. Auch die Mentalität, mehrere Board-Mandate zugleich in verschiedenen Unternehmen wahrzunehmen, ist nicht mehr so verbreitet wie früher. Angesichts der stetig zunehmenden Compliance-Anforderungen sind auf beiden Seiten des Atlantiks immer weniger Topmanager dazu bereit.

Unternehmensführung in Japan Corporate Governance war anfangs ein anglo-amerikanisches Konzept, das inzwischen jedoch auch in anderen westlichen Ländern greift. Und auch in Fernost sind aufgrund des Drucks ausländischer Investoren erste Anzeichen für einen Wandel zu erkennen. Japanische Boards haben traditionell sehr viele Mitglieder, doch ein Director, der nicht dem Unternehmen angehört, war bis vor kurzem undenkbar. Mittlerweile haben einige Boards ein oder zwei Directors von außerhalb berufen und ihre Mitgliederzahl reduziert. Nach westlicher Denkart erleichtern kleinere Boards die Diskussion, denn wenn die Zahl der Mitglieder ein Dutzend übersteigt, werden Tagesordnungspunkte oft nur noch durchgewunken.

❞ CEOs holten bevorzugt Leute, die sie kannten, als Mitglieder in ihre Boards, um das Risiko von Auseinandersetzungen zu minimieren. ❝

Patrick McGurn, 2007
(Institutional Shareholder Services, ISS)

Um die verantwortungsvolle Unternehmensführung und -kontrolle auf internationaler Ebene zu fördern, hat die Organisation für wirtschaftliche Zusammenarbeit und Entwicklung (OECD) 1999 für ihre Mitgliedsländer Grundsätze der Corporate Governance aufgestellt, die 2004 überarbeitet wurden. Sie weist darauf hin, dass gute Praktiken der Unternehmensführung das Vertrauen von Investoren stärken und so zu größerer Stabilität der Finanzierungsquellen führen. Eine Harvard/Wharton-Studie zeigte, dass US-Unternehmen mit guten Governance-Praktiken ein schnelleres Umsatzwachstum aufwiesen und profitabler waren. Ein Universalrezept für gute Corporate Governance gibt es jedoch nicht. Selbst in einer von multinationalen Konzernen dominierten Welt hängt die Umsetzung von Corporate Governance stark von den rechtlichen, wirtschaftlichen, sozialen und kulturellen Gegebenheiten der einzelnen Länder ab.

In den letzten Jahren hat sich die Lage zugunsten der Shareholder entwickelt. Investoren haben heute mehr Einfluss auf das Management als je zuvor. Doch das reicht ihnen nicht. Sie sind noch immer davon überzeugt, dass Konzernchefs zu hohe Gehälter beziehen. In vielen Ländern wünschen sich Aktionäre und Anteilseigner weiterhin mehr Mitbestimmung. Doch was das angeht, sind noch viele Hürden zu überwinden.

11 Corporate Social Responsibility

Der US-Ökonom Milton Friedman und die britische Wochenzeitschrift *The Economist* gehören zu den bekanntesten Stimmen, die Kritik am Konzept der „Corporate Social Responsibilty" (CSR) äußerten. Friedman war schon 1970 der Meinung, dass die soziale Verantwortung eines Unternehmens darin besteht, seinen Gewinn zu steigern. *The Economist* vertrat sogar die Ansicht, dass CSR ein gefährliches Konzept sei. Doch auch die Kritiker werden akzeptieren müssen, dass CSR inzwischen zu einer Herausforderung geworden ist, der sich jedes Unternehmen stellen muss.

The Economist entwickelte ein grafisches Modell, um den Effekt von CSR auf den Gewinn und auf das Gemeinwohl darzustellen. Wenn CSR zu einer Steigerung des sozialen Wohls und gleichzeitig zu einer Reduzierung der Gewinne führe, wäre dies soziales Engagement auf Kosten der Aktionäre. Wenn CRS zu einer Steigerung des Gewinns bei gleichzeitiger Reduzierung des sozialen Wohls führe, wäre das schädlich. Wenn CRS sowohl den Gewinn als auch das Gemeinwohl gleichzeitig reduziere, wäre das schlichtweg Wahnsinn. Wenn CSR jedoch beides steigere – also Gemeinwohl und Gewinn – dann wäre das nicht CSR, sondern einfach nur gutes Management.

Das Magazin argumentierte, dass Unternehmen nicht versuchen sollten, die Arbeit des Staates zu übernehmen und umgekehrt. Doch die Besorgnis eines wachsenden Teils der Gesellschaft verdeutlicht, dass das Gemeinwohl inzwischen *de facto* ein Aspekt ist, der auch Unternehmen betrifft. Aktuellen Definitionen zufolge umfasst CSR inzwischen nicht mehr nur soziale Verantwortung, sondern auch nachhaltige Entwicklung und Umweltverantwortung. In altmodischen Vorstandsetagen wird CSR noch immer als milde Gabe belächelt, die bestenfalls im Sponsoring wohltäti-

Zeitleiste

1886
Branding

1938
Leadership

ger Aktivitäten der Gattin des Vorstandsvorsitzenden zum Ausdruck kommt. Doch die Zeiten ändern sich. Angesichts gehäuft auftretender Bilanzskandale und Umweltkatastrophen verlangt die Öffentlichkeit von den Unternehmen inzwischen ein weitaus höheres Maß an verantwortungsvollem Handeln als früher. Egal ob Topmanager CSR nun zu ihren Aufgaben zählen oder nicht: Letztendlich müssen sie Entscheidungen auf Basis von Fakten fällen und die Meinung des Marktes ist ein Fakt, den kein Unternehmen ignorieren kann.

„Corporate Social Responsibility ist eine rationale Unternehmensentscheidung. Nicht weil sie eine gute Sache ist oder weil die Gesellschaft uns dazu drängt, … sondern weil sie gut für unser Geschäft ist."
Niall FitzGerald, 2003
(ehemaliger CEO, Unilever)

Was aber genau ist CSR? Bisher gibt es keine einheitliche Definition. Dem Weltwirtschaftsrat für Nachhaltige Entwicklung (WBCSD) zufolge ist CSR das kontinuierliche Engagement von Unternehmen, sich ethisch zu verhalten, zur wirtschaftlichen Entwicklung beizutragen und dabei gleichzeitig die Lebensqualität der Mitarbeiter und ihrer Familien sowie des lokalen Gemeinwesens und der Gesellschaft insgesamt zu verbessern. Mallen Baker von der britischen Non-Profit-Organisation Business in the Community, die das verantwortliche Handeln von Unternehmen fördert und unterstützt, meint, bei CSR gehe es darum, wie Unternehmen ihre Geschäftsprozesse managen, um einen allumfassenden positiven Einfluss auf die Gesellschaft zu erreichen.

CRS in Europa und in den USA Amerika hat einen anderen Begriff von CSR als Europa. Das europäische Verständnis ist umfassender und sieht CSR als aufrichtiges Bemühen von Unternehmen, zu einer besseren Welt beizutragen. In Amerika hat das Konzept vom „Good Corporate Citizen" (guten Unternehmensbürger) zwei Ausprägungen. Das naheliegendste Äquivalent zu CSR nach europäischem Verständnis ist der Begriff „Business Ethics" (Unternehmensethik), bei dem es vor allem darum geht, moralische Standards aufrechtzuerhalten. CSR dagegen wird eher als reine Wohltätigkeit oder Altruismus begriffen, ohne die Erwartung einer Gegenleistung.

CSR bedeutet, dass zahlreiche Praktiken und Verhaltensweisen inzwischen tabu sind. Die Global Reporting Initiative (GRI), die für Unternehmen Regeln für die Berichterstattung von CSR aufgestellt hat, nutzt eine Vielzahl von Leistungsindikatoren, um die Performance eines Unternehmens in verschiedenen Bereichen zu ermitteln, darunter Investitions- und Beschaffungspraktiken ebenso wie die Abschaffung von Kinderarbeit und die Respektierung der Rechte der Ureinwohner. Die Aussicht darauf, sich noch mehr Compliance-Lasten aufzubürden, schmälert bei so manchem Unternehmen die Begeisterung für CSR. Institutionelle Anleger verlangen von den Unternehmen jedoch immer häufiger, ihr Engagement in Sachen CSR mit überzeugenden Beispielen zu belegen. Ethisches Investment zeigt, dass CSR auch wirtschaftlich betrachtet Sinn macht und vermutlich wird der positive Effekt auf den Aktienpreis letztendlich auch die Friedman-Anhängerschaft überzeugen.

Handlungsvollmacht Die Befürworter von CSR betonen, dass es nicht darum geht, Geld zu verschenken, das rechtmäßig den Aktionären gehört. Unternehmen müssen jedoch darauf hinarbeiten, ihre Handlungsvollmacht zu bewahren, indem

Unternehmensethik und Kundenethik

Verbraucher halten nicht viel vom ethischen Verhalten der Unternehmen und wenden sich einer Fünf-Länder-Studie zufolge vermehrt dem „ethischen Konsum“ zu. In Deutschland gaben 64 % der Befragten an, dass sie eine Verschlechterung der ethischen Standards von Unternehmen beobachten. In den USA waren 55 % der Befragten dieser Meinung. Fast 50 % der in Großbritannien, Frankreich und Spanien befragten Konsumenten waren ebenfalls der Ansicht, dass das ethische Verhalten der Unternehmen sich verschlechtert hat. In Bezug auf den ethischen „Hype“ äußerten britische Verbraucher die meiste Kritik und spanische Verbraucher die größte Skepsis. Dennoch hält das auf der Studie basierende Ranking der Marken, die von Verbrauchern als besonders ethisch wahrgenommen werden, so manche Überraschung bereit:

	GROSS-BRITANNIEN	USA	FRANKREICH	DEUTSCHLAND	SPANIEN
1	Co-op (incl. Co-op Bank)	Coca-Cola	Danone	Adidas	Nestlé
2	Body Shop	Kraft	Adidas Nike	Nike Puma	Body Shop
3	Marks & Spencer	Procter & Gamble			Coca-Cola
4	Traidcraft	Johnson & Johnson Kellogg's Nike Sony	Nestlé	BMW	Danone
5	Cafédirect Ecover		Renault	Demeter gepa	Corte Inglés

Quelle: GfK NOP 2007

sie ihre Beziehungen zu einflussreichen Interessengruppen – Kunden, Mitarbeiter, die Gesellschaft insgesamt – sorgfältig managen. CSR bedeutet, das Risiko und den Ruf eines Unternehmens zu managen.

Es gibt bereits Statistiken, die den positiven Effekt von CSR auf den Gewinn von Unternehmen belegen. Überzeugender ist jedoch vermutlich der Nachweis der Kosten, die entstehen, wenn CSR vernachlässigt wird. Ein vielzitiertes Beispiel ist Brent Spar, die Ölplattform des Shell-Konzerns in der Nordsee. Der Konzern hatte vor, die Plattform im Meer zu versenken, weil dies seiner Ansicht nach die umweltverantwortlichste Art der Entsorgung war. Doch die Öffentlichkeit, angeführt von Greenpeace-Aktivitisten, war anderer Meinung. Der öffentliche Aufschrei und der folgende Boykott von Shell-Produkten zwangen den Konzern zum Einlenken. Shell hatte die Wissenschaft auf seiner Seite, doch Greenpeace argumentierte mit Werten. Die Werte trugen den Sieg davon.

» Man braucht zwanzig Jahre, um einen guten Ruf aufzubauen und fünf Minuten, um ihn zu ruinieren. «
Warren Buffet
(CEO, Berkshire Hathaway)

Sportartikelgigant Nike leidet noch heute unter den Folgen einer Kampagne, die in Großbritannien lanciert wurde und den Konzern der Kinderarbeit in Entwicklungsländern beschuldigte. Nike reagierte mit einer rigorosen CSR-Initiative, wozu auch die Berufung eines Direktors für nachhaltige Entwicklung gehörte. In vielen Märkten konnte der Konzern seinen Ruf inzwischen wieder herstellen. In Großbritannien jedoch taucht Nike noch immer nicht im Ranking der ethischsten Marken auf.

Der Klimawandel ist in den meisten westlichen Märkten das Topthema schlechthin und gibt der Macht der öffentlichen Meinung neuen Auftrieb. Die führenden Werbeagenturen prognostizieren eine Welle „grüner“ Marketingkampagnen, da die Unternehmen unter dem Druck stehen, den Verbrauchern ihr Umweltengagement zu beweisen. Unternehmen, die als „grün“ wahrgenommen werden, haben einen Wettbewerbsvorteil.

Die britische Organisation Tomorrow’s World befürchtet, dass CSR sich in eine falsche Richtung entwickeln könnte und veranschaulicht dies mit zwei Zukunftsszenarien. Im ersten Szenario ist CSR ein Ausdruck der tatsächlichen Visionen und Werte des Unternehmens. Dieses Szenario steht für „CSR aus Überzeugung“. Im zweiten Szenario sehen sich Unternehmen aufgrund von gesellschaftlichem Druck zu CSR gezwungen, ohne selbst davon überzeugt zu sein. Dieses Szenario steht für „CSR aus Compliance-Gründen“. Die Verbraucher werden zweifellos erkennen, welches Unternehmen es mit CSR wirklich ernst meint.

12 Corporate Strategy

Corporate Strategy oder Unternehmensstrategie gilt als die Königsdisziplin des Managements: Alle anderen Unternehmensfunktionen, von Produktion über Marketing und Finanzen bis hin zum Rechnungs- und Personalwesen, sind ihr untergeordnet. Fast alle Anfänger im Bereich der Managementberatung wollen später einmal Strategieberater werden. Die Strategie liefert sozusagen als Architekt den Bauplan für die anschließenden Bauarbeiten (wobei die Unternehmensziele als Kunde fungieren). Die erfolgreiche Formulierung und Umsetzung der Strategie stellt jedoch für viele Unternehmen eine besondere Herausforderung dar.

Der Begriff Strategie wird auch heute noch eher mit Krieg und militärischer Planung als mit Unternehmensführung in Verbindung gebracht. In einigen Wörterbüchern wird Strategie als „die Kunst der Kriegsführung“ beschrieben. Die Definitionen der Management-Experten sind selten so kurz und bündig. Gerry Johnson und Kevan Scholes offerieren in ihrem Buch *Exploring Corporate Strategy* die folgende Definiton: „Strategie ist die langfristige Ausrichtung einer Organisation: Sie verschafft dem Unternehmen Vorteile durch die Konfiguration seiner Ressourcen in einem herausfordernden Umfeld und verhilft ihm dazu, die Anforderungen des Marktes und die Erwartungen der Stakeholder zu erfüllen.“ Michael Porter fasst sich etwas kürzer und definiert Strategie aus einem anderen Blickwinkel: „Strategie hat damit zu tun, was ein Unternehmen einzigartig macht“, erklärte er kürzlich bei einem Vortrag an der Wharton School.

» Bei Strategie geht es darum zu gewinnen. «
Robert M. Grant, 1995

Strategie war lange Zeit keine wohlüberlegte, strukturierte Managementaktivität. Natürlich beschäftigten sich Manager mit Planung und dem Aspekt der Einzigartigkeit, doch erst in den 1950ern kristallisierte sich dafür der Begriff „Strategie“ heraus. In seinem 1965 veröffentlichten Buch *Corporate Strategy* legte H. Igor Ansoff schließlich den Grundstein für strategisches Management und lieferte Unternehmen

Zeitleiste

500 v. Chr.
Krieg und Strategie

1450 n. Chr.
Innovation

Das Mission Statement

Mission Statements, oft auch Leitbilder genannt, tauchen häufig in Jahresberichten auf. Manche glänzen mit verschachtelten Formulierungen und beeindruckender Selbsttäuschung. Auf dilbert.com, der Internetseite zur Titelfigur des gleichnamigen Comicstrips von Scott Adams, gab es einmal einen „Automatischen Mission Statement Generator", der mit zufällig konstruierten, aber durchaus vertraut klingenden Nonsens-Beispielen für Erheiterung sorgte: *„Wir streben danach, missionskritisches intellektuelles Kapital zu erhöhen, um bestehende fehlerfreie Katalysatoren des Wandels maximal zu nutzen und gleichzeitig das persönliche Wachstum der Mitarbeiter zu fördern."*

Ein sorgfältig durchdachtes und formuliertes Mission Statement dagegen kann natürlich eine wertvolle Orientierungshilfe für das Management und die Mitarbeiter sein und dazu beitragen, die Werte und Kultur des Unternehmens lebendig zu erhalten. Üblicherweise umfasst es die folgenden drei Elemente:

- die Mission – den Unternehmenszweck;
- die Werte – den einzigartigen Arbeitsstil des Unternehmens;
- die Vision – die langfristigen Ziele des Unternehmens.

Das Mission Statement sollte Mission und Werte nicht völlig neu erfinden, sondern das bereits Bestehende in Worte fassen. Ein Brainstorming zur Formulierung des Mission Statements kann hilfreich sein, denn es deckt vielleicht einen Zweck oder Stil auf, der bisher noch nicht passend formuliert wurde. Auf jeden Fall sollte das Mission Statement ehrlich sein und auf Tatsachen beruhen. Die Formulierung von Bestrebungen gehört zur Vision und kann sich auf ein Ziel oder eine Veränderung beziehen. Ein Mission Statement ist jedoch niemals eine Strategie.

ein Modell für die Formulierung und Implementierung einer Unternehmensstrategie.

Eine Entscheidungsregel Ansoff erklärte, dass Strategie eine Regel sei, auf deren Grundlage Entscheidungen getroffen werden können. Er unterschied zwischen übergeordneten Zielen, untergeordneten Zielen und Strategien, die den Weg zu den Zielen festlegen. Seine Überzeugung lautete: „Die Struktur folgt der Strategie." Strategische Entscheidungen müssen ihm zufolge drei grundlegende Fragen beantworten:

- Was sind die übergeordneten und untergeordneten Ziele des Unternehmens?
- Soll das Unternehmen diversifizieren, wenn ja, wie stark und in welche Richtung?
- Wie soll das Unternehmen seine aktuelle Produkt-Markt-Position entwickeln und ausschöpfen?

Ansoff ging auf ein wichtiges Problem ein, das die Strategieformulierung häufig erschwert, nämlich die Tatsache, dass die meisten Entscheidungen in einem System mit limitierten Ressourcen getroffen werden. Unabhängig von der Unternehmensgröße bedeutet strategische Entscheidung, eine Auswahl zwischen verschiedenen Alternativen der Ressourcenzuordnung zu treffen. Soll das bestehende Geschäft erweitert und auf eine Diversifikation verzichtet werden? Oder soll diversifiziert und das Risiko eingegangen werden, das bestehende Geschäft zu vernachlässigen? Ansoff entwickelte ein Modell, um Ressourcen so zuzuordnen, dass ihre Konfiguration die besten Chancen zur Erfüllung der Unternehmensziele bietet.

» Politik ist eine kontingente Entscheidung, während Strategie eine Regel zur Entscheidungsfindung ist. «
H. Igor Ansoff, 1985

Ansoff löste einen wahren Boom der strategischen Planung aus und schon bald hatte jedes namhafte Unternehmen eigens dafür eine besondere Abteilung eingerichtet, die mit strengen Fünf-Jahres-Prognosen und -Zielen arbeitete. Später milderte Ansoff die Strenge seines Konzepts zwar ein wenig ab (der Satz „Analyse ist Paralyse“ wird ihm zugeschrieben), doch sein Ansatz ist bis heute wertvoll. Ansoff ist heute vor allem für seine Produkt-Markt-Matrix bekannt, die auch Ansoff-Matrix genannt wird und noch immer ein nützliches Analyseraster zur Strategieselektion ist. Die Matrix veranschaulicht je nach Produkt-Markt-Kombination vier mögliche Strategien: Bei der Marktdurchdringung, der sichersten Strategie, wird der Marktanteil eines bestehenden Produkts erhöht; bei der Produktentwicklung werden neue Produkte in einem bestehenden Markt angeboten; Marktentwicklung umfasst die Gewinnung neuer Märkte für bestehende Produkte und Diversifikation, die riskanteste Strategie, bedeutet die Eroberung neuer Märkte für neue Produkte.

Planungsprozess Auch wenn Planungsabteilungen in Unternehmen inzwischen rar gesät sind, ist die strategische Planung noch immer eine unverzichtbare Funktion. Der Prozess der strategischen Planung verläuft typischerweise in dieser Reihenfolge:

- Mission Statement (Leitbild) und Ziele – Beschreibung der Unternehmensvision und Definition von messbaren finanziellen und strategischen Zielen.

- Umfeldanalyse – Sammlung von internen und externen Informationen sowie Analyse des Unternehmens, der Branche und des weiteren Umfelds. Grundlage für die „fünf Wettbewerbskräfte" (siehe Seite 84) und die SWOT-Analyse (Stärken, Schwächen, Chancen, Risiken).
- Strategieformulierung – der schwierigste Teil. Bestimmung von „Wettbewerbsvorteil" und „Kernkompetenz", Vorgehensweise „von innen nach außen".
- Strategieimplementierung – die nächste Herausforderung. Kommunikation der Strategie, Organisation der Ressourcen und Motivation der Mitarbeiter zur erfolgreichen Umsetzung der Strategie.
- Evaluierung und Kontrolle – Messung der Ergebnisse, Vergleich mit dem Plan und Anpassung.

Das Finden einer „richtigen" oder „guten" Strategie ist eine echte Herausforderung. Michael Porter ist davon überzeugt, dass eine umfassende Wettbewerbsanalyse ein Grundpfeiler jeder Strategie ist. Seiner Meinung nach kann kein Unternehmen Erfolg mit dem Ziel haben, der „Beste" der Branche zu werden. Wer oder was das „Beste" ist, stellt eine höchst subjektive Meinung dar. Sein Ansatz besteht darin, die Strategie auf Basis der einzigartigen Position des Unternehmens im Markt zu entwickeln.

» Strategie ist das große Werk der Organisation. «

Sun Tzu, ca. 500 v. Chr.

Porter warnt Unternehmen davor, den Shareholder Value als Unternehmensziel zu betrachten und spricht vom „Bermuda-Dreieck der Strategie": „Shareholder-Value ist ein Resultat. Shareholder Value entsteht durch hervorragende Unternehmensleistung." Operative Effektivität ist für ihn keine Strategie, sondern eine Folge von Best Practice. Sie kann sich positiv auf die Unternehmensleistung auswirken, aber da sie Best Practice ist, werden die Konkurrenten nachziehen, so dass sie bald nicht mehr einzigartig ist.

Richard Koch (siehe Seite 70) glaubt, dass Unternehmensstrategie in den letzten 50 Jahren mehr Schaden als Nutzen gebracht hat. Seiner Meinung ist das Problem nicht die Unternehmensstrategie an sich, sondern die Tatsache, dass sie auf oberster Ebene, d. h. von der Unternehmensleitung formuliert wird. Koch befürchtet, dass viele Unternehmensleitungen mehr Wert vernichten als erschaffen. Sie können durchaus gut darin sein, finanzielle Krisen zu meistern, Wendepunkte zu identifizieren, geeignete Übernahmeprojekte zu finden und sie zu integrieren oder Portfolio-Management im Stil der Boston-Matrix (siehe Seite 20) durchzuführen. Doch abgesehen davon, so Koch, sollte Strategie den Geschäftseinheiten überlassen werden.

13 Komplexitätskosten

Der Kunde ist König. Wenn Unternehmen eines in den letzten 50 Jahren begriffen haben, dann ist es die Wichtigkeit der Kundenorientierung. Unternehmen müssen Kunden eine Auswahl und Innovationen bieten – zumindest bis zu einem gewissen Punkt. Denn Innovation und Vielfalt bedeuten mehr Komplexität – und mehr Komplexität verursacht mehr Kosten.

Halte es einfach – diese Idee ist nicht neu. Sie geht auf den englischen Theologen Wilhelm von Ockham (William of Occam) zurück. Bereits im 14. Jahrhundert entwickelte er sein Sparsamkeitsprinzip, auf dem der als „Ockhams Rasiermesser" bekannte Grundsatz basiert, dass dort, wo zwei oder mehr Hypothesen zur Erklärung desselben Sachverhalts vorliegen, die einfachste zu bevorzugen ist. Leider sagt dieses Prinzip nichts über die Auswirkungen auf den Gewinn eines Unternehmens aus. Das Beratungsunternehmen Bain & Company führte kürzlich eine Studie mit 75 Unternehmen in 12 verschiedenen Branchen durch und fand heraus, dass Unternehmen mit geringer Komplexität ihre Erträge fast doppelt so schnell steigern wie Unternehmen mit hoher Komplexität. Die Ergebnisse der Studie deuten darauf hin, dass Ertragswachstum vor allem vom Komplexitätsgrad eines Unternehmens und weniger von seiner Größe abhängt.

»Komplexität nimmt mit der Zeit zu.«

Eric Clemens, 2006 (Wharton Business School)

Je komplexer ein Unternehmen wird, desto höher werden auch seine Kosten. Die Zunahme der Komplexität kann verschiedene Gründe haben und hängt oft mit der Expansion des Geschäfts zusammen. Sie kann das Ergebnis einer Innovation, einer Ausweitung der Produktlinie oder eines wachsenden Kundenstamms sein. Der Einsatz neuer Technologien und Kompetenzen bedeutet fast automatisch eine Zunahme der Komplexität. Diese Art von marktbedingter Komplexität mag sich auszahlen, doch das Unternehmen muss die zusätzlich entstehenden Kosten korrekt ermitteln und zuordnen (siehe Kasten). Nur so kann es erkennen, ob die Expansion tatsächlich wie erwartet Vorteile bringt oder stattdessen gar Nachteile hervorruft.

Zeitleiste

14. Jh.	1897
Komplexitätskosten	Fusionen und Übernahmen

Zusätzliche Betriebszeit Ein Hersteller aus der Lebensmittelindustrie versuchte seinen Marktanteil mithilfe eines aggressiven Innnovationsprogramms zu verteidigen. Jede Erweiterung seiner Produktlinie war jedoch mit einem Kostenanstieg verbunden. Das Marketing-Team musste um 20 Prozent aufgestockt werden und die Lagerbestände schossen in die Höhe. Im Produktionsprozess entfielen über 30 Prozent der verfügbaren Betriebszeit auf Maschinenumstellungen für neue Produkte. Um dies auszugleichen, machte das Unternehmen Abstriche beim Verpackungsprozess, was letztendlich zu einer Verminderung der Lebensmittelqualität führte. Die Innovationsstrategie gefährdete aufgrund der zusätzlichen Komplexitätskosten nicht nur die Kostenposition des Unternehmens, sondern auch die Marktstellung.

Komplexität kann vielerlei Formen annehmen. Fusionen und Übernahmen können die Komplexität in den verschiedensten Bereichen erhöhen (siehe Seite 136).

Das ABC lernen

Ein realitätsnahes Bild von den Komplexitätskosten ergibt sich durch die Feststellung, wo sie bei jedem Produkt entstehen, insbesondere wenn es um indirekte Kosten in Bereichen wie Administration und Marketing geht. Traditionelle Kostenrechnungsmethoden helfen hier nicht viel, da bei ihnen keine verursachungsgerechte Umlegung der indirekten Kosten auf die Produkte erfolgt. Produkte, die einander ähnlich scheinen, können bedeutende Kostenunterschiede aufweisen, sei es in Bezug auf Produktionszeit, Administration oder Vertrieb. Entscheidend ist die Feststellung der Kostentreiber.

Robert S Kaplan (siehe Seite 81) und William Brunk entwickelten 1987 das sogenannte „Activity Based Costing“ (ABC). Der Grundgedanke von ABC besteht darin, die Kosten dort zu messen, wo sie entstehen. Diese Kostenrechnungsmethode kann in Produktions- und Dienstleistungsunternehmen eingesetzt werden. ABC ermöglicht es, für bestimmte Prozesse oder Tätigkeiten (*activities*) Kostentreiber zu bestimmen, denen Anteile von Gemeinkosten verursachungsgerecht zugeordnet werden können.

ABC ermöglicht nicht nur eine präzisere Zuordnung von Kosten zu Produkten oder Dienstleistungen, sondern auch die Identifikation von rentablen und unrentablen Kunden. Auf diese Weise liefert es ein realistischeres Bild von der Kostenstruktur des Unternehmens. ABC wird in erster Linie als internes Planungs- und Controllinginstrument eingesetzt. Einige Unternehmen schrecken allerdings vor seiner Anwendung zurück, da es einen relativ großen Zusatzaufwand erfordert und somit wiederum die Komplexität erhöht.

„Pluralitas non est ponenda sine necessitate." („Ohne Notwendigkeit sollte man keine Vielheit setzen.")"
Wilhelm von Ockham, ca. 1285–1349

Ein zu großes Geschäftsportfolio kann von den Kernaktivitäten ablenken. Komplexität kann auch durch zu viele Zulieferer entstehen oder durch das Festhalten an internen Abläufen, die durch Outsourcing weitaus effizienter gehandhabt werden könnten. Auch ein besonders raffiniertes Produktdesign oder komplizierte Prozessabläufe erhöhen die Komplexität und damit auch die Kosten. Das Gleiche gilt für die Einführung von zusätzlichen Management-Hierarchieebenen. Der Autor und ehemalige Strategieberater Richard Koch glaubt, dass in Unternehmen nahezu 50 Prozent aller wertsteigenden Kosten komplexitätsbedingt sind und dass wiederum die Hälfte davon enorme Kostensenkungspotenziale bieten. Seiner Ansicht nach kann die Verringerung der Komplexität nicht nur zu erstaunlichen Kostensenkungen, sondern auch zu bedeutenden Verbesserungen des Kundenwerts führen.

In ihrem 2004 erschienenen Buch *Conquering Complexity in Your Business* stellen die Berater Michael George und Stephen Wisdom drei einfache Leitsätze auf:

- Komplexität, für die der Kunde nicht bezahlt, sollte eliminiert werden.
- Komplexität, für die der Kunde bezahlt, sollte zugelassen werden.
- Die anfallenden Komplexitätskosten sollten minimiert werden.

George und Wisdom weisen darauf hin, dass Unternehmen häufig mehr Produkte und Dienstleistungen anbieten als ihre Kunden tatsächlich wollen. Der Verzicht auf überflüssige Angebote führt nicht nur zur Einsparung unnötiger Kosten – die Japaner würden sie als *muda* oder „Verschwendung" bezeichnen –, sondern kann auch einen Wettbewerbsvorteil bedeuten. Als Beispiel nennen sie den weltweit größten Billigfluganbieter Southwest Airlines, der nicht nur aufgrund seiner niedrigen Preise und einzigartigen Kultur, sondern auch dank seines niedrigen Komplexitätsgrades einen dauerhaften Wettbewerbsvorteil in einer stark umkämpften Branche hat. Das Unternehmen errang ihn durch die Entscheidung, nur noch einen einzigen Flugzeugtyp einzusetzen, die Boeing 737. Die Flotte von American Airlines dagegen umfasste zeitweise bis zu 14 verschiedene Flugzeugtypen, was 14 verschiedene Ersatzteillager, 14 Arten von Mechanikern und Piloten sowie 14 verschiedene Federal Aviation Administration-Zertifizierungen bedeutete – also ein Ausmaß an Komplexität, das keinerlei Mehrwert für die Kunden schuf. American Airlines ist deshalb inzwischen dazu übergegangen, seine Flotte zu rationalisieren.

Komplexitätsmanagement bedeutet nicht unbedingt, dass Komplexität um jeden Preis vermieden werden sollte. Unternehmen sollten nur sicherstellen, dass sie einen Mehrwert für die Kunden generiert und von ihnen bereitwillig bezahlt wird. Baskin-Robbins hat über 1 000 verschiedene Eiscremesorten im Angebot, was einen hohen Komplexitätsgrad bedeutet, aber die Kunden sind bereit, dafür einen Premiumpreis zu zahlen. George und Wisdom zufolge bedeutet erfolgreiches Komplexitätsmanagement entweder, dass das Unternehmen einen sehr geringen Komplexitätsgrad im Markt hat oder dass die Kunden bereit sind, für einen höheren Komplexitätsgrad einen entsprechend höheren Preis zu zahlen.

> **» Die Kunden müssen bereit sein, Komplexitätskosten zu tragen. «**
> **Gerard Arpey, 2003**
> (CEO American Airlines)

Die richtige Balance finden Nach Ansicht von Mark Gottfredson, Berater bei Bain, kann die Verringerung der Komplexität zu Ertragssteigerungen und auch zu Kostensenkungen führen, doch ihre Reduzierung auf Null ist ganz klar die falsche Lösung. Henry Ford beging diesen Fehler, indem er nur schwarze Autos herstellte. Dann kam General Motors und bot Autos in verschiedenen Farben an. Das bedeutete zwar mehr Komplexität, doch General Motors gelang es auf diese Weise, Ford als Marktführer abzulösen. Gottfredson glaubt, dass die meisten Unternehmen ihre individuell richtige Balance zwischen Innovation und Komplexität noch nicht gefunden haben. Diese Balance ist ihm zufolge an dem Punkt erreicht, wo Produkte oder Dienstleistungen die Kundenanforderungen zu den niedrigstmöglichen Komplexitätskosten vollständig erfüllen. Gottfredson rät Unternehmen, sich zu fragen, wie hoch die Kosten wären, wenn sie sich nur noch auf die Herstellung eines einzigen Produktes beschränken würden. Unternehmen sollten herausfinden, welche Art von Komplexität die Kunden wirklich wertschätzen und dann genau diese Komplexität hinzufügen – zumindest solange die Kunden bereit sind, für dieses Plus an Komplexität zu zahlen.

Die richtige Balance zwischen Innovation und Komplexität ist Gottfredson zufolge relativ leicht zu identifizieren. So kann etwa die Rationalisierung von Produktlinien ermöglichen, mehr Bestseller-Produkte im Markt zu platzieren und so den Umsatz zu erhöhen. Gottfredson stellt folgende Frage: „Angenommen, ein Unternehmen hat 17 000 Artikel im Katalog, aber der durchschnittliche Einzelhändler hat nur 17 davon im Angebot. Wie hoch ist die Wahrscheinlichkeit, dass es die richtigen 17 sind?“

Eric Clemons, Professor am Fachbereich Arbeitsprozesse und Informationsmanagement der Wharton School, glaubt ebenfalls, dass es darauf ankommt, die richtigen Balance zu finden: „Komplexitätsmanagement ist nicht dasselbe wie Kostenmanagement. Es geht vielmehr darum, dass jeder Kunde genau das bekommt, was er will, ohne dass das Unternehmen an seiner Kostenstruktur zugrunde geht.“

Worum es geht

Das Prinzip der Einfachheit

14 Customer Relationship Management

Manche Managementideen bringen selbst hartgesottene Theoretiker noch Jahre nach ihrem ersten Auftauchen ins Schwärmen; andere dagegen ernten nur noch verächtliche Kommentare. Customer Relationship Management oder CRM hat sogar den Grundstein zu einer völlig neuen Branche gelegt, steht heute jedoch stark in der Kritik.

CRM, auch als Kundenbeziehungsmanagement bezeichnet, hat zweifellos seine negativen Seiten. Das wohl bekannteste Beispiel ist die telefonische Hotline-Warteschleife, die den Kunden ewig festhält und oder per Ansage zu einem schier endlosen Tastendruck-Marathon zwingt. Doch die Grundidee von CRM ist durchaus positiv: Sie fordert Unternehmen dazu auf, sich auf ihre Kunden zu konzentrieren, mehr über deren Bedürfnisse und Verhalten zu erfahren und das erworbene Wissen zu nutzen, um die Beziehung zu den Kunden zu verbessern – natürlich mit dem ultimativen Ziel, deren Kauffrequenz zu steigern.

„CRM ist eher eine Unternehmensphilosophie als eine Software, eher eine Leidenschaft als ein Projekt.“
Made2Manage Systems, 2006

Technologie Große Unternehmen setzen gern auf Technologie, nicht nur um Kundendaten zu sammeln, zu speichern und zu analysieren, sondern auch, um die eigenen Verkaufs- und Servicebereiche zu automatisieren. Die Folge ist, dass CRM stark mit Technologie assoziiert wird, vor allem mit Informationstechnologie und Softwarelösungen. Wenn CRM-Projekte scheitern (was bei großen IT-Projekten oft der Fall ist) oder schlecht umgesetzt werden, leidet der Ruf von CRM darunter. Durch das Bekanntwerden vieler kostspieliger Projektpleiten wurde CRM in ein schlechtes Licht gerückt. Bei CRM soll die Technologie

Zeitleiste

1896 Loyalität

1897 Das 80/20-Prinzip

Tipps zur Fehlervermeidung

CRM-Projekte scheitern mindestens genauso oft wie sie von Erfolg gekrönt sind. Warum ist das so? Manche glauben, der Grund liegt in der Unfähigkeit von Unternehmen zu begreifen, dass CRM weniger eine „Lösung", als vielmehr eine Unternehmenskultur ist. Der IT-Anbieter CGI nennt die folgenden zehn Hauptgründe für das Scheitern von CRM-Projekten:

1. CRM-Initiativen werden ohne Strategie eingeführt.
2. Die CRM-Strategie steht nicht mit der Unternehmensstrategie im Einklang.
3. Das CRM-System wird mehr oder weniger unverändert von einem anderen Unternehmen übernommen, wo es erfolgreich implementiert wurde.
4. Das CRM-System wird ohne Berücksichtigung der Anforderungen des Unternehmens oder der Kunden eingeführt.
5. CRM wird ohne die Einbindung der Kunden eingeführt.
6. CRM wird vorrangig als IT-Projekt betrachtet und nicht als Unternehmensinitiative, die sich der IT-Technologie lediglich bedient.
7. CRM wird ohne definierte Messgrößen und Ziele eingeführt.
8. CRM wird als einmaliges Ereignis betrachtet.
9. Die Tatsache, dass das Unternehmen Kunden hat, wird bereits als ausreichende Kundenorientierung verstanden.
10. CRM wird von der Unternehmensleitung nicht ausreichend unterstützt bzw. von den Mitarbeitern nicht akzeptiert.

CGI definiert CRM als „einen strategischen Ansatz, der Geschäftsprozesse, Technologie, Mitarbeiter und Informationen unternehmensübergreifend kombiniert, um rentable Kunden zu gewinnen und zu halten."

jedoch eigentlich nur den Rahmen bilden, nicht den Inhalt. CRM wurde in den 1990ern populär, zu einer Zeit, als Verbraucher die allgemeine Tendenz zeigten, besser informiert, anspruchsvoller und weniger markentreu zu sein. Handelsbanken und Versicherer erkannten mit als erste die Vorteile, die sich durch das effizientere Management großer Kundenbestände ergeben.

Sie hatten die Erfahrung gemacht, dass es weitaus mehr kostet, einen neuen Kunden zu gewinnen, als einen bestehenden Kunden zu halten. Doch manche Kunden sind einem Unternehmen mehr wert als andere, ganz im Einklang mit dem 80/20-Prinzip (siehe Seite 68), demzufolge 20 % der Kunden 80 % des Umsatzes bringen. Die Frage ist: Wie kann das Unternehmen herausfinden, welche Kunden zu diesen 20 % gehören?

Die IT-Technologie lieferte mit Data Warehousing und Data Mining die perfekte Antwort. Data Warehousing ermöglicht die Sammlung und Speicherung von Daten zu Analysezwecken. Data Mining ist die weitergehende Auswertung dieser Daten. Die Ergebnisse dieser Auswertung können Aufschluss über Lebensstil, Vorlieben und Kaufgewohnheiten eines Kunden und über seinen Wert für das Unternehmen geben. Mithilfe dieser Informationen können Unternehmen ihr Kundenbeziehungsmanagement optimieren und ihr Marketing mitsamt Channel Management perfekt anpassen (siehe Seite 32).

» Wenn CRM erfolgreich durchgeführt wird, trägt es wesentlich dazu bei, interne Mauern nieder zu reißen. «
Dick Lee, 2002

Beziehungen zu Kunden mit niedrigem Wert können über einen weniger kostenintensiven Kanal wie Telesales oder Webseite gepflegt werden, während Kunden mit höherem Wert persönliche Betreuung erhalten. Die Informationen über einen Kunden und über seine Beziehungen zu verschiedenen Unternehmensbereichen – etwa Vertrieb, Buchhaltung oder Service – werden in einem einzigen Konto verwaltet, auf das alle Unternehmensbereiche Zugriff haben. So ist sichergestellt, dass bei jedem Kundenkontakt, unabhängig davon, über welchen Kanal er erfolgt, alle Unternehmensabteilungen immer auf dem neuesten Informationsstand sind.

Cross-Selling Zentralisierte Informationen dieser Art können auch genutzt werden, um die Möglichkeiten für Cross-Selling zu eruieren. Eine Bank, die einer Kundin bereits ein Girokonto und eine Hypothek verkauft hat, wird sicher versuchen wollen, sie zum Kauf weiterer Produkte zu überzeugen. Mithilfe einer detaillierten individuellen Datenanalyse lassen sich möglicherweise mehrere Optionen identifizieren. Wenn die Bank weiß, dass die Kapitallebensversicherung eines Kunden bald abläuft, kann sie diese Information nutzen, um dem Kunden ein neues Produkt anzubieten, beispielsweise einen Anlagefonds. Unternehmen, die laufend über verschiedene Etappen und Ereignisse im Leben eines Kunden informiert sind, wissen genau, wann der ideale Zeitpunkt gekommen ist, um durch gezielte Angebote Kaufentscheidungen herbeizuführen. Es gibt bereits „proaktive“ CRM-Lösungen, die dem Kunden automatisch bestimmte Vorteile anbieten, wenn er beispielsweise die Webseite des Unternehmens besucht.

Finanzdienstleister und Telekommunikationsanbieter zählten zu den Pionieren, doch andere Branchen folgten schnell und CRM wurde nicht nur rasch zum neuen Modewort, sondern führte sogar zur Entstehung einer ganz neuen Branche. Anfangs verlegten sich CRM-Anbieter vor allem auf die Konzeption und den Verkauf von Systemen, die die verschiedenen Kanäle eines Unternehmens – Webseite, Callcenter, Geschäfte, Außendienst etc. – miteinander verbinden und mit Daten versorgen.

Die Systeme sammeln, analysieren und speichern Daten, so dass sie bei Bedarf jederzeit abrufbar sind.

Die erfolgreiche Durchführung von CRM-Projekten erfordert die Erhebung und Verwaltung von riesigen Datenmengen, was in der Anfangszeit oft ein Problem war. Inzwischen ermöglicht das Internet Unternehmen die Offsite-Speicherung von Daten und die Internettechnologie spielt bei CRM-Strukturen eine wesentlich größere Rolle als früher. Die daraus resultierende erhöhte Flexibilität führt zu einer höheren Mitarbeiterakzeptanz, im Gegensatz zu früher, als mangelnde Mitarbeiterakzeptanz die erfolgreiche Durchführung von CRM-Projekten oft behinderte.

> **„CRM umfasst jeden Aspekt des geschäftlichen Auftritts – ob Back Office, Front Office, persönliche oder elektronische Interaktion – einfach alles.“**
>
> **Linda Hershey, 2003**
> (LGH Consulting)

Effektives CRM ist eine unternehmensweite Strategie. Die Vernetzung von CRM mit allen Kundenkanälen nützt wenig, wenn die anderen Bereiche der Organisation nicht mitziehen. Die Möglichkeit, ein Produkt um Mitternacht online zu bestellen, ist für den Kunden nur dann von Wert, wenn die Lieferung nicht drei Wochen in Anspruch nimmt.

Die Zukunft Technologie ist in der Regel teuer und früher konnten sich nur große Unternehmen CRM leisten. Inzwischen befinden sich jedoch zahlreiche Application Service Provider (ASP) im Markt, die CRM-Lösungen relativ kostengünstig an kleinere Unternehmen vermieten. Diese On-Demand-Systeme (zu deutsch: auf Nachfrage), die beim Software-Anbieter betrieben werden, haben den Markt für CRM bedeutend erweitert.

Zahlreiche Unternehmen äußern sich inzwischen positiv über CRM und konnten damit zweistelliges Umsatzwachstum, Produktivitätsverbesserungen oder eine Steigerung der Kundenzufriedenheit erzielen. Bei On-Premise-CRM-Lösungen, wo die Software vom Anwender selbst auf einem eigenen Server betrieben wird, treten jedoch noch immer häufig Probleme auf; mehr als die Hälfte dieser CRM-Projekte scheitern oder erfüllen nicht die Erwartungen. Die CRM-Befürworter betonen, dass die erfolgreiche Durchführung eine gute Vorbereitung erfordert (siehe Kasten). Dazu zählt sicherlich die Vermeidung der berüchtigten Warteschleifenhölle – Unternehmen, die darunter CRM verstehen, dürfen sich nicht wundern, wenn sie ihre Kunden verlieren.

Worum es geht
Gute Kunden gewinnen und halten

15 Dezentralisierung

General Motors (GM) war nach Verkaufszahlen 77 Jahre lang der größte Automobilhersteller der Welt. Auch wenn der Konzern seine Spitzenposition inzwischen abgeben musste, gilt er nach wie vor als unbestrittener Pionier und Vorbild in Bezug auf neue Managementideen und das Konzept des modernen Unternehmens. Die Maßnahmen, die GM in der ersten Hälfte des 20. Jahrhunderts durchführte, haben die heutige Managementpraxis maßgeblich geprägt. Die einflussreichste Innovation des Konzerns war die Dezentralisierung.

Die Managementwelt hat GM viel zu verdanken. 1943 beauftragte GM den Wirtschaftswissenschaftler Peter Drucker, den Konzern – damals das größte Unternehmen der Welt – einer zweijährigen Analyse zu unterziehen. Unter der Leitung von Alfred P. Sloan erfand GM sich damals selbst neu und änderte die Organisationsstruktur von Grund auf. Drucker analysierte sämtliche von GM getroffenen Maßnahmen und erläuterte sie in seinem 1946 erschienenen Buch *Concept of the Corporation* (deutsche Ausgabe: *Das Großunternehmen,* 1966). Auch Sloan schrieb später darüber in seiner Autobiografie *My Years with General Motors* (deutsche Ausgabe: *Meine Jahre mit General Motors*); Microsoft-Gründer Bill Gates beschrieb dieses Werk als „das wahrscheinlich beste Buch, wenn man nur ein einziges Buch über Management lesen will". Mit *Concept of the Corporation* etablierte Drucker Management als wissenschaftliche Disziplin, während Sloan Management als praktische Disziplin einführte.

Sloan war ein hervorragender Manager und wie Drucker ein Visionär, der seiner Zeit weit voraus war. 1920, als GM in ernsthaften Schwierigkeiten steckte, stieß Sloan zum vierköpfigen Führungsteam des Konzerns und wurde drei Jahre später zum Generaldirektor (CEO) ernannt. Damals bestand GM aus 25 Automobilherstellern und diversen Komponentenherstellern; ein chaotisch organisiertes Sammelsurium, das kurz vor der Pleite stand.

Zeitleiste

1920	1924	1938
Dezentralisierung	Marktsegmentierung	Leadership

Zuerst brachte Sloan die Ausgaben unter Kontrolle, indem er Monatsprognosen und zentrale Budgetkontrolle einführte – das Finanz- und Rechnungswesen blieb bei GM immer zentralisiert. Dann nahm Sloan die erste ambitionierte Segmentierung des Automobilmarktes vor, wobei jede der fünf Marken von GM auf einen anderen Marktbereich abzielte. Zum Schluss teilte Sloan jeder Marke eine separate Division sowie jeweils drei Komponentenhersteller zu; diese Divisionen konnten bis zu einem gewissen Grad autonom agieren. Diese Vorgehensweise ist nach wie vor ein Musterbeispiel für den bekannten Lehrgrundsatz „Die Struktur folgt der Strategie".

» [Dezentralisierung] erhöht die Moral der Organisation, weil jeder operative Bereich seine eigene Grundlage und dadurch das Gefühl erhält, Teil des Konzerns zu sein, eigene Verantwortung zu übernehmen und einen eigenen Beitrag zum Endergebnis beizusteuern. «
Alfred P. Sloan, 1963

Die Funktionalorganisation Etwa zur gleichen Zeit führte auch der Chemiekonzern DuPont eine Divisionalisierung und Dezentralisierung durch, wenn auch aus anderen Gründen (Wachstum und steigende Komplexität). Der Wirtschaftshistoriker Alfred Chandler bezeichnete die damals vorherrschende Konzernstruktur als „Funktionalorganisation". Bei dieser Organisationsstruktur werden die Managementkompetenzen nach betrieblichen Funktionen zugeordnet. Dieses Organisationsmodell wurde im 19. Jahrhundert von Unternehmen der US-Eisenbahnindustrie entwickelt, um den wachsenden betrieblichen Funktionen – Passagiermanagement, Gütermanagement, Fahrzeugmanagement, Streckenmanagement – gerecht zu werden. Das sogenannte „Linienmanagement" hat seine Wurzeln in der Eisenbahnindustrie.

Durch Divisionalisierung und Dezentralisation wurden Verantwortung und Entscheidungsmacht auf Mitarbeiter der unteren Ebenen verlagert, die mit den jeweiligen Funktionen besser vertraut waren. Diese Maßnahme motivierte nicht nur die Führungskräfte, sondern ersparte auch zeitraubendes Hin und Her zwischen den operativen Bereichen und der Zentrale. Vor allem aber bedeutete sie die Trennung zwischen Strategie und operativem Geschäft. Die Unternehmensleitung gab die direkte Verantwortung für den operativen Bereich ab und mischte sich nicht länger in Sachen ein, von denen sie nur wenig verstand. Stattdessen konzentrierte sie sich nur noch auf die Strategieformulierung, von der die divisionalen Führungskräfte nun ausgeschlossen wurden.

Sloan zufolge war die wichtigste Unternehmensfunktion die Zuordnung von Ressourcen. Die neue Struktur ermöglichte es, die Rendite (Return on Investment) nach

Ideen und Eigenverantwortung der Mitarbeiter fördern

Wenn Konzernchef Alfred P. Sloan auf seinem Willen beharrt hätte, wären einige Standardwerke der Managementliteratur wohl nie geschrieben worden. Er war zunächst dagegen, Peter Drucker bei General Motors herumschnüffeln zu lassen. Doch seine Kollegen waren dafür und Sloan lenkte ein, denn er glaubte nicht an Führung durch Diktat. So kam es dazu, dass beide Männer Bücher schrieben, die zu Klassikern wurde.

Als Konzernchef zeigte Sloan beeindruckende Weitsicht in der Organisation von General Motors, doch auch im Umgang mit Mitarbeitern war er tolerant und geschickt, wie die noch erhaltene Korrespondenz mit seinem hitzköpfigen Forschungsleiter beweist. Dieser glaubte leidenschaftlich an das Potenzial eines Motors mit Kupferkühler, der keine Wasserkühlung erforderte, die Autos preiswerter und zuverlässiger machte und GM den direkten Wettbewerb mit Ford ermöglichen würde.

Das Führungsgremium des Konzerns übergab das Projekt an die Divisionen, wo es jedoch schon bald im Sande verlief und schließlich in Feldtests versagte. Der Ingenieur kochte vor Wut. Sloan schrieb ihm deshalb einen sehr freundlichen Brief, den er von allen Mitgliedern der Unternehmensleitung unterschreiben ließ. Doch der Ingenieur ließ sich nicht besänftigen und drohte mit Kündigung. Sloan schrieb ihm nochmals, erklärte, dass es einen Mangel an Vertrauen in das Auto gäbe, fügte jedoch hinzu: „Was wir erreichen müssen ist, dass unsere Leute die Sache genauso sehen wie Sie und sobald wir das erreicht haben, wird das Problem gelöst sein.“ Der Motor ging zwar dennoch nie in Serie, doch die Korrespondenz von Sloan mit dem Ingenieur zeugt von einem bemerkenswerten Maß an Respekt und Taktgefühl.

Divisionen zu messen. Sloan zufolge sollte es GM dadurch möglich sein, zusätzliches Kapital genau dort zu platzieren, wo es dem gesamten Konzern den größten Vorteil bringen würde.

Dieser Typ der dezentralisierten Organisation wurde bald zur Norm bei westlichen Konzernen, die die Effizienzvorteile der multidivisionalen Struktur erkannten. In diesen multidivisionalen Unternehmen stehen die einzelnen Abteilungen bei der Budgetzuteilung miteinander im Wettbewerb: Sie müssen mit einer Kombination aus vergangener Leistung und Zukunftsplanung den Beweis erbringen, dass sie die Budgetzuteilung wirklich verdienen.

Der Kommunikationsaspekt Heute ist der Zentralisierungsgrad der Unternehmen sehr unterschiedlich. Japanische Unternehmen fördern traditionell die Eigeninitiative ihrer Mitarbeiter, sind jedoch zurückhaltend in punkto Dezentralisierung. Die japanische Unternehmenskultur ist stark von einem konsensorientierten Entscheidungsstil geprägt, weshalb Dezentralisierung nicht als so dringlich gilt wie im Westen. Bei einigen Öl- und Bergbauunternehmen gehört die technologische Expertise, die ja in diesen Branchen von enormer Bedeutung ist, zum zentralen Bereich – und damit auch viele Entscheidungen.

Trotz Teambuilding-Trend bleiben viele „dezentralisierte“ Organisationen letztendlich hierarchisch strukturiert. Doch es werden Forderungen nach einem Wandel laut. In seinem 1998 erschienenen Aufsatz „Management’s new paradigms“ vertrat Drucker den Standpunkt, es sei ein vernünftiges Strukturprinzip, so wenige Führungsebenen wie möglich zu haben – nicht zuletzt aufgrund des in der Informationstheorie beschriebenen Phänomens des „kommunikativen Rauschens“. Drucker meinte, dass es kein Patentrezept für die Organisation eines Unternehmens gibt, bemerkte jedoch, dass „das Team zur ultimativen Organisationsform für fast alle Anwendungsbereiche erklärt“ worden sei. Er wies darauf hin, dass Teammitglieder unter Loyalitätskonflikten leiden können – einerseits gegenüber ihrem Team, andererseits gegenüber ihrem Vorgesetzten. Er stellte jedoch fest, dass zumindest eine Person die Chefrolle übernehmen muss, weil es in Krisenzeiten eine Führungskraft geben muss, die Anweisungen gibt, denen Folge geleistet wird. Mitarbeiter müssen deshalb lernen, flexibel zu sein und je nach Situation und Aufgabe abwechselnd im Team oder in einer stark weisungsgebundenen Struktur zu arbeiten. Drucker befürwortete den Mittelweg.

„Die Fähigkeit, je nach Erfordernis der Situation flexibel zwischen zentralisiertem und dezentralisiertem Denken hin und her zu pendeln, zeichnet den effektiven Manager von heute aus.“

Tom Malone, 2004

Tom Malone von der MIT Sloan School of Management merkt an, dass Unternehmen weiterhin dezentralisieren, dabei aber neue Wege gehen. In der modernen IT-Gesellschaft etablieren sich Heimarbeit und Telearbeit zunehmend als akzeptierte Arbeitsformen. Dank neuer kostengünstiger Kommunikationsformen können auch in großen Unternehmen viele Mitarbeiter in die Lage versetzt werden, sich das nötige Wissen zu besorgen, um Entscheidungen selbst zu treffen, statt Anweisungen von Personen zu befolgen, die angeblich besser informiert sind. Mitarbeiter, die Entscheidungen selbst treffen können, sind motivierter, kreativer und flexibler.

Worum es geht

Trennung von Strategie und Taktik

16 Diversifikation

Die Internetgiganten Amazon und Google wuchsen so rasch, dass sie den Moment, sich der nächsten Herausforderung zu stellen, viel schneller erreichten als die meisten anderen Unternehmen. In ihrer Branche ist Geschwindigkeit besonders wichtig, doch wenn es um nachhaltiges Wachstum geht, stehen Amazon und Google vor den gleichen strategischen Optionen wie jedes andere Unternehmen: Expansion oder Diversifikation, Aufbau oder Kauf. Amazon begann als Online-Versandhandel, bietet inzwischen aber auch Online-Storage und andere Webdienste an. Google startete als Suchmaschine, hat jedoch mittlerweile ein eigenes Office-Software-Paket im Angebot, mit dem es Microsoft Konkurrenz macht. Werden die beiden Web-Pioniere mit ihren neuen Strategien Erfolg haben? Der Weg, den sie eingeschlagen haben, heißt Diversifikation und er ist nicht ohne Risiken.

Diversifikation ist eine klassische Wachstumsstrategie und jedes erfolgreiche Unternehmen wird sie wenigstens einmal im Laufe seiner Entwicklung in Betracht ziehen. In ihrer reinen Form – neues Produkt, neuer Markt – ist sie die riskanteste der vier Wachstumsoptionen der Ansoff-Matrix (siehe Seite 50) und hat ebenso viele Befürworter wie Gegner. Die Strategie der Diversifikation löste gegen 1916 eine erste Fusionswelle in den USA aus, hatte ihren Höhepunkt jedoch in den 1960ern und frühen 1970ern mit dem Aufkommen der strategischen Unternehmensplanung. Damals waren Spitzenmanager fest davon überzeugt, alles managen zu können und einige erbauten Imperien mit Geschäftszweigen, die in keiner Beziehung zueinander standen. In den späten 1960ern expandierte der Telefon- und Elektronikkonzern ITT unter der Führung von Harold Geneen in mehrere andere Branchen und wurde durch die Übernahme so unterschiedlicher Unternehmen wie Sheraton Hotels, Avis Rent-a-Car und Hartford Fire Insurance zum klassischen Beispiel für einen Mischkonzern.

Zeitleiste

1886	1916
Branding	Diversifikation

Das Agency-Problem

Die Aktionäre als Eigentümer eines Unternehmens wollen nicht immer dasselbe wie die angestellten Spitzenmanager, denen die Leitung des Unternehmens anvertraut wurde. Diese Interessenskonflikte zwischen dem Prinzipal (Aktionär) und dem von ihm beauftragten Agenten (Topmanager) werden auch als „Agency-Problem" bezeichnet und können sogenannte „Agency-Kosten" nach sich ziehen.

Die Topmanager wissen naturgemäß viel besser über das Geschäft Bescheid als die Aktionäre und verfolgen beizeiten ihre eigene Agenda, zum Leidwesen der Aktionäre. Wachstum bedeutet größeres Imperium, höherer Status und höhere Vergütung, ganz zu schweigen von den sich daraus ergebenden neuen Karrierechancen. Um sicherzustellen, dass die Topmanager in ihrem Interesse handeln, bieten die Aktionäre ihnen oft fürstliche Gehälter und zusätzliche Anreize wie Aktienoptionen, wodurch weitere Kosten entstehen. Wenn die Aktionäre mit den Leistungen der Topmanager unzufrieden sind, können sie sie natürlich feuern, was jedoch meist nicht so einfach ist. Eine andere Möglichkeit der Aktionäre besteht darin, ihre Aktien zu verkaufen und das Unternehmen so dem Risiko einer möglichen Übernahme auszusetzen, die dann meist auch eine Entlassung der Topmanager nach sich zieht.

Aktionäre sind genauso wie Börsen und Behörden daran interessiert, so viele Informationen wie möglich von den Unternehmen zu erhalten. Die Notwendigkeit der regelmäßigen Berichterstattung hat in Kombination mit der allgemeinen Bedeutung des Aktienpreises einen weiteren Kostenfaktor erzeugt: den sogenannten Short Termism, d. h. die Fokussierung des Managements auf kurzfristige Gewinne bei mangelnder Beachtung der langfristigen Entwicklung des Unternehmens. Bondholders (Gläubiger) stellen einen weiteren Kostenfaktor dar. Im Gegenzug dafür, dass sie dem Unternehmen Geld in Form von Anleihen zur Verfügung stellen, fordern sie Besicherungen, die zusätzliche Kosten für das Unternehmen bedeuten und seine Aktivitäten oder Leistung beeinflussen.

Doch nicht alle neu hinzu gewonnenen Geschäftszweige waren rentabel und so begann ITT 1979, einige davon wieder abzustoßen, um sich wieder mehr auf sein Kerngeschäft zu konzentrieren. Viele wurden entweder aufgekauft oder aufgeteilt, oder beides zugleich. Seit den 1990ern geht der Trend wieder verstärkt in Richtung Diversifikation, doch nicht mehr so extrem wie im Fall ITT. Stattdessen sind strategische Restrukturierungen mit Fokus auf ein bestimmtes Thema zu beobachten, oder Akquisitionen von miteinander verwandten Geschäftszweigen, die branchen- oder marktbasierte Synergien bieten.

Einfluss der Aktionäre Ein Grund für den Niedergang der Mischkonzerne war der Einfluss der Shareholder in den 1980ern. In vielen Fällen hatten die Aktionäre den Eindruck, dass die Diversifikation durch Zukäufe eher vom Ego der Spitzenmanager gelenkt wurde als von dem Ehrgeiz, die Rentabilität zu steigern. Da die meisten Fusionen die Rentabilität letztendlich nicht steigern, hatten die Aktionäre ein gutes Argument. Sie konnten ihren Willen durchsetzen, indem sie das Management absetzten oder ihre Anteile verkauften, so dass der Aktienpreis des Mischkonzerns sank und der Konzern zur leichten Beute für Übernahmejäger wurde. Spätestens seit der Großkonzern RJR Nabisco 1988 für eine Rekordsumme durch eine große Beteiligungsgesellschaft übernommen wurde, sind Topmanager in Bezug auf Diversifikation spürbar zurückhaltender.

„Für Unternehmen ist Diversifikation ein Minenfeld.“
Robert M. Grant, 1995

Als Argument für eine starke Diversifikation wurde häufig vorgebracht, dass sie Risiken streut. Darin liegt eine gewisse Logik, denn wenn ein Konzern in ganz unterschiedlichen Branchen operiert, die sich in verschiedenen Phasen des Geschäftszyklus befinden, sind seine Einkünfte voraussichtlich weniger unbeständig. Doch Aktionäre lassen sich davon nicht überzeugen, sind sie doch der Ansicht, dass sie ihren Aktienbesitz besser diversifizieren können als das ein einzelner Mischkonzern tun kann, weshalb sie Investitionen in „Pure Plays“, also Konzerne, die sich auf nur ein Geschäft konzentrieren, bevorzugen.

Geringeres Risiko Inzwischen wird der Begriff „Diversifikation“ breiter ausgelegt und schließt die Einführung von neuen Produkten in bestehende Märkte und umgekehrt ein. Diversifikation kann sowohl Aufbau als auch Zukauf bedeuten und Aktionäre sehen in solchen Diversifikationsvariationen ein geringeres Risiko, solange ihnen die Motive vernünftig erscheinen. Eines der häufigsten Motive sind die sogenannten Economies of Scope: positive Verbundeffekte, die sich bei der Herstellung verschiedener Produkte durch die Nutzung gemeinsamer Ressourcen ergeben, etwa Marketing, Vertrieb, Forschung und Entwicklung oder sogar Markennamen. Ein weiteres Motiv besteht in der Ausweitung der Kernfähigkeiten in einem verwandten Segment. Beispiele dafür lieferten der US-Konzern Gillette, als er begann, neben Rasierapparaten auch Zahnpflegeprodukte anzubieten, und die britische Einzelhandelskette Marks & Spencer, als sie ihr Sortiment durch Lebensmittel ergänzte.

Manche Experten meinen, dass die geografische Expansion der branchenbezogenen Diversifikation vorzuziehen sei, da sie nicht nur positive Skaleneffekte nach sich zieht (geringere Stückkosten durch Produktion größerer Mengen desselben Produkts), sondern dem Unternehmen zugleich ermöglicht, seine Marketingressourcen effizienter zu nutzen. Multinationale Konzerne sind flexibler als nationale Unternehmen, weil sie die Produktion dorthin verlagern können, wo die Kosten für Rohstoffe oder Arbeitskräfte niedriger sind. Diese Art von geografischer Streuung bietet zudem auch die Chance, Gewinne zu verlagern und von Steuervorteilen zu profitieren. Eine Diversifikation sollte erst dann in Betracht gezogen werden, wenn das Unternehmen auf einer soliden Grundlage steht. Diversifikation wird Zeit, Geld und Konzentration vom Kerngeschäft abziehen.

> **„Gelungene Diversifikation basiert auf einem Wettbewerbsvorteil im Kerngeschäft.“**
> Tom Malone, 2004

Ebenfalls bedeutsam ist die Frage, ob der neue Markt bessere Gewinnaussichten bietet als der existierende Markt. Falls nicht, wäre das Unternehmen womöglich besser beraten, seinen bereits bestehenden Marktanteil zu erhöhen. Es kann jedoch sein, dass der bestehende Markt einfach kein Wachstumspotenzial mehr bietet. In diesem Fall könnte die Diversifikation eine sinnvolle Verteidigungsstrategie darstellen, vorausgesetzt, das Unternehmen kann sich die Kosten für den Markteintritt leisten. Zu guter Letzt stellt sich die Frage, ob das Unternehmen einen Wettbewerbsvorteil gegenüber Unternehmen hat, die bereits im anvisierten Markt präsent sind, oder ob es sich diesen verschaffen kann.

Die meisten Diversifikationsversuche dieser Art scheitern, doch es gab auch einige äußerst erfolgreiche Vorstöße in neue Märkte, insbesondere mithilfe der Nutzung einer bereits bestehenden Unternehmensmarke (siehe Seite 28). Neben Virgin sieht selbst der Mischkonzern ITT blass aus. Virgin startete im Musikgeschäft, umfasst inzwischen jedoch auch diverse Fluglinien, Getränke, Kabelfernsehen, Mobiltelefone, Finanzdienstleistungen, Fitnessstudios und sogar Brautbekleidung. Canon gelang der Sprung von Kameras zu Büroausstattung.

Es wird viel darüber diskutiert, ob die Diversifikationsstrategien von Amazon und Google nun clever sind oder nicht. Einige meinen, Amazon sollte besser in andere Handelsformen investieren statt in Computerdienste. Andere meinen, dass Google – egal wie seine Software-Ausflüge ausgehen werden – zwischenzeitlich bereits den „Fluch der Gewinner“ auf sich gezogen hat durch seinen teuren Kauf von YouTube. Ob diese Wege zu blühenden Landschaften oder geradewegs in die Wüste führen, bleibt abzuwarten.

17 Das 80/20-Prinzip

Geschäftliche Aktivitäten lassen sich, wie das Leben ganz allgemein, wesentlich einfacher managen, wenn man sich an einige verlässliche Grundregeln hält. Managementtheoretiker verbringen viel Zeit damit, diese Grundregeln zu beschreiben und so zu formulieren, dass sie sich jederzeit anwenden lassen. An den Gesetzen der Physik oder Statistik ist nicht zu rütteln, doch in anderen Bereichen sind die Dinge oft nicht so vorhersehbar. Eine Ausnahme bildet das sogenannte „80/20-Prinzip", auf das eigentlich fast immer Verlass ist.

Das 80/20-Prinzip besagt, dass mit 20 % des Einsatzes 80 % des Ergebnisses erzielt wird, oder anders ausgedrückt: 80 % des Erreichten ist auf 20 % des Aufwands zurückzuführen. Die Anhänger dieses Prinzips behaupten, dass diese einfach klingende Faustregel zahlreiche und vielfältige Auswirkungen hat, nicht nur in Bezug auf Management, sondern auch auf das Leben ganz allgemein.

Die auch als Pareto-Prinzip bekannte Grundregel wurde 1897 von dem italienischen Ökonom und Soziologen Vilfredo Pareto entdeckt. Bei seinen Untersuchungen der Vermögensverteilung in England stellte er fest, dass 20 % der Bevölkerung 80 % des Vermögens besaßen. Bei seinen weiteren Studien stieß er immer wieder auf dieses Zahlenverhältnis, unabhängig vom jeweiligen Land und Zeitpunkt. Zunächst nahm niemand Notiz von seiner Arbeit. Erst nach dem Zweiten Weltkrieg begannen zwei amerikanische Forscher – ein Sprachwissenschaftler und ein Ingenieur – sich für Paretos Erkenntnisse zu interessieren.

Das 1949 von dem Sprachwissenschaftler George Kingsley Zipf vorgestellte „Prinzip des geringsten Aufwandes" beruht auf Paretos Arbeiten. Die dem Wirtschaftsingenieur Joseph M. Juran zugeschriebene 80/20-Regel geht ebenfalls auf das von Pareto beschriebene Prinzip zurück. Juran, einer der Wegbereiter des Qualitätsmanagements, fand heraus, dass sich 80 % der Fehler auf nur 20 % der Fehlerquellen zurückführen lassen und ließ diese Erkenntnis in die statistische Qualitätskontrolle einfließen.

Komplexitätskosten

GM: Beginn der Qualitätsrevolution in Japan

General Motors litt sehr unter der hohen Qualität der japanischen Konkurrenz. Aber hatte der Konzern möglicherweise ungewollt dazu beigetragen? Qualitätsguru Joseph M. Juran, der in Japan für seine auf Paretos Erkenntnissen basierendes Qualitätskonzept gefeiert wurde, besuchte GM in den späten 1930ern, um sich mit den Ingenieuren des Konzerns auszutauschen. Die Ingenieure hatten sich zum Spaß ein Chiffriersystem ausgedacht. Sie gaben Juran eine chiffrierte Botschaft und forderten ihn auf, sie zu entschlüsseln – was er tat. Er erzählt, was dann geschah:

Sie waren sehr verblüfft darüber, dass ihr „unknackbarer" Code geknackt worden war und während meines restlichen Aufenthalts genoss ich den Ruf eines Magiers. Plötzlich öffneten sich mir Türen, die zuvor verschlossen waren. Und eine dieser Türen führte mich schließlich erstmals zur Arbeit von Vilfredo Pareto. Der Mann, der diese Tür öffnete, war Merle Hale, der für das Führungskräfte-Vergütungssystem von General Motors verantwortlich war.

Hale präsentierte mir eine seiner Forschungsstudien, bei der er das Vergütungsmodell von GM mit einem mathematischen Modell verglichen hatte, das auf Pareto zurückging. Die Übereinstimmungen waren erstaunlich. Ich speicherte diesen Vorfall in meinem Gedächtnis zusammen mit der Tatsache ab, dass Pareto umfangreiche Studien zur ungleichen Vermögensverteilung durchgeführt und zusätzlich mathematische Modelle entwickelt hatte, um diese ungleiche Verteilung zu quantifizieren.

Der Konzerngigant GM hätte sich bestimmt nicht träumen lassen, auf diese Weise dazu beizutragen, dass Juran später mit seiner Qualitätstheorie ausgerechnet der japanischen Konkurrenz zu bedrohlicher Marktdominanz verhelfen würde.

In den USA konnte Juran mit seinen Theorien zunächst niemanden begeistern. In Japan stieß er jedoch 1953 mit seinen Vorträgen auf so großes Interesse, dass er gleich dort blieb. Unabhängig von seinem Landsmann W. Edwards Deming, der sich zeitgleich im Land der aufgehenden Sonne befand, trug Juran maßgeblich dazu bei, Japans niedrige Produktionsstandards zu verbessern und schließlich auf Weltklasseniveau zu heben. Eine der größten Ironien in der Wirtschaftsgeschichte besteht darin, dass diese beiden Amerikaner, die in ihrem eigenen Land ignoriert wurden, Japans Wirtschaft das notwendige Know-how vermittelten, um die US-Produktion zu überflügeln, so dass die Amerikaner schließlich gezwungen waren, nach Japan zu gehen, um sich das anzueignen, was sie verpasst hatten.

Vorhersehbarkeit Diskussionen mit Mathematikern über das 80/20-Prinzip sind zwecklos, denn sie werden zahllose Gegenargumente anbringen. Das Prinzip besitzt keine mathematische Genauigkeit; das Zahlenverhältnis kann ebenso gut 70:30 wie 90:10 betragen. Dennoch bleibt die Erkenntnis bestehen, dass das Universum offenbar von einem vorhersehbaren Ungleichgewicht beherrscht wird, wie auch Managementautor Richard Koch in seinem sehr lesenswerten Buch *Das 80/20-Prinzip* bemerkte.

> **„Wäre ich anders gestrickt gewesen, hätte ich es sicherlich das Juran-Prinzip genannt.“**
>
> Joseph M. Juran

Kriminalstatistiken zufolge werden 80 % der Straftaten von 20 % der Straftäter begangen. Laut Unfallstatistiken werden 80 % der Unfälle von 20 % der Fahrer verursacht. Und Scheidungsstatistiken zufolge können 80 % der Scheidungen auf 20 % der Ehepaare zurückgeführt werden (ein klarer Hinweis auf eine hohe Rate von Mehrfach-Eheschließungen und -Scheidungen).

Erst nachdem Jurans Ideen in Japan so viel Anklang fanden, beschäftigte sich IBM als eines der ersten US-Unternehmen mit dem Pareto-Prinzip, allerdings nicht mit der Absicht, die Fehlerquote zu senken. Anfang der 1960er stellte IBM fest, dass etwa 80 % der Computerzeit dafür benötigt wurde, etwa 20 % des Befehlscodes auszuführen. Daraufhin schrieb der Konzern die Software um, so dass die meist genutzten 20 % des Befehlscodes schnell zugänglich und leicht anwendbar waren. Das Ergebnis: Die IBM-Computer waren bei zahlreichen Anwendungen schneller und effizienter als die Geräte der Konkurrenz. Diese Erkenntnis wurde später von Apple und Microsoft genutzt.

Das Prinzip, 80 % des Ergebnisses mit 20 % des Einsatzes zu erzielen, lässt sich auch auf Unternehmen anwenden. Unternehmen sind seit jeher bestrebt, den höchstmöglichen Umsatz mit dem geringstmöglichen Aufwand zu erreichen. Die von Koch als „80/20 Gesetz des Wettbewerbs“ bezeichnete Grundregel besagt, dass in jedem Markt irgendwann 80 % des Angebots von rund 20 % der Anbieter stammen. Allerdings ist dieser Zustand meist nicht von langer Dauer, da der Markt sich ständig verändert. Während die Unternehmen Innovationen vorantreiben und in einer wachsenden Zahl von Marktsegmenten miteinander konkurrieren, manifestiert sich das Pareto-Prinzip auch innerhalb der Unternehmen: 80 % des Betriebsergebnisse werden beispielsweise durch 20 % der Segmente, 20 % der Kunden oder 20 % der Produkte generiert. Möglich ist natürlich auch, dass 80 % des Umsatzes durch 20 % der Mitarbeiter erzielt werden.

Eine Schlussfolgerung daraus lautet, dass Unternehmen ihre Gewinne steigern können, indem sie sich nur auf die Märkte und Kunden konzentrieren, die ihnen die höchsten Umsätze bringen. Vor diesem Hintergrund erscheint sinnvoll, die 20 % des

Unternehmens, die 80 % der Umsätze des Unternehmens erzielen – also die jeweiligen Mitarbeiter, Standorte, Vertriebsteams oder Regionen – mit mehr Ressourcen auszustatten und gleichzeitig die restlichen 80 %, die nur 20 % des Umsatzes bringen, entweder zu eliminieren oder aber für eine erhebliche Steigerung ihrer Leistung zu sorgen.

> **» [Das 80/20-Prinzip] lässt sich rentabel auf alle Branchen, alle Organisationen, alle Funktionen innerhalb einer Organisation und alle Tätigkeiten anwenden. «**
>
> **Richard Koch, 1997**

Koch warnt allerdings davor, dass 80/20-Prinzip zu streng zu interpretieren. Als Beispiel nennt er den Buchhandel. In den meisten Buchläden werden tatsächlich 80 % des Umsatzes mit 20 % der Titel erzielt. Das wirft die Frage auf: Sollen die Buchläden die restlichen 80 % der Titel aus dem Sortiment nehmen? Die Antwort lautet Nein! Denn die Kunden erwarten, dort eine große Auswahl an Büchern zu finden, auch wenn sie sie nicht kaufen. Die Reduzierung des Angebots würde dazu führen, dass die Kunden woanders hingehen. Koch empfiehlt stattdessen, sich auf die 20 % der Kunden, die 80 % des Umsatzes bringen, zu konzentrieren und ihnen genau das zu geben, was sie erwarten. Auf das Pareto-Prinzip ist Verlass.

Worum es geht

Konzentration auf das wirklich Wichtige

18 Empowerment

Ganz allgemein gesprochen bedeutet Empowerment selbstbestimmtes, eigenverantwortliches Handeln. Die Geschichte der modernen Unternehmenspraxis begann mit Scientific Management. Dieses auch als Wissenschaftliche Betriebsführung bezeichnete Managementkonzept lief auf das genaue Gegenteil von Empowerment hinaus. Bevor Scientific Management sich durchsetzte, hatte jeder Handwerker bzw. Arbeiter seine Tätigkeit auf seine eigene Art und Weise durchgeführt. Frederick W. Taylor, der Begründer des Scientific Management, war jedoch davon überzeugt, dass es für jede Tätigkeit eine perfekte Art der Ausführung gibt. Taylors Lehre resultierte letztendlich darin, dass den Arbeitern immer mehr Selbstbestimmtheit und Eigenverantwortung abgesprochen wurde. Aber immerhin führte er den „Kummerkasten" für sie ein.

Die Geschichte von Empowerment am Arbeitsplatz ist im Grunde eine Rückbesinnung auf den Ursprungszustand. In der modernen Arbeitswelt ist das Konzept der Eigenverantwortung und Selbstbestimmung noch relativ jung. Als Rosabeth Moss Kantner 1977 *Men and Women of the Corporation* veröffentlichte, eine Studie über Positionen und Karriereverläufe von Frauen und Männern in einem Konzern, war Empowerment nur selten zu finden. Das Buch bildete die Vorhut einer Bewegung, die Angestellten ein gewisses Maß an Entscheidungsfreiheit in ihrer Arbeit zugestehen und die Auflockerung rigider Hierarchien bewirken wollte. Inzwischen haben viele weitere Studien gezeigt, dass die Art des Umgangs mit Mitarbeitern deren Initiative, Motivation, Wohlbefinden und Engagement maßgeblich beeinflusst.

Engagierte Mitarbeiter haben eine stärkere emotionale Bindung zum Unternehmen. Sie empfehlen das Unternehmen häufiger weiter, stecken mehr Zeit und Energie in den Unternehmenserfolg und entwickeln auch eher eigene innovative Ideen und Problemlösungen. Kanter schildert das Beispiel eines Textilunternehmens, das kompliziert gewobene Stoffe herstellte. Garnbruch war schon lange ein Problem in

Zeitleiste

1911	1938
Empowerment Scientific Management	Leadership

Mitarbeiterengagement

Nicht nur Buchverlage und Shampoohersteller wissen, dass ein attraktives Äußeres den Umsatz steigert, auch Management-Theoretiker machen sich diese Erkenntnis gern zunutze. Gerard Seijts und Dan Crim von der University of Western Ontario würzten ihre Theorie mit wohlklingenden Alliterationen, um sie dem Publikum schmackhaft zu machen. In der Überzeugung, dass eine engagierte Belegschaft einen echten Wettbewerbsvorteil darstellen kann, formulierten sie die „10 C des Mitarbeiterengagements“:

1. **Connect (Wertschätzung)** – Führungskräfte müssen aktiv zeigen, dass sie ihre Mitarbeiter wertschätzen. Mitarbeiterengagement ist eine direkte Reflektion der Art und Weise, wie Mitarbeiter ihr Verhältnis zu ihrem Vorgesetzten erleben.
2. **Career (Karriere)** – Führungskräfte sollten ihren Mitarbeitern anspruchsvolle Aufgaben stellen, inklusive Möglichkeiten der beruflichen Weiterentwicklung. Die meisten Mitarbeiter übernehmen gern neue Aufgaben.
3. **Clarity (Klarheit)** – Führungskräfte müssen eine klare Vision kommunizieren. Die Mitarbeiter wollen wissen, welche Pläne das Topmanagement verfolgt und welche Ziele die Führungskräfte für die jeweiligen Abteilungen, Einheiten oder Teams haben.
4. **Convey (Kommunikation)** – Führungskräfte müssen die Erwartungen, die sie an ihre Mitarbeiter haben, klar formulieren und ihnen Feedback zu ihrer Leistung geben.
5. **Congratulate (Anerkennung)** – Hervorragende Führungskräfte äußern häufig ihre Anerkennung. Mitarbeiter klagen oft darüber, dass sie sofort Feedback erhalten, wenn ihre Leistung schlecht ist, aber nur selten Lob für eine gute Leistung.
6. **Contribute (Respekt)** – Mitarbeiter wollen hören, dass ihre Tätigkeit wichtig ist und zum Erfolg des Unternehmens beiträgt.
7. **Control (Kontrolle)** – Mitarbeiter schätzen es, wenn sie ihre Arbeitsweise und ihr Arbeitstempo selbst steuern können.
8. **Collaborate (Zusammenarbeit)** – Studien zeigen, dass Mitarbeiter, die in Teams gut zusammenarbeiten, bessere Leistungen zeigen als Mitarbeiter, die auf sich gestellt arbeiten oder Teams, deren Mitglieder kein gutes Verhältnis zueinander haben.
9. **Credibility (Glaubwürdigkeit)** – Führungskräfte sollten danach streben, den guten Ruf des Unternehmens zu wahren und hohe ethische Standards unter Beweis zu stellen. Mitarbeiter wollen nicht nur auf ihre eigene Arbeit und Leistung stolz sein, sondern auch auf ihr Unternehmen.
10. **Confidence (Vertrauen)** – Gute Führungskräfte fördern Vertrauen im Unternehmen dadurch, dass sie selbst als gutes Beispiel vorangehen, sich ethisch einwandfrei verhalten und ihren eigenen Leistungsstandards auch selbst gerecht werden.

der Produktion, das nicht nur zusätzliche Kosten, sondern auch einen Wettbewerbsnachteil nach sich zog. Eines Tages berief ein neuer Manager, der alle Mitarbeiter in die Suche nach innovativen Ideen einbeziehen wollte, ein Meeting ein. Ein altgedienter Arbeiter, der als junger Einwanderer im Unternehmen begonnen hatte, schlug zögernd eine Idee zur Lösung des Garnbruch-Problems vor – und sein Vorschlag funktionierte. Auf die Frage, wann er auf diese Idee gekommen sei, antwortete der Arbeiter: „Vor 32 Jahren."

„Nur ein Job" Als Mitglied eines Teams zum Erreichen eines gemeinsamen Ziels beizutragen, kann ebenfalls die Motivation steigern; westliche Unternehmen haben inzwischen viel von japanischen Strukturen wie etwa den Kaizen-Teams (siehe Seite 114) gelernt. Eine Gallup-Studie von 1999 zeigte, dass engagierte Mitarbeiter Unternehmen eine Vielzahl an Vorteilen bringen können. Der Studie zufolge waren sie produktiver und kundenorientierter. Zudem hatten oder verursachten sie weniger Unfälle und sahen sich weniger häufig nach einer neuen Stelle um. Manche Mitarbeiter jedoch scheinen sich partout nicht engagieren zu wollen und werden ihre „Es ist ja nur ein Job"-Einstellung vermutlich nie ändern. Kritiker betrachten Empowerment lediglich als eine clevere Masche, um Mitarbeiter zu mehr Leistung anzutreiben, ohne ihnen echte Verantwortung zu übertragen. Dennoch herrscht Einigkeit darüber, dass eine auf mehr Mitbestimmung ausgerichtete Arbeitsumgebung zu positiven, manchmal sogar hervorragenden Ergebnissen führt.

„Das Problem der Unternehmensgröße ist ein gemeinsamer Nenner der zahlreichen Dilemmas, mit denen sich Menschen bei der Arbeit konfrontiert sehen."
Rosabeth Moss Kanter, 1972

Sind keine positiven Resultate zu beobachten, fehlt es vermutlich an Empowerment. Topmanagements geben sich häufig den Anschein, Empowerment zu praktizieren („alle machen es, also ziehen wir nach"), ohne es tatsächlich zu tun. Sie wissen vielleicht nicht einmal, was Empowerment eigentlich bedeutet. Einfach nur die Mitarbeiter zu fragen, wie sie über etwas denken, ist nicht das Gleiche wie sie in die Lage zu versetzen, bei ihrer Arbeit eigene Entscheidungen zu fällen. Werden die Entscheidungen eines Mitarbeiters ständig in Frage gestellt, hat dieser wohl kaum das Gefühl, wirklich eigenverantwortlich zu handeln. Ständige Kontrolle der Mitarbeiter zeugt nicht von Vertrauen in ihre Fähigkeiten. Andererseits erweckt nachlässige Supervision den Eindruck von mangelndem Interesse, was ebenso demotivierend sein kann.

Einer neueren Studie zufolge hat die Wahrnehmung der Bedeutung der eigenen Arbeit und ihrer Stellung im Unternehmen einen größeren Einfluss auf Loyalität und Kundenorientierung als alle anderen Mitarbeiterfaktoren zusammen. Ein Berater drückt es so aus: „Mitarbeiter klopfen keine Steine, sie bauen eine Kathedrale." Sie müssen wissen, was von ihnen erwartet wird und wie sie diese Erwartungen erfüllen können. Die Grundregeln müssen klar sein, u. a. die Grenzen der Eigenverantwortung, Richtlinien und Verfahrensweisen sowie eventuelle Tabus. Die Mitarbeiter müssen zudem wissen, wem gegenüber sie in welcher Form rechenschaftspflichtig sind und welche Konsequenz ein Erfolg oder Misserfolg nach sich zieht: eine Beförderung, einen Bonus, ein Schulterklopfen (manchen ist ein Schulterklopfen mehr wert als ein Bonus) oder die Kündigung. Sind diese Grundregeln festgelegt, sollten die Mitarbeiter selbst entscheiden, wie sie ihre Aufgaben am besten erledigen.

Leadership-Effekt Empowerment ist ganz klar eine Funktion von Leadership. Das Gefühl von Machtlosigkeit wird von einer Hierarchiestufe auf die nächste weitergegeben. Führungskräfte, die ihre Macht bedroht sehen, neigen dazu, ihren Mitarbeitern Macht wegzunehmen. „Die zwei Seiten der Macht (Macht bekommen und Macht verleihen) hängen sehr eng zusammen", meint Kanter. Leadership-Experte Warren Bennis (siehe Seite 109) beschreibt Empowerment als „Kollektiveffekt von Leadership". Er ist davon überzeugt, dass unter der Leitung von guten Führungskräften Empowerment in verschiedenen Ausprägungen zu beobachten ist. Die Mitarbeiter haben das Gefühl, wichtig zu sein und einen entscheidenden Beitrag zum Unternehmenserfolg zu leisten. Ihr Beitrag mag klein sein, aber er ist wichtig. Gute Führungskräfte unterstützen nicht nur die berufliche, sondern auch die persönliche Weiterentwicklung ihrer Mitarbeiter.

» Wenn wir unsere Arbeit lieben, brauchen wir nicht durch die Hoffnung auf Belohnung oder die Angst vor Bestrafung gelenkt zu werden. «
Warren G. Bennis, 1983

Bennis glaubt, dass Empowerment und Leadership ein besonderes Gefühl der Verbundenheit im Dienste einer gemeinsamen Sache fördern, sogar unter Menschen, die sich persönlich nicht besonders mögen. Im Zusammenhang mit diesem starken Verbundenheitsgefühl bezieht Bennis sich auf Neil Armstrong und seine Apollo-Teamkollegen, die gemeinsam eine Reihe von höchst komplexen Aufgaben ausführen mussten, um die Mondlandung zu bewerkstelligen. Bennis schreibt: „Bevor es weibliche Astronauten gab, nannten die männlichen Astronauten dieses Gefühl ‚Bruderschaft'. Ich schlage vor, sie benennen es um in ‚Familie'." Er weist zudem darauf hin, dass Empowerment die Arbeit anregender, aufregender und interessanter macht. Die Mitarbeiter erledigen ihre Arbeit nicht, weil sie es müssen, sondern weil sie es wollen – und sie tun es mit Leidenschaft. Bennis zufolge wissen gute Führungskräfte, wie wichtig es ist, ihre Mitarbeiter für ein Ziel zu begeistern, statt sie in Richtung dieses Ziels zu drängen: „Ein guter Führungsstil regt die Mitarbeiter dazu an, sich für die Realisierung einer aufregenden Zukunftsvision zu engagieren. Er motiviert durch Identifikation anstelle von Belohnung und Bestrafung."

Worum es geht
Eigenverantwortung für Mitarbeiter

19 Entrepreneurship

Unternehmer sprühen vor Ideen. Sie ergreifen Chancen. Sie sind engagiert, leidenschaftlich, smart und eine Inspiration für Andere. Konzerne sind große Unternehmen. Ihr erster Instinkt ist Selbstschutz, also verhalten sie sich vorsichtig und konservativ. Sie reagieren langsam und neigen gleichzeitig dazu, gewagte Ideen schnell abzulehnen. Wie können sich Konzerne ihren Unternehmergeist bewahren? Leicht ist das nicht, doch es gibt einen Weg: Corporate Entrepreneurship.

Joseph Schumpeter beschrieb schon 1911, welche Tugenden einen Unternehmer ausmachen. Der zwingendste Grund für Konzerne, mehr Unternehmergeist zu zeigen, ist, schneller als die Konkurrenz Chancen im Markt zu entdecken. Es kursieren viele Horrorgeschichten darüber, was passieren kann, wenn Konzerne zu langsam reagieren. Eine der schlimmsten widerfuhr Johnson & Johnson. Früher hielt der Konzern einen Marktanteil von über 90 Prozent in Metall-Stents (medizinische Implantate). Als ein Konkurrent die Zulassung für ein Produkt der nächsten Generation erhielt, reagierte Johnson & Johnson eine Spur zu langsam. Die Folge: Sein Marktanteil schrumpfte auf 8 Prozent. Als IBM Anfang der 1970er einige seiner deutschen Mitarbeiter aufforderte, die Entwicklung einer Unternehmenssoftware zur Abwicklung von Geschäftsprozessen einzustellen, verließen sie den Konzern und gründeten ihre eigene Firma. Daraus entstand schließlich die SAP AG, heute einer der weltweit führenden Softwarehersteller.

Großunternehmen sind oft in zahlreichen verschiedenen Märkten präsent und natürlich müssen sie jeden einzelnen davon stets aufmerksam beobachten. Sie müssen immer damit rechnen, dass irgendwo ein existierender oder künftiger Mitbewerber bereits darauf hinarbeitet, eine bessere Lösung anzubieten, die ihr eigenes Produkt irgendwann überflügelt. Unternehmen müssen ihre eigene Innovationsfähigkeit permanent vorantreiben (siehe Seite 96), wenn sie keine Marktanteile an schnellere Konkurrenten verlieren wollen.

Zeitleiste

1450
Innovation

Corporate Venturing Eine der effektivsten Formen von Entrepreneurship ist das „Corporate Venturing“. Es ist vor allem in Wachstumsbranchen wie High-Tech und Pharma populär, wo kleine Unternehmen die etablierten Konzerne leicht mit neuen Produkten herausfordern können. Fühlt sich ein Konzern von einem kleineren Mitbewerber bedroht, kann er ihm anbieten, sich finanziell an seinem Unternehmen zu beteiligen und mit ihm zusammenzuarbeiten. Corporate Venturing umfasst eine eigentumsbasierte Kooperation (Equity Alliance), bei der ein Konzern z. B. eine Minderheitsbeteiligung an einem kleineren Mitbewerber mit vielversprechendem Knowhow erwirbt. Doch auch die Form der reinen Vertragskooperation (Non-Equity Alliance) existiert.

Eine weitere Möglichkeit für Konzerne besteht darin, Partnerschaften mit Risikokapitalgebern (Venture-Capital-Unternehmen) zu schließen, nicht zuletzt weil diese ein gutes Gespür für den richtigen Zeitpunkt haben, den Stecker zu ziehen. Da sich ca. 50 Prozent dieser Investitionen als Fehlschläge erweisen, ist dieses Gespür von großem Nutzen, um Geld zu sparen. Halbleiterhersteller Intel ist mit seinem eigenen Venture-Capital-Unternehmen Intel Capital sehr erfolgreich auf diesem Gebiet. Seit 1991 hat der Konzern über 4 Milliarden US-Dollar in rund 1 000 Unternehmen investiert; 310 davon wurden seither verkauft oder an der Börse notiert. Der Mobilfunkriese Nokia betreibt Corporate Venturing in ähnlicher Form. Der Telekommunikationskonzern BT startete mit einem unternehmenseigenen Ausgründungsprogramm, hat jedoch inzwischen seine Lektion gelernt und einen Mehrheitsanteil an Venture-Capital-Firmen verkauft.

Gifford Pinchot prägte den Begriff „Intrapreneurship“ in seinem 1985 erschienenen Buch *Intrapreneuring*, um Unternehmertum innerhalb von Konzernen und anderen Organisationen zu beschreiben. Ihm zufolge bedeutet Intrapreneurship, dass auch der einzelne Mitarbeiter unternehmerisch handeln sollte, um so der Organisation als Ganzes Vorteile zu verschaffen. Meistens werden Mitarbeiter in zwei Kategorien eingeteilt: Träumer oder Macher. Pinchot zufolge sind Intrapreneure beides. Sie treiben gute Ideen voran und lassen sich dabei nicht vom Kurs abbringen. Pinchot empfiehlt Intrapreneuren, Mut zu zeigen – „es ist leichter, um Verzeihung zu bitten als um Erlaubnis“ – und rät Unternehmen, den Intrapreneuren Zeit und Ressourcen zur Verfügung zu stellen. Für Skeptiker ist Intrapreneurship nur eine neumodische Ersatzbezeichnung für das, was die Unternehmensleitung auf strategischer Ebene ohnehin tun sollte.

» Intrapreneure bekommen oft Ärger, weil sie längst handeln, obwohl sie noch warten sollen. «
Gifford Pinchot, 1987

Interne Märkte

Vor einigen Jahren rief Hewlett-Packard eine sogenannte Prognosebörse ins Leben: Der Konzern stellte einigen Dutzend Mitarbeitern ein Handelskonto mit jeweils 50 US-Dollar zur Verfügung und forderte sie auf, Wetten darüber abzuschließen, wie hoch die Umsätze beim Computerverkauf am Monatsende sein würden. Glaubten Sie, er würde zwischen 190 und 195 Millionen US-Dollar liegen, konnten sie für diese Prognose ein Wertpapier erwerben und ein Termingeschäft abschließen. Änderten sie ihre Meinung, konnten sie das Wertpapier wieder verkaufen und ein anderes erwerben. Die nach „Börsenschluss" ermittelten Vorhersagen der Mitarbeiter sollten einen Hinweis darauf liefern, wie der tatsächliche Markt reagieren würde. Als die tatsächlichen Umsatzzahlen bekannt wurden, lag die offizielle Prognose der Meinungsforschungsexperten um 13 Prozent daneben, die inoffizielle Mitarbeiterprognose jedoch nur um 6 Prozent. Auch in späteren Versuchen waren die Schätzungen der konzerninternen Prognosemärkte in 75 Prozent der Fälle zuverlässiger als die Expertenprognosen. Die spekulierenden Mitarbeiter durften ihre Gewinne behalten und erhielten eine zusätzliche Belohnung. Seither nutzt der Konzern das Instrument der Prognosebörse als Teil seines regulären Prognoseprozesses.

Der Pharmakonzern Eli Lilly stellte zahlreiche Arzneimittel her, von denen ein hoher Anteil floppte. Daraufhin etablierte der Konzern ähnlich wie Hewlett -Packard eine Prognosebörse mit rund 50 Mitarbeitern. Durch Kauf und Verkauf von virtuellen Aktien aller Arzneimittelkandidaten sollten die Mitarbeiter prognostizieren, welche drei den größten Erfolg versprachen – und sie lagen mit ihrer Einschätzung richtig. Einige Mitarbeiter meinten, dass das Agieren als „Händler" ihnen ermöglicht hätte, ihre wahre Meinung zum Ausdruck zu bringen, etwa indem sie virtuelle Aktien eines bestimmten Arzneimittels, in das sie nur wenig Vertrauen hatten, einfach verkauften. In einer realen Gesprächssituation hätten sie ihre Zweifel niemals zugegeben.

Ein dritter Ansatz besteht darin, „den Markt ins Unternehmen zu bringen", d.h.: die Mechanismen von Kauf und Verkauf im Unternehmen einzuführen mit dem Ziel, Transaktionen, Informationsweitergabe und Prognosen effizienter zu gestalten. Diesen Ansatz verfolgte auch der ehemalige Enron-Konzern, der mit einem gigantischen Betrugsskandal weltweit Schlagzeilen machte und in die Pleite schlitterte. Das lag jedoch sicher nicht am Konzept der internen Märkte. Unternehmen betreiben seit vielen Jahren interne Märkte, bei denen einzelne Abteilungen miteinander im Wettbewerb stehen. Doch einige Konzerne gehen noch einen Schritt weiter. Um seine CO_2-Emissionen zu reduzieren, ging der Energiekonzern BP einen ungewöhnlichen Weg: Jede Business Unit erhielt die Erlaubnis, eine Tonne Kohlendioxid auszustoßen. Gleichzeitig wurde ein internes Emissionshandelssystem eingeführt. Wenn Unit A ihre Emissionen um eine halbe Tonne reduzierte, konnte sie die Rechte an ihrer restlichen halben Tonne z.B. an Unit B verkaufen, die dann einen Ausstoß von 1,5 Tonnen hatte. Niemand wollte Unit B sein. So erreichte der Konzern seine Reduktionsziele ganze neun Jahre früher als geplant. Andere beispielhafte Modelle interner Märkte haben präzisere Umsatzprognosen oder Finanzierungs- und Personaleinstellungsprojekte zum Ziel (siehe Kasten). BP hat zudem „Entrepreneurial Transformation" eingesetzt. Dies umfasst eine Transformation der gesamten Organisation und Kultur, um die Mitarbeiter und insbesondere die Führungskräfte darin zu unterstützen, sich mehr wie Unternehmer zu verhalten.

> **„Jedes Unternehmen steht vor der Notwendigkeit, Entrepreneurship nach Kräften zu fördern und muss sich zugleich darüber klar sein, dass ein Zuviel an Entrepreneurship den Erfolg des Unternehmens gefährden kann."**
>
> **Julian Birkinshaw, 2003**

Zielvereinbarungen Julian Birkinshaw, Experte für strategisches und internationales Management an der London Business School, untersuchte Entrepreneurial Transformation bei BP und stellte fest, dass bei diesem Konzept die Verantwortung für die Ergebnislieferung bis in die untersten Ebenen der Organisation delegiert wird. Die Unternehmensleitung schließt (siehe Seite 129) mit den Leitern der verschiedenen Business Units Zielvereinbarungen ab, die dann selbst entscheiden können, wie sie die Ergebnisse liefern. Dieser Rahmen wird von der Zentrale festgelegt. Das Ergebnis ist ein Managementmodell mit vier Komponenten:

1. **Direction (Richtung)**: Unternehmensstrategie, Unternehmensziele, Märkte, in denen das Unternehmen im Wettbewerb steht, und Positionierung des Unternehmens in diesen Märkten. Dies umfasst die gesellschaftliche Verpflichtung von BP, „eine Kraft für das Gute" („A Force for Good") zu sein.
2. **Space (Raum)**: Spielraum der Leiter der Business Units bei der Erfüllung ihrer vereinbarten Ziele. Sie handeln in hohem Maße eigenverantwortlich und erhalten ausreichend Zeit für die Optimierung ihrer Ideen.
3. **Boundaries (Grenzen)**: Rechtliche, regulatorische und ethische Grenzen, die den Rahmen für die Aktivitäten des Konzerns bilden. Sie können in Form von Dokumenten oder Kodizes festgelegt sein oder auf stillschweigendem Einverständnis basieren.
4. **Support (Unterstützung)**: Mit Informationssystemen, Knowledge-Sharing-Programmen, Schulungen und Work-Life-Balance-Konzepten unterstützt der Konzern die Leiter der Business Units bei ihrer Arbeit.

20 Erfahrungskurve

Die Theorie der Erfahrungskurve besagt einfach ausgedrückt Folgendes: Je häufiger man etwas tut, desto weniger kostet es. Das hat bedeutende Folgen für Unternehmen, die eine Kostenvorteilsstrategie verfolgen, um durch Senkung der Stückkosten einen Wettbewerbsvorteil zu erlangen.

Der Erfahrungskurveneffekt ist nicht zu verwechseln mit dem positiven Skaleneffekt (Economies of Scale), auch wenn letzterer zu ersterem beitragen kann. Die Erfahrungskurve ging aus der Lernkurve hervor. T. P. Wright formulierte die Theorie der Lernkurve in den 1930ern im Zusammenhang mit seinen Untersuchungen im US-Flugzeugbau. Er beobachtete, dass bei der Montage eines Flugzeugs jedes Mal, wenn die kumulierte Produktionsmenge – also die Zahl der insgesamt hergestellten Flugzeuge – verdoppelt wurde, die Zahl der erforderlichen Arbeitsstunden um einen gleichbleibenden Prozentsatz sank (seiner Studie zufolge um 10 bis 15 Prozent).

Dieser Prozentsatz kann von Branche zu Branche unterschiedlich sein und bis zu 30 Prozent betragen, bleibt jedoch in den meisten Branchen ziemlich konstant. Angenommen, er liegt bei 10 Prozent. Wenn bei der Herstellung von 1 000 Stück eines bestimmten Produkts die Produktion jedes Stücks eine Stunde in Anspruch nimmt, wird sie, wenn die kumulative Menge 2 000 Stück erreicht, nur noch 54 Minuten dauern. Bei 4 000 wird sie auf 48,6 Minuten gefallen sein, bei 8 000 auf 43,7 Minuten und so weiter.

Die Theorie macht Sinn, besonders vor dem Hintergrund, dass Wright eine arbeitsintensive Produktionslinie untersuchte. Mit zunehmender Produktionsmenge werden die Arbeiter im Laufe der Zeit bei der Herstellung immer geschickter. Sie verbringen weniger Zeit damit, nachzudenken oder Fehler zu machen und lernen, Aufgaben schneller zu erledigen. Das gleiche Prinzip lässt sich in abgewandelter Form auch auf Führungskräfte anwenden.

Arbeit kostet Geld, also reduziert die Lernkurve im Laufe der Zeit die Kosten. Die Erfahrungskurve basiert auf dem gleichen Prinzip wie die Lernkurve, bezieht jedoch auch noch andere Einflussgrößen mit ein. Wie auch die Boston-Matrix (siehe Seite 20) wurde das Konzept der Erfahrungskurve 1966 von Bruce Henderson

Zeitleiste

1964	1966
Die 4 P's des Marketing	Erfahrungskurve

BRUCE HENDERSON 1915 – 1992

Bevor er Maschinenbau studierte, verkaufte Bruce Henderson Bibeln. Damit besaß er beste Voraussetzungen für seine spätere Karriere als Managementberater. Wie erfolgreich er mit dem Verkauf der Bibeln war – sein Vater war Bibelverleger – ist nicht bekannt. Fest steht jedoch, dass er heute zu den erfolgreichsten Management Consultants aller Zeiten zählt.

Henderson brach sein Studium an der Harvard Business School drei Monate vor dem Examen ab, um eine Stelle beim Technologiekonzern Westinghouse Corporation anzutreten. Dort wurde er einer der jüngsten Vizepräsidenten in der Geschichte des Unternehmens, was ihm eine Erwähnung im Nachrichtenmagazin *Time* einbrachte. 1963 erhielt er den Auftrag, für eine Bank, die Boston Safe Deposit & Trust Company, eine Beratungsfirma zu gründen. So entstand die Boston Consulting Group (BCG), die im ersten Monat ihres Bestehens 500 US-Dollar Umsatz machte.

1966 hatte BCG bereits 18 Berater und als erstes westliches Beratungsunternehmen ein Büro in Tokio. Im selben Jahr formulierte Henderson mit seinen BCG-Kollegen die Theorie der Erfahrungskurve. Im folgenden Jahr präsentierte Henderson in seinem ersten Artikel in der *Harvard Business Review* eine spieltheoretische Betrachtung von Geschäftsstrategien. Es sollte jedoch noch 30 Jahre dauern, bevor die Spieltheorie in der Analyse von Geschäftsprozessen Berücksichtigung fand. Die Boston-Matrix, eines der bekanntesten Konzepte von BCG, wurde 1968 entwickelt.

Henderson ging 1985 in den Ruhestand und starb 1992.

Heute ist BCG eine der erfolgreichsten Management-Beratungsfirmen mit 69 Büros in 40 Ländern und einem Jahresumsatz von ca. 2,7 Milliarden US-Dollar (2009).

» Nur wenige Menschen hatten so viel Einfluss auf die internationale Wirtschaft in der zweiten Hälfte des 20. Jahrhunderts. «

Financial Times, 1992

> „Der Erfahrungskurveneffekt kann überall beobachtet und gemessen werden, in jedem Unternehmen, jeder Branche und jedem Kostenelement.“
> Bruce Henderson, 1973

und seinen Kollegen bei der Boston Consulting Group (BCG) entwickelt. Die Berater bei BCG waren sich der Effekte der Lernkurve bewusst. Im Rahmen eines Auftrags für einen Halbleiterhersteller beobachteten sie, dass eine kumulative Verdoppelung der Produktion auch die Produktionskosten um 20 bis 30 Prozent reduzierte. In der Elektronikindustrie bewirkte dieses Phänomen einen rapiden Anstieg des Halbleiter-Produktionsvolumens mit der Folge, dass bei elektronischen Rechnern, Computern und anderen Elektronikgeräten nicht nur die Kosten, sondern auch die Preise stark sanken.

Zahlreiche Vorteile Henderson schrieb später, dass der Erfahrungskurveneffekt zwar außer Frage stand, seine Ursachen jedoch noch immer nicht vollständig geklärt seien. Der Lernkurveneffekt trägt ganz klar dazu bei; die Arbeiter werden bei der Produktion immer geschickter. Standardisierung und Automatisierung tragen ebenfalls zu einer Steigerung der Effizienz bei und bei steigender Produktion wird die Ausrüstung besser genutzt. Auch das trägt zu einer Senkung der Stückkosten bei. Effizienz kann zudem auch durch die Optimierung von Produktdesign und Einsatzmaterial-Mix erreicht werden. Auch Zulieferer profitieren von der Erfahrungskurve, denn sie führt zu einer Senkung der Komponentenkosten.

> „Es ist eine bekannte Tatsache, dass die Wahrscheinlichkeit einer Kostensenkung höher ist, wenn allgemein erwartet wird, dass die Kosten sinken sollten und werden.“
> Bruce Henderson, 1974

BCG nutzte diese Erkenntnis auf zwei Arten. Zunächst wurde sie zur Identifizierung von Kostensenkungspotenzialen eingesetzt. Wenn ein Unternehmen die Produktionskosten noch nicht im Einklang mit der Erfahrungskurve reduziert hatte, wurde es höchste Zeit, nach geeigneten Wegen zu suchen. Ein weiterer wichtiger Aspekt der Erfahrungskurve war ihre Bedeutung für Wettbewerbsstrategien.

Weniger kostenintensiv als die Mitbewerber produzieren zu können stellt einen enormen Wettbewerbsvorteil dar. Der Erfahrungskurveneffekt macht es sogar noch wichtiger für ein Unternehmen, seinen Marktanteil zu steigern, denn wenn alle anderen Variablen gleich sind, läuft der größte Marktanteil automatisch auf die geringsten Kosten hinaus. Ein solcher Kostenvorteil führt zu höherer Rentabilität und lässt sich nutzen, um die Preise nach unten zu drücken und die eigene Marktführerschaft aufrechtzuerhalten.

BCG argumentierte, dass es kurzsichtig sei, die Preiskurve flacher zu halten als die Kostenkurve, oder anders ausgedrückt auf größere Gewinnmargen abzuzielen. Denn so riskiert das Unternehmen, dass seine Konkurrenten den Preis benutzen, um Marktanteile zu gewinnen und vom Erfahrungskurveneffekt zu profitieren. Wenn das Unternehmen jedoch stattdessen auf komfortable Margen hinarbeitet, werden genau diese Margen irgendwann neue Konkurrenten in den Markt ziehen, die schließlich Druck auf die Preise ausüben. Also sollte der Marktführer die Preise immer mindestens in dem Maße reduzieren, wie er die Kosten reduziert hat. Damit wird er entweder die Konkurrenz abschrecken oder dafür sorgen, dass sie weiterhin unrentabel bleibt – und nebenbei kann er seine eigene Marktdominanz und auch seine geringe Kostenbelastung aufrechterhalten. Diese Ideen spielten eine bedeutende Rolle bei der Entwicklung der Boston-Matrix, dem berühmten Portfolio-Management-Tool von BCG.

» Solche Kostensenkungen geschehen nicht automatisch. Sie erfordern Management. «
Bruce Henderson, 1974

Die Erfahrungskurve wird immer wieder durch die Einflüsse von Technologie und Innovation verändert. Die Einführung neuer Produkte oder Prozesse setzt der bisherigen Erfahrungskurve ein Ende und setzt den Beginn für eine neue. Zudem wird es schwieriger, vom Erfahrungskurveneffekt zu profitieren, je mehr Unternehmen im Markt ihn berücksichtigen. Wenn alle Marktteilnehmer eine auf ihm basierende Strategie verfolgen, werden alle mit niedrigen Preisen und Kapazitätsüberschüssen enden, ohne ihren Marktanteil steigern zu können.

Worum es geht
Erfahrung senkt Kosten

21 Die fünf Wettbewerbskräfte

Die vier P's, die sieben S – Managementideen werden gern mit griffigen Kürzeln etikettiert. Sie prägen sich leicht ein und sorgen für mehr Aufmerksamkeit. Die erfolgreichsten Managementdenker der Gegenwart wissen genau, dass Entertainment ein Teil ihres Geschäfts ist und für Lesereisen, Signierstunden sowie andere öffentliche Auftritte kassieren sie oft hohe Gagen.

Auch die fünf Wettbewerbskräfte scheinen auf den ersten Blick ein werbewirksames Etikett zu sein. Das Konzept stammt von einem der weltweit einflussreichsten Managementdenker: Michael Porter. Als er es benannte, hatte er jedoch sicher keine werbewirksame Formulierung im Sinn. Das Modell der fünf Wettbewerbskräfte spielt eine zentrale Rolle in Porters Theorie des nachhaltigen Wettbewerbsvorteils. Porter behauptet, dass es nur drei generische Strategien gibt, die zu einem Wettbewerbsvorteil führen (siehe Kasten).

Die erste Strategie besteht darin, ein Produkt zu den geringstmöglichen Kosten anzubieten und so eine kostenbasierte Führerschaft zu erreichen. Die zweite Strategie bedeutet, ein spezielles Produkt zu einem höheren Preis anbieten zu können als die Mitbewerber. Die dritte Strategie besteht in der Beherrschung eines Nischenmarktes, den die Konkurrenten nur schwer erobern können. Bei der Entscheidung, welche Strategie er wählen soll, muss ein Anbieter berücksichtigen, in welcher Art von Markt er tätig ist, etwa ob der Markt fragmentiert oder im Entstehen begriffen ist, das Reifestadium erreicht hat, rückläufig ist oder ob es sich um einen globalen Markt handelt. Um herauszufinden, wie attraktiv der gewählte Markt ist, sollte der Anbieter ihn mithilfe des Modells der fünf Wettbewerbskräfte analysieren. Porter zufolge ist direkter Wettbewerb nur ein Teil des Wettbewerbsszenarios. Von den fünf Wettbewerbskräften ist nur eine, die Rivalität zwischen bestehenden Wettbewerbern, brancheninterner Natur; die anderen vier Kräfte kommen von außen.

Zeitleiste

1450 Innovation

1924 Marktsegmentierung

Rivalität zwischen vorhandenen Wettbewerbern Je stärker der Wettbewerb ist, desto höher ist für sämtliche Anbieter der Druck auf Preise und Margen. Folgende Faktoren erhöhen den Wettbewerb:

- viele miteinander konkurrierende Anbieter;
- ein langsames Marktwachstum, das Anbieter zwingt, um Marktanteil zu kämpfen;
- geringe Differenzierung zwischen konkurrierenden Produkten, so dass der Wettbewerb sich auf den Preis fokussiert;
- hohe Marktaustrittsbarrieren aufgrund von spezieller und kostenintensiver Ausrüstung (z. B. im Schiffsbau).

Die Verhandlungsmacht der Lieferanten Wie verhandlungsstark sind die Lieferanten gegenüber dem Anbieter? „Lieferungen“ umfassen in diesem Zusammenhang alle Elemente, die für die Produktion benötigt werden, einschließlich Arbeitskräfte, Rohstoffe und Komponenten. Einflussreiche Lieferanten werden ihre Preise erhöhen, um sich so ihren Anteil am Gewinn des Anbieters zu sichern. Die Verhandlungsmacht der Lieferanten erhöht sich, wenn:

- der Markt von einer kleinen Anzahl großer Lieferanten beherrscht wird;
- der Wechsel zu einem anderen Lieferanten mit hohen Kosten verbunden ist;
- es keine Substitute für den Input gibt;
- ihre Abnehmer fragmentiert und schwach sind;
- das Risiko einer Konsolidierung (Vorwärtsintegration) zwischen Lieferanten besteht, was zu höheren Preisen führen würde.

Eine Umkehrung dieser Voraussetzungen würde die Machtposition der Lieferanten schwächen.

Die Verhandlungsmacht der Kunden Kunden in einer starken Verhandlungsposition können Preise und Margen nach unten drücken. Das Extrembeispiel dafür ist das Monopson, ein Markt, in dem viele Anbieter einem einzigen Nachfrager gegenüber stehen, der die Preise diktiert. Die Verhandlungsmacht der Kunden erhöht sich, wenn:

- es eine kleine Anzahl von großen Kunden gibt;
- sie zahlreiche kleine Lieferanten haben;
- ihre Lieferanten hohe Fixkosten haben;

Nachhaltiger Wettbewerbsvorteil

Erzielt ein Anbieter überdurchschnittlich hohe Gewinne in seiner Branche, hat er einen Wettbewerbsvorteil gegenüber seinen Konkurrenten. Porter zufolge gibt es nur zwei Strategien, einen solchen Wettbewerbsvorteil zu sichern.

Bei der **Kostenführerschaft** liefert ein Anbieter das gleiche Qualitätsniveau wie seine Mitbewerber, jedoch zu geringeren Kosten. Dies erreicht er durch effizientere Prozesse, preiswertere Rohstoffe oder Kostenanpassungen in seiner Wertkette. Er kann dann seine Produkte zum durchschnittlichen Preis verkaufen und einen höheren Gewinn erzielen, oder aber die Kosteneinsparungen durch einen Preis unterhalb des Durchschnitts an die Abnehmer weitergeben und so Marktanteil gewinnen. Bricht ein Preiskrieg aus, bleibt er auf diese Weise rentabel, während seine Konkurrenten Verluste erleiden.

Bei der **Differenzierung** bietet das Unternehmen einzigartige Produkte oder Dienstleistungen an, für die die Kunden mehr zahlen. Dabei kann es sich etwa um ein patentiertes Produkt handeln oder um eines, das eine anerkannt höhere Technologie oder Qualität hat als vergleichbare Produkte.

Porter nennt als Drittes die Strategie der **Fokussierung**. Hierbei konzentriert sich das Unternehmen auf eine Nische und versucht, einen Kostenvorteil oder eine Differenzierung zu erreichen. Aufgrund der im Nischenmarkt geringeren Produktionsmengen und geringeren Verhandlungsmacht gegenüber Lieferanten ist bei der Strategie der Fokussierung ein Kostenvorteil schwieriger zu erreichen als eine Differenzierung.

Porter rät Unternehmen, nur eine dieser Strategien zu verfolgen, da sie ansonsten widersprüchliche Botschaften vermitteln. Nur wenn die Strategien separat in verschiedenen Business Units angewendet werden, können sie Erfolg haben.

- das Produkt durch Substitute ersetzt werden kann;
- der Wechsel zu einem anderen Lieferanten einfach und billig ist;
- sie preisempfindlich sind (vielleicht weil sie selbst niedrige Margen haben);
- sie damit drohen können, den Lieferanten oder seinen Konkurrenten zu übernehmen (Rückwärtsintegration).

Hier würde eine Umkehrung der Voraussetzungen die Verhandlungsmacht der Kunden schwächen.

Bedrohung durch neue Anbieter Jeder rentable Markt zieht neue Anbieter an, die die Rentabilität des Marktes fast immer senken – es sei denn, es gibt Markteintrittsbarrieren. Für neue Anbieter ist der Markteintritt schwieriger, wenn:

- Patente und andere Schutzrechte den Eintritt beschränken;
- aufgrund von positiven Skaleneffekten hohe Mindestproduktionsmengen zum Erreichen der Rentabilität erforderlich sind;

- die Branche hohe Investitionskosten und/oder Fixkosten hat;
- etablierte Anbieter dank Erfahrungskurveneffekt über Kostenvorteile verfügen;
- wichtige Ressourcen (einschließlich Arbeitskräfte) knapp sind;
- etablierte Anbieter den Zugang zu Rohstoffen oder Distributionskanälen kontrollieren;
- von der Politik geschaffene Barrieren existieren, etwa Versorgungsmonopole oder Zulassungen für TV-Sender;
- ein Wechsel für die Abnehmer mit hohen Kosten verbunden ist.

Weit verbreitete Technologien, schwache Marken, leicht zugängliche Distributionskanäle und geringe positive Skaleneffekte ziehen neue Anbieter an und verstärken den Wettbewerb.

Bedrohung durch Substitute Substitute sind Ersatzprodukte aus anderen Branchen, die einen Anbieter daran hindern, Preise zu erhöhen. So werden z. B. Hersteller von Aluminium-Getränkedosen bei ihrer Preisgestaltung durch Anbieter eingeschränkt, die Getränkebehälter aus Glas oder Kunststoff herstellen. Hersteller von Wegwerfwindeln müssen berücksichtigen, dass ab einem bestimmten Preis wiederverwendbare waschbare Windeln zu Substituten werden. Zu den Faktoren, die die Bedrohung durch Substitute erhöhen oder verringern, zählen:

- das Preis-Leistungs-Verhältnis der Substitute,
- Markenloyalität,
- Wechselkosten.

1980 veröffentliche Porter sein erstes Buch über Wettbewerbsvorteile, *Competitive Strategy: Techniques for Analyzing Industries and Competitors* (deutsche Ausgabe: *Wettbewerbsstrategie. Methoden zur Analyse von Branchen und Konkurrenten*, 2008). Es wurde sofort zum weltweiten Bestseller. Auch der fünf Jahre später erschienene Nachfolger *The Competitive Advantage: Creating and Sustaining Superior Performance* war sehr erfolgreich. Es liegt eine gewisse Ironie darin, dass fast alle Anbieter einer Branche Porters Modell der fünf Wettbewerbskräfte nutzen, um sich von ihren Mitbewerbern abzuheben. Porter selbst sieht darin in erster Linie eine Anregung zum Nachdenken, jedoch keine universelle Gebrauchsanleitung.

❞ Wettbewerb ist delikat, und Manager neigen zu Vereinfachungen. ❝
Michael Porter, 2001

Worum es geht
Das Handbuch der Wettbewerbsanalyse

22 Die vier P's des Marketing

Mit Marketing verfolgt ein Unternehmen einfach ausgedrückt das Ziel, Kunden auf seine Produkte aufmerksam zu machen und sie zum Kauf zu bewegen. Die klassische Managementidee der „Vier P's des Marketing" wurde vor etwa 50 Jahren formuliert und kommt auch heute noch häufig zur Anwendung.

Das Konzept der „Vier P's des Marketing" geht wie der Begriff „Marketing" auf die Ideen von Adam Smith zurück. Marketing ist nicht mit Produktion oder Vertrieb zu verwechseln. 1776 stellte Adam Smith in seinem Werk *Der Wohlstand der Nationen* fest, dass das gesamte Handelssystem erschaffen worden war, um die Bedürfnisse der Hersteller zu befriedigen; die Bedürfnisse der Verbraucher fanden jedoch kaum Berücksichtigung. Er erkannte also schon damals die Notwendigkeit eines „Marketingkonzepts". Bis zum Anfang des 20. Jahrhunderts drehte sich Unternehmertum vor allem um Produktion. Das „Produktionskonzept" bedeutete, dass Hersteller sich auf Produkte konzentrierten, die sie am effizientesten herstellen konnten zu Kosten, die einen Markt für sie erschaffen würden. Die Fragen, die sie sich stellten, lauteten: Können wir dieses Produkt herstellen? Und können wir genug davon herstellen?

„Business hat nur zwei Funktionen – Marketing und Innovation."
Milan Kundera

Als nach dem Ersten Weltkrieg die Ära der Massenfertigung begann, änderte sich der Kern dieser Fragen. Die Menschen besaßen im Großen und Ganzen alles zum Überleben Notwendige und der Wettbewerb nahm stetig zu. In dieser Zeit kam das „Vertriebskonzept" auf. Die Hersteller fragten sich nun: Können wir dieses Produkt verkaufen? Und können wir einen angemessenen Preis dafür verlangen? Die Frage, ob der Kunde das Produkt benötigte oder nicht, wurde noch immer nicht gestellt. Wenn es überhaupt so etwas wie ein „Marketingkonzept" gab, kam es erst zum Zuge, nachdem die Produkte hergestellt worden waren und beschränkte sich auf innovative Formen des „Verkaufs" bzw. „Vertriebs".

Zeitleiste

1950
Supply Chain Management

frühe 1950er
Channel Management

Erst nach dem Zweiten Weltkrieg wurde „Marketing" im heutigen Sinne des Wortes geboren. Die Kunden verfügten nun über mehr Geld und wurden immer wählerischer. Die Fragen, die sich die Hersteller nun zwangsläufig stellen mussten, lauteten: Welches Produkt wollen die Kunden? Und können wir es herstellen, bevor sie es nicht mehr haben wollen? Mit diesen Fragen entstand das „Marketingkonzept", das die Berücksichtigung von Kundenbedürfnissen umfasst, bevor ein Produkt entwickelt wird. Marketing bedeutet, alle Ressourcen und Funktionen des Unternehmens auf die Erfüllung der Kundenbedürfnisse auszurichten, denn nur wenn dies langfristig gelingt, kann das Unternehmen Gewinne erzielen. Die vier P's wurden als konzeptionelles Tool entwickelt, um diesen Prozess zu unterstützen. Sie waren eine Weiterentwicklung des „Marketing-Mix"; der Begriff wurde vom US-Wirtschaftswissenschaftler Neil H. Borden in seinem 1964 erschienenen Artikel „The concept of the marketing mix" geprägt. Er führte über ein Dutzend Bestandteile auf, die – abhängig von den jeweiligen Umständen – in unterschiedlichen Dosierungen zu einer Mixtur zusammengemischt werden. Diese Bestandteile wurden später von Marketing-Professor E. Jerome McCarthy auf vier Kategorien reduziert: die vier P's des Marketing.

» Marketing ist nichts weiter als eine zivilisierte Form der Kriegsführung, bei der die meisten Schlachten mit Worten, Ideen und diszipliniertem Denken gewonnen werden. «

Albert W. Emery
(Werbemanager)

Produkt Das erste Element im Marketing-Mix ist das Produkt – das können Güter, Dienstleistungen, ein Reiseziel oder auch eine Kampagne wie „Kein Alkohol am Steuer" sein. Hierbei werden etwa Entscheidungen über Aussehen, Name, Qualität und Verpackung des Produkts sowie den zugehörigen Kundenservice getroffen.

Preis Das zweite Element ist der Preis: Wie viel sind die Konsumenten bereit zu zahlen? Der Preis ist das einzige Element im Marketing-Mix, das Erträge generiert. Alle anderen Elemente sind Kostenfaktoren. Zu diesem P gehören unter anderem Entscheidungen zur anfänglichen Preisstrategie – Skimming (Marktabschöpfung durch hohen Einführungspreis) oder Penetration (Marktdurchdringung durch niedrigen Einführungspreis) – oder zu Preisnachlässen und jahreszeitlichen Anpassungen.

Wenn alle anderen Variablen gleich sind, ist der Preis das wichtigste Instrument zur Beeinflussung potenzieller Käufer. Zudem ist er eines der flexibelsten Elemente im Mix, da er kurzfristig geändert werden kann, etwa in Form von Nachlässen. Die

Der Produktlebenszyklus

Auch Produkte haben einen Lebenszyklus. Sie keimen und wachsen heran, um ihre volle Blüte zu erreichen und dann langsam zu verwelken – und in den verschiedenen Phasen dieses Zyklus kommen verschiedene Marketingstrategien zum Einsatz. Auch wenn die meisten Produkte ganz individuelle Lebenszyklen haben, werden folgende klassische Phasen unterschieden:

Einführungsphase: Akzeptanz ist wichtiger als Gewinn und Kommunikation ist notwendig, um Aufmerksamkeit zu wecken. In einem wettbewerbsintensiven Markt kann eine Niedrigpreisstrategie zu Beginn den Umsatz maximieren und die Erfahrungskurve beschleunigen. Bei schwach ausgeprägtem Wettbewerb kann ein hoher Einführungspreis die Entwicklungskosten wieder hereinholen. In dieser Phase ist die Distribution oft selektiv.

Wachstumsphase: Die Nachfrage steigt und die Preisstrategie kann aufrechterhalten werden. Weitere Distributionskanäle werden hinzugefügt und die Kommunikation verstärkt, um eine breitere Gruppe von Abnehmern zu erreichen.

Reifephase: Die Konkurrenz bietet inzwischen ähnliche Produkte an, was zu Preiskriegen führt. Während die Umsätze sich stabilisieren, wird die Distribution intensiver.

Degenerationsphase: Der Markt beginnt zu schrumpfen, vielleicht aufgrund von Innovationen oder einer Veränderung der Präferenzen. Die Preise werden weiter gesenkt und die Kommunikation wird heruntergefahren, um Kosten zu reduzieren. Am Ende des Lebenszyklus wird die Herstellung des Produktes eingestellt, falls kein Relaunch in Betracht gezogen wird.

Festsetzung von Preisen stellt eine Herausforderung für Marketingverantwortliche dar, da die Gefahr einer zu hohen Kostenorientierung oder einer versäumten Anpassung an Marktveränderungen besteht. Doch egal welche Preisstrategie in der Einführungsphase zum Einsatz kommt, im Verlauf des Produktlebenszyklus wird sie mit großer Wahrscheinlichkeit modifiziert.

Place (Distribution) P wie Platz bedeutet in diesem Zusammenhang nichts anderes als Distribution. Hiermit sind alle Aktivitäten gemeint, die erforderlich sind, um das Produkt zum Kunden zu bringen und sicher zu stellen, dass es zur richtigen Zeit am richtigen Ort zum Kauf zur Verfügung steht. Eine Schlüsselentscheidung betrifft die Auswahl der Distributionskanäle. Zu den Alternativen zählen Direktvertrieb, Vertrieb mittels Handelsvertreter, Mailorder, Telefonvertrieb und/oder Internetvertrieb. Zu den indirekteren Kanälen gehören Einzelhandel bzw. Groß- und Einzelhandel, gelegentlich auch noch weitere Distributionsstufen. Die Auswahl der Distributionskanäle erfolgt mit Blick auf die beabsichtigte Marktabdeckung, die intensiv, selektiv oder exklusiv sein kann. Intensiv bedeutet Distribution über alle Groß- und Einzelhändler, die das Produkt bestellen wollen. Bei der selektiven Distribution gibt es nur eine begrenzte Auswahl von Kanälen. Exklusive Distribution bedeutet, dass es in einem bestimmten Bereich nur einen einzigen Groß- oder Einzelhändler gibt. Die Platzierung betrifft außerdem die physische Logistik der Distribution, wie Kommissionierung, Lagerung und Transport.

Promotion (Kommunikation) P wie Promotion bedeutet hier Kommunikation und markiert die Schnittstelle zwischen Marketing und Verkauf. Promotion umfasst die Kommunikation aller Informationen, die notwendig sind, um den Konsumenten zu überzeugen, das Produkt zu kaufen. Kommunikationsstrategien werden nach „Push"- oder „Pull"-Ansatz kategorisiert. Werbung ist ein Pull-Ansatz: Sie bewirkt, dass Konsumenten auf das Produkt aufmerksam werden und gezielt danach fragen; das Produkt wird also von den Konsumenten durch die Vertriebskanäle „gezogen" (engl. *to pull*). Werbung ist allerdings in der Regel sehr kostspielig. Beim Push-Ansatz zielt der Hersteller mit Absatzförderung auf Groß- und Einzelhandel, um das Produkt durch die Vertriebskanäle zum Endkonsumenten zu „drücken" (engl. *to push*).

» Das Ziel von Marketing besteht darin, den Kunden so gut zu kennen und zu verstehen, dass das Produkt oder die Dienstleistung exakt zu ihm passt und sich von ganz allein verkauft. «
Peter Drucker

Marketingkommunikation wird meist in „Above-the-Line" (ATL) oder „Below-the-Line" (BTL) unterteilt. „Above-the-Line" ist die Bezeichnung für traditionelle Werbung über streufähige Werbeträger, das heißt Print-, TV-, Radio-, Kino- und Außenwerbung (Plakate). Für diese Art von Werbung wird Kommission gezahlt. „Below-the-Line" sind Werbeformen, für die keine Kommission anfällt, etwa Direktmarketing, Sponsoring, Merchandising oder Messen und Ausstellungen. Public Relations (Öffentlichkeitsarbeit) gehört ebenfalls zu den Below-the-Line-Aktivitäten. Unter Sales Promotion wird kurzfristige Verkaufsförderung am Point-of-Sale verstanden.

Aktuell bewegt sich bei der Kommunikation der Trend weg vom Massenmarketing hin zum Nischenmarketing und zum hochindividualisierten „Market of One". Das Internet hat tiefgreifende Auswirkungen auf Kommunikation und Kaufgewohnheiten. Doch selbst im Zeitalter des Internet bilden die klassischen vier P's nach wie vor ein gültiges und nützliches Konstrukt.

Worum es geht

Das Grundrezept für Marketing

23 Globalisierung

Die Globalisierung an sich ist natürlich keine Managementidee. Sie ist ein weltweites Phänomen, das aber derart ausgeprägt ist, dass Unternehmen hinsichtlich ihrer Märkte, Produktionsstrategien, Lieferketten und Quellen für Wettbewerbsvorteile umdenken müssen. Und Unternehmen, die glauben, dass Globalisierung nur in eine Richtung verläuft, sollten vielleicht auch diesen Punkt überdenken.

Wie viele andere Phänomene, mit denen Unternehmen zu kämpfen haben, ist auch die Globalisierung nicht neu. 200 v. Chr. blühte der internationale Handel entlang der Seidenstraße und die Jahre vor dem Ersten Weltkrieg bildeten die Hochphase des „Internationalismus" mit frenetischer grenzüberschreitender Handels- und Investitionstätigkeit. Nur weil sich die Volkswirtschaften zwischen den beiden Weltkriegen auf sich selbst zurückzogen, wirkt die derzeitige „internationalistische" Phase wie eine Novität. Unternehmen haben sich also schon früher mit Globalisierung beschäftigen müssen, wenn auch nicht in diesem Ausmaß, diesem Tempo und dieser Intensität. Ein neuer Faktor, der auf alles noch verstärkend wirkt, ist die Technologie: Die Kombination aus Telekommunikation, Computertechnik und Internet hat die Welt in ein virtuelles Dorf mit schnellen Wegen und intelligenter Infrastruktur verwandelt. Doch erst durch einen weiteren Faktor gewinnt diese Entwicklung eine besondere Tragweite: die allseitige Deregulierung, Privatisierung und Marktöffnung seitens der Regierungen.

„Händler haben kein Land. Zu dem Stück Land, auf dem sie stehen, haben sie keine so starke Bindung wie zu dem Stück Land, von dem sie ihre Gewinne beziehen."

Thomas Jefferson, 1814

1983 erkannte der Harvard-Ökonom Theodore Levitt (siehe Seite 201), dass Technologie zu einer wachsenden Annäherung der Gesellschaften führte und für standardisierte Konsumgüter globale Märkte von bisher unvorstellbarer Größe entstehen ließ. Diesen Prozess der zunehmenden Integration, Interdependenz und allgemeinen Vernetzung der Welt nannte er „Globalisierung". Unternehmen und Investoren haben dieses Phänomen als Erste zu ihrem Vorteil genutzt und vorangetrieben. Doch die

Zeitleiste

1886 Branding

1920 Dezentralisierung

Die großen Globalisierungstreiber

Thomas Friedman, Auslandskolumnist der *New York Times*, landete 2005 einen Bestseller mit *Die Welt ist flach: Eine kurze Geschichte des 21. Jahrhunderts*, der aktualisierten Version eines früheren Buchs zum Thema Globalisierung. Das Internet, so Friedman, hat aus der Weltkugel des Wettbewerbs eine flache Scheibe gemacht. Doch ihm zufolge gibt es noch neun weitere Faktoren, die die Globalisierung entscheidend vorangetrieben haben:

1. **Fall der Berliner Mauer** – 9. November 1989 (verlagerte das weltweite Machtgleichgewicht in Richtung demokratischer Systeme und freier Märkte).
2. **Netscape-Börsengang** – 9. August 1995 (löste massive Nachfrage nach Glasfaserkabeln aus).
3. **Workflow-Software** – ermöglichte schnellere und bessere Arbeitskoordination zwischen räumlich weit voneinander entfernten Mitarbeitern.
4. **Open-Sourcing** – Selbstorganisierte Gemeinschaften (wie Linux) revolutionierten die Zusammenarbeit.
5. **Outsourcing** – Die Verlagerung von Geschäftsprozessen nach Indien führte zu Kosteneinsparungen und kurbelte die Wirtschaft der Dritten Welt an.
6. **Offshoring** – Auftragsfertigung verhalf China zu deutlich mehr Wirtschaftsmacht.
7. **Supply-Chaining** – Lieferkettenmanagement schuf ein solides Netzwerk aus Lieferanten, Händlern und Kunden zur Steigerung der Geschäftseffizienz.
8. **Insourcing** – Logistikgiganten übernehmen die Kundenversorgungskette und verhelfen „Tante-Emma-Läden" zur Globalität.
9. **Informationsrevolution** – Suchmaschinen machen das Internet für den Nutzer zur persönlichen „Wissenslieferkette".
10. **Wireless** – Drahtlostechnologie optimiert die Zusammenarbeit (überall und direkt).

Globalisierung hat nicht nur wirtschaftliche, sondern auch soziale, kulturelle und politische Aspekte.

Globale Verflechtung Aus volkswirtschaftlicher Sicht findet eine zunehmende globale Verflechtung von sich gegenseitig verstärkenden Handelssträngen, Direktinvestitionen und indirekten Investitionen statt. Der internationale Handel wächst ständig, da weltweit immer mehr in importierte Waren und Dienstleistungen investiert wird. In den letzten 20 Jahren hat sich das Handelsvolumen der Entwicklungsländer nicht zuletzt durch Outsourcing-Maßnahmen der Industrienationen verdrei-

> „Fast jede Branche wird irgendwann mit einer Form von Wettbewerb konfrontiert, die außerhalb des traditionellen Territoriums liegt.“
> Rosabeth Moss Kanter, 1995

facht. Ausländische Direktinvestitionen in Form von grenzüberschreitenden Neugründungen haben sich vervielfacht, was teilweise auf Offshoring-Maßnahmen von Unternehmen in Industrienationen zurückzuführen ist. Fondsgesellschaften und einzelne Anleger gründen zwar selbst keine Unternehmen im Ausland, doch sie können ihr Geld in entstehende Märkte investieren, wie es in den letzten Jahren auch verstärkt, wenn auch selektiv, geschehen ist.

Seit Mitte des 20. Jahrhunderts hat die unternehmerische Globalisierung Fahrt aufgenommen, da erfolgreiche Exporteure sich nach und nach dauerhaft in ihren ausländischen Märkten niederließen, um näher am Geschehen zu sein und Transportkosten zu sparen. Im Laufe der Zeit verwandelten sich einige von ihnen in echte globale Unternehmen. Als Nächstes verlagerten westliche Hersteller ihre Fertigung in Niedriglohnmärkte, gefolgt von Dienstleistungen wie Call-Center und Softwareentwicklung.

Die Hauptnutznießer sind bisher Indien, vor allem im Softwarebereich, sowie China im Bereich der Auftragsfertigung. Beide Länder verzeichnen ein schnelles Wirtschaftswachstum und dürften innerhalb der nächsten 20 Jahre neben Brasilien und Russland zu wirtschaftlichen Supermächten aufsteigen. Auf den Philippinen hat sich ein großer Markt für Büroarbeiten und Callcenter etabliert, wobei Asien generell bisher den größten Anteil am Outsourcing-Markt hat. Doch auch in Lateinamerika, Mittel- und Osteuropa und im Mittleren Osten boomt inzwischen das Outsourcing-Geschäft. Und Länder wie Ghana und Vietnam haben ebenfalls gute Chancen, beim Outsourcing-Wettbewerb bald kräftig mitzumischen, da sie noch kostengünstiger sind.

Das globale Outsourcing begann mit Fabrikarbeit. Mittlerweile verlagern Unternehmen jedoch auch Tätigkeiten in Bereichen wie Forschung und Entwicklung oder Produktdesign ins Ausland – nicht etwa um Kosten zu sparen, sondern weil sie im eigenen Land keine geeigneten Arbeitskräfte finden. Der Verlust unternehmerischer Kontrolle bei der Auslagerung von Funktionen, die eng mit dem Kerngeschäft verknüpft sind, könnte sich als Schattenseite von Offshore-Outsourcing entpuppen.

Global denken, lokal handeln Das kostengünstige Ausland ist weit mehr als eine praktische Ergänzung der Lieferkette. Es ist ein Markt – und wirklich global handelnde Unternehmen sind solche, die über viele internationale Märkte verfügen. Oft werden sie „Multis“ genannt, doch sie selbst bezeichnen sich lieber als „Weltkonzerne“. Einigen Experten zufolge beruht der Erfolg dieser Unternehmen nicht zuletzt darauf, dass sie genau wissen, wann lokaler und wann globaler Handlungsbedarf besteht. Der weltweit führende Finanzdienstleister HSBC hatte zunächst den internationalen Unternehmensslogan „Think global, act local“ (Global denken, lokal handeln). Als jedoch festgestellt wurde, dass die Kunden diesen Slogan zu allgemein fanden, wurde er geändert und lautet nun „The world’s local bank“ (Ihre lokale Bank. Weltweit.) Doch lokales Handeln kann auch mit Fehlern einhergehen. Diese Erfahrung machte Gillette anfänglich in China. In der Annahme, dass der Markt für moderne Rasiersysteme noch nicht bereit war, produzierte und vertrieb das Unternehmen zunächst Rasierer der alten Sorte. Doch dann stellte Gillette fest, dass es mit importierten Produkten einen höheren Umsatz erzielte als mit den lokalen Produkten. Die Chinesen waren bestens über das neue Produkt informiert und wollten das alte nicht. Kommunikation heißt das Zauberwort.

Mit zentralisierten Bereichen wie Forschung und Entwicklung, Engineering, Produktion und Marketing ist Gillette heute ein Paradebeispiel für ein global integriertes Unternehmen. Es besitzt Niederlassungen in allen Teilen der Welt (wenn auch weniger als früher), doch diese werden zentral gesteuert und die Landesmanager konzentrieren sich auf das lokale Handelsmarketing. Manager kommen häufig weltweit zum Einsatz, wodurch das verstärkt wird, was Rosabeth Moss Kanter als „kosmopolitische“ Ausrichtung bezeichnet: die globale Managementkultur des Unternehmens. Andere Unternehmen, wie Nestlé, vereinheitlichen die Produktion weltweit, halten die Produktstrategie und das Marketing aber national. Bei einem dritten Modell schließen sich quasi-autonome Landesorganisationen zusammen, um wechselseitige Synergien zu nutzen. Unternehmen wie IBM verlagern das Zentrum bestimmter Aktivitäten dorthin, wo sie am besten ausgeführt werden, beispielsweise die Beschaffung nach China.

> **„Der ‚heiße Draht‘, der einst den Kreml mit dem Weißen Haus verband, wird heute durch eine Servicenummer ersetzt, die Menschen in Amerika mit Callcentern in Bangalore verbindet.“**
>
> Thomas Friedman, 2005

Es herrscht die weit verbreitete Ansicht, die Globalisierung sei etwas, das von den Industrienationen ausgehend in Richtung Entwicklungsländer läuft. Doch das könnte sich als Irrtum herausstellen. Die ersten global agierenden Unternehmen aus Indien läuten bereits die nächste Phase ein. Die Globalisierung verläuft in alle Richtungen.

Worum es geht

Die Welt: ein global vernetztes Dorf

24 Innovation

Innovation ist wieder ein unternehmerisches Muss. Als der Innovationsrausch der IT-Ära sein abruptes Ende fand, rückten große Unternehmen für eine Weile vom Neuen ab und fokussierten sich wieder auf das Althergebrachte. Doch nun werden sie allmählich wieder kühner. In der IT-Branche ist ständige Innovation seit jeher selbstverständlich, da das Überleben der Branche davon abhängt. Doch seit auch Großkonzerne wie General Electric und Procter & Gamble sich wieder intensiv mit Innovation beschäftigen, ziehen andere Branchen nach.

Innovation vollzieht sich in Wellen, die durch technologische Fortschritte ausgelöst werden. Das berühmteste Beispiel der Geschichte ist wohl die Erfindung der Druckerpresse im Jahre 1450 durch Johannes Gutenberg. Die Einführung des PCs führte in den 1970ern zur Entstehung einer vergleichbaren Welle und läutete das Informationszeitalter ein. Die bahnbrechende Innovation der 1980er war Software, gefolgt von Internet und Digitaltechnologie in den 1990ern. Die digitale Revolution geht weiter, doch inzwischen richtet sich der aktuelle Innovationsdrang auch nach innen: Auf der Suche nach Neuheiten befassen sich immer mehr Unternehmen mit ihren eigenen Fähigkeiten.

Wenn laut Michael Porter (siehe Seite 84) die einzigen Wettbewerbsvorteile in Preis und Differenzierung liegen, so ist Innovation das wichtigste Differenzierungsmerkmal, auch wenn die Vergangenheit zeigt, dass sie langfristig nicht immer zu höherer Rentabilität führt. Unternehmen nutzen sie, um neue Märkte zu erschließen und organisches Wachstum zu erreichen, ohne dabei auf Akquisition zurückgreifen zu müssen.

Der Unterschied zwischen Innovation und Erfindung Innovation ist kein Synonym für Erfindung: Eine Erfindung muss erst im Markt etabliert werden, bevor sie ihre Innovationswirkung entfalten kann. Das Wesen der Innovation ist, dass sie die Veränderung einer allgemein üblichen Handlungs- oder Vorgehensweise

Zeitleiste

1450	1911
Innovation	Empowerment

bewirkt. In einem Essay zum Thema Kreativität beschreiben Teresa Amabile und Kollegen Innovation als „erfolgreiche Umsetzung kreativer Ideen innerhalb einer Organisation".

Kreativität, die Erfindung einschließt, bildet nur den Ausgangspunkt für Innovation; sie ist eine notwendige aber nicht die einzig ausreichende Grundbedingung. Amabile zufolge muss der Innovationsprozess von der kreativen Idee bis hin zum marktfähigen Produkt oder Service gesteuert werden. Innovation beschränkt sich nicht auf Produkte und Dienstleistungen. Sie kann sich auch unternehmensintern in Form von neuen und effektiveren Organisationsstrukturen oder Prozessen manifestieren. Auch neue Marketing- oder Vertriebsmethoden können innovativ sein, zum Beispiel das Konzept der Tupperparty oder der Online-Verkauf von Lebensmitteln.

„Eines der Erfolgsgeheimnisse von Unternehmen mit hoher Innovationsrate besteht darin, dass sie einfach mehr ausprobieren."
Rosabeth Moss Kanter, 2006

Nach heutigem Denken kann auch die signifikante Verbesserung eines Angebots eine Innovation darstellen. Baue eine bessere Mausefalle und die Welt wird dir die Tür einrennen, soll Ralph Waldo Emerson einmal gesagt haben. Er sprach nicht vom Bau einer „revolutionären" Mausefalle. Einige Unternehmen versteifen sich auf sogenannte inkrementelle oder stufenweise Innovationen, zu Lasten radikaler Neuerungen. Marketing-Professor George Day von der Wharton Business School glaubt, dass die inkrementelle Innovation, auch „Small I" genannt, vielmehr auf kontinuierliche Verbesserung hinausläuft. Ihm zufolge machen „Small I"-Initiativen im Durchschnitt 85-90 Prozent des Entwicklungsportfolios von Unternehmen aus, ohne jedoch einen bemerkenswerten Anstieg ihrer Wettbewerbsfähigkeit oder Rentabilität zu bewirken. Radikale Innovationen, die sogenannten „Big I"-Initiativen, tragen dagegen weitaus mehr zu einer Gewinnerhöhung bei, doch ihr Anteil bei Entwicklungsprojekten wird immer geringer.

Der Grund dafür mag darin liegen, dass radikale Innovationen mit zahlreichen Schwierigkeiten und Gefahren einhergehen. Innovation ist ein komplexer Prozess, der geschicktes Management erfordert; eine Kunst, die nur wenige Großkonzerne beherrschen. Einige Faustregeln sind aus sukzessiven Innovationsphasen hervorgegangen. Spätestens seit der Entwicklung des ersten Apple Computers in einer Garage im Silicon Valley hat sich die Erkenntnis durchgesetzt, dass kreative Menschen Freiraum und Abstand zu den Zwängen der Bürokratie benötigen. (Das Risiko besteht darin, dass diese – auch „Skunk Works" genannten- autarken Entwickler-Teams den engen Kontakt zur Organisation verlieren und auf Ablehnung ihrer Ideen

Innovation als „schöpferische Zerstörung"

In seinem Werk *Der Wohlstand der Nationen* erwähnte Adam Smith die „unsichtbare Hand", die die Märkte selbst dann stabilisiert, wenn Kapitalisten nur ihre eigenen Interessen verfolgen. Alfred Chandler, der bekannte US-Wirtschaftshistoriker, schrieb von der „sichtbaren Hand" des Managements. Der Ökonom Joseph Schumpeter, der aktuell eine Renaissance erfährt, beschrieb den Markt hingegen mit etwas radikaleren Worten. Als er den Kapitalismus als einen Prozess der „schöpferischen Zerstörung" beschrieb, sprach er von Innovation.

Als Politologe und Ökonom wird Schumpeter (1883–1950) heute wieder vielfach zitiert. Seine Vorstellung, dass Innovationswellen auf etablierte Unternehmen prallen, sie erodieren und neue Unternehmen an ihrer Stelle hinterlassen, scheint besonders auf das digitale Zeitalter zuzutreffen. Genauso verhält es sich mit seiner Überzeugung, dass der *Unternehmergeist* die bestimmende Größe in der Wirtschaft ist. Zunächst glaubte er, dass einzelne Unternehmer den *Unternehmergeist* verkörperten, kam aber später zu dem Schluss, dass es vielmehr die großen, forschungsintensiven Unternehmen waren.

Manche US-Politiker beschreiben die Wirtschaft der Zukunft als „schumpeterianisch", wobei schöpferische Zerstörung und Innovation den Weg weisen. Sie lassen dabei jedoch meist unerwähnt, worauf Schumpeters Vision letztendlich hinausläuft: auf eine Form von durch Konzerne bestimmten Sozialismus, mechanisierte Innovation und die Erstickung des Unternehmers.

stoßen.) Große, etablierte Unternehmen sind sich bewusst, dass auch sie innovativ sein müssen. In *Winning through Innovation* stellen Charles O'Reilly und Michael Tushman das Konzept der „Ambidextrous Organization" vor. Damit bezeichnen sie eine Organisation, die unvereinbare Strukturen und Kulturen so geschickt handhabt, dass ihr das Kunststück gelingt, vom Althergebrachten zu profitieren und gleichzeitig Innovationen voranzutreiben. Eine solche Organisation eruriert Technologie- und Marktvorteile durch ständige Nähe zum Kunden, reagiert sehr rasch auf Marktsignale und erkennt genau, wann ein nicht funktionierendes Produkt oder Projekt aufgegeben werden sollte. Neueren Meinungen zufolge kann jedoch eine zu starke Berücksichtigung des Kunden-Feedbacks den Erfolg von „Big I"-Initiativen unter Umständen behindern.

Rosabeth Moss Kanter, Wirtschaftsprofessorin an der Harvard Business School, meint, dass Möchtegern-Innovatoren immer wieder dieselben Fehler begehen. In „Innovation: the classic traps", einem jüngeren Essay in der *Harvard Business Review* (den sie einst herausgab), deckt sie den gleichen Mangel an Mut und Wissen auf, der frühere Innovationswellen zum Halten brachte: „Sie erklären, dass sie mehr Innovation wollen, doch sie fragen gleich im Anschluss, wer sich sonst noch damit beschäftigt. Sie behaupten, nach neuen Ideen zu suchen, doch sie verwerfen alle, die ihnen präsentiert werden." Kanter hält fest, dass abgesehen von wenigen rühmlichen Ausnahmen, wie Intel und Reuters, unternehmenseigene Risikokapitalgesellschaften meist keinen signifikanten Wertschöpfungsbeitrag für das Kerngeschäft leisten.

Die Jagd nach dem großen Coup Innovationsgründe können strategischer Natur sein, aber auch mit Prozessen, Strukturen oder Fähigkeiten in Verbindung stehen. Oft sind Manager zu sehr darauf fixiert, mit einer Innovation den großen Coup zu landen und begehen den Fehler, Chancen zu verschmähen, die ihnen zu unbedeutend erscheinen. Einige Unternehmen bremsen Innovationen aus, indem sie bei Planung, Budgetierung und Bewertung die gleichen Maßstäbe ansetzen wie bei den übrigen Geschäftsprozessen. Kanter weist darauf hin, dass Kreativteams einen anderen Umgang erfordern, was bei den übrigen Mitarbeitern jedoch oft Rivalität und Neid auslöst („die haben ihren Spaß und wir müssen schuften"). Ein weiterer häufiger Fehler besteht darin, Technikern die Leitung für Innovationsprojekte zu übertragen. Die wichtigsten Aufgaben sind die Motivation des Kreativteams und die Kommunikation neuer Ideen an die Unternehmensführung, was sich nicht immer mit den Stärken von Ingenieuren und IT-Spezialisten deckt.

> **Unternehmen, die Big I-Initiativen scheuen, glauben, dass sich der mögliche Nutzen erst in viel zu ferner Zukunft zeigt und das Risiko dafür zu hoch ist.**
>
> George Day, 2007

Kreativität erfordert Zeit: Studien belegen, dass ein Kreativ- oder Forschungsteam erst nach zweijähriger Zusammenarbeit wirklich produktiv wird. Oft werden Mitarbeiter jedoch schon vor Ablauf dieser Zeit in andere Bereiche befördert.

Selbst die beste Idee bringt einem Unternehmen nicht unbedingt alle erhofften Vorteile ein. Das Maß, in dem ein Unternehmen den Wert einer Innovation ausschöpfen kann, wird als Verwertbarkeit oder Nutzbarmachung bezeichnet. Kann das Unternehmen die Idee schützen? Welchen zeitlichen Vorsprung hat das Unternehmen, bis die unvermeidlichen Nachahmer in den Markt drängen? Wie viele spezialisierte Ressourcen sind erforderlich, um die Innovation auf den Weg zu bringen? Ein Erfinder von Tiefkühlkost müsste beispielsweise einen großen Wertanteil an die Bereitsteller von Tiefkühlanlagen abtreten. Es lässt sich leider nicht leugnen, dass von einer Innovation oft nicht ihr Urheber profitiert. Der PC wurde, was kaum bekannt ist, von Micro Instrumentation Telemetry Systems erfunden. Innovationen zu entwickeln ist eine Sache – an Innovationen zu verdienen eine ganz andere.

25 Japanisches Management

Das Buch *The Art of Japanese Management* (deutsch: *Geheimnis und Kunst des japanischen Managements*) von Richard Pascale und Anthony Athos entstand in einer Zeit, als US-amerikanische Unternehmen mit drei gewaltigen Herausforderungen zu kämpfen hatten. Die erste betraf die Unternehmensführung: Die Manager mussten feststellen, dass eine Steigerung der bewährten Geschäftstätigkeit weniger Erträge einbrachte. Die zweite betraf einen gesellschaftlichen Wertewandel: Die Erwartungen der Menschen in Bezug auf Organisationen und Arbeitsplatz hatten sich verändert. Und die dritte lautete: „Die Konkurrenz killt uns gerade."

All dies geschah 1981. Japan hatte das dritthöchste Bruttonationaleinkommen der Welt und war auf dem besten Weg, innerhalb der nächsten 20 Jahre die Spitze einzunehmen. Japan ist ein relativ kleines, sehr bergiges Land; 70 Prozent seiner Fläche sind unbewohnt. Japan verfügt über so gut wie gar keine natürlichen Ressourcen – und dennoch war seine Wirtschaftswachstumsrate 1981 fast doppelt so hoch wie die der USA. Nach und nach hatte das Land der aufgehenden Sonne in den verschiedensten Branchen die Marktführer überholt: Deutschland bei den Kameras, die Schweiz (wer hätte es geglaubt?) bei den Uhren, Großbritannien bei den Motorrädern und die USA bei elektrischen Haushaltsgeräten, Stahl und zahlreichen anderen Produkten, darunter sogar der Reißverschluss. Pascale und Athos mussten festzustellen, dass Japan offenbar eine Menge richtig machte.

„Japanisches und amerikanisches Management stimmen zu 95 Prozent überein und unterscheiden sich in allen bedeutenden Punkten."

Takee Fujisawa
(Mitgründer, Honda Motor Company)

Zeitleiste

1911 Empowerment

1940er Lean Manufacturing

Strategie des Zufalls

Honda hat die US-Motorradindustrie neu definiert, heißt es. Wenn dies zutrifft, ist es nicht auf einen heimtückischen Plan zurückzuführen, sondern darauf, wie Honda auf eine Reihe unerwarteter Ereignisse reagierte. Japanischer geht es kaum. 1959 eröffnete Kihachiro Kawashima in Los Angeles ein Honda-Geschäft mit zwei Kollegen und dem langfristigen Ziel, einen Anteil von 10 Prozent am Motorrad-Importmarkt zu erreichen. Doch die Vorzeichen standen schlecht.

Die japanischen Behörden gewährten Honda nur ein Viertel des beantragten Exportvolumens und bestanden darauf, dass der Großteil davon auf Lager gehalten wurde. Bei seiner Ankunft am Ende des Sommers musste Kewashima feststellen, dass die Hochsaison für den Motorradverkauf in den USA traditionell von April bis August dauerte. Das genehmigte Exportvolumen wurde gleichmäßig auf die Modelle 305 ccm, 250 ccm, 125 ccm und nach einigen Überlegungen schließlich auch auf das Modell 50 ccm Super Cub – das erste Mofa – aufgeteilt. Der Plan bestand darin, sich auf die größeren Modelle zu konzentrieren. Der Verkauf lief langsam an. Doch dann hagelte es plötzlich Berichte von Öllecks und Kupplungsproblemen.

Kewashima und sein Team hatten bis dahin noch gar nicht versucht, das neue Mofa-Modell zu verkaufen aus Angst, das Image von Honda in einem Macho-Markt zu beschädigen. Doch nun blieb ihnen gar keine andere Wahl. Zu ihrer großen Überraschung bestand ein enormes Interesse an der Super Cub. Kewashima und seine Kollegen erzielten hervorragende Umsätze mit diesem Modell und ihre Niederlassung war gerettet. Später konnte Honda mit dem Werbeslogan „You meet the nicest people on a Honda“ (Sie treffen die nettesten Leute auf einer Honda) in den USA ganz neues Segment in einem Markt erobern, der bis dahin nur die typischen Lederjacken-Biker bediente. 1964 war fast jedes zweite in den USA verkaufte Motorrad eine Honda.

Die Autoren versuchten herauszufinden, worin das japanische Erfolgsgeheimnis bestand. Die sichtbarsten Unterschiede betrafen die Fertigung: Japanische Unternehmen hatten viel von Qualitätsmanagement-Gurus aus den USA gelernt (Propheten, die nach Japan kamen, weil sie in ihrem eigenen Land nichts galten) und das amerikanische Modell gründlich studiert, um es als Grundlage zur Entwicklung eines eigenen Produktionsmodells zu nutzen. Bis heute lassen die Japaner in punkto Design und Produktion mit ihrem atemberaubenden Tempo den Rest der Welt staunend hinter sich zurück. Die Methoden der Japaner hielten im Laufe der 1980er Einzug in die westliche Wirtschaft und wurden durch die Begriffe Total Quality

Management (siehe Seite 184), Six Sigma (siehe Seite 156) und Lean Manufacturing (siehe Seite 112) allgemein bekannt. Außerhalb Japans haben diese Methoden unterschiedliche Erfolgs- und Überlebensraten gezeigt. In den Fällen, wo ihre Anwendung fehlschlug, lag es vor allem daran, dass den Unternehmen zwei wesentliche Elemente fehlten: der japanische Managementstil und die Einstellung des Japaners gegenüber der Organisation.

Konfrontation: ein Tabu Japan zählt auf einer verhältnismäßig kleinen Fläche über 127 Millionen Einwohner. Eines der Grundbedürfnisse der Japaner ist die Schaffung von Harmonie (*wa*). Direkte Konfrontation ist gesellschaftlich unakzeptabel. Westliche Gesellschaften haben aus historischen Gründen andere Grundbedürfnisse und eine andere Haltung zu Religion, Staat oder Arbeitswelt. Aus der japanischen Geschichte ist eine Gesellschaft hervorgegangen, in der die Organisation eine wichtige Rolle bei der Bedürfnisbefriedigung des Einzelnen spielt. Japanische Unternehmen bieten aller Wirtschaftskrisen zum Trotz auch heute noch Anstellungen auf Lebenszeit sowie höhere Sozialleistungen als westliche Unternehmen. Jede Führungskraft verbringt ein bis zwei Jahre in der Produktion, um den Alltag der Mitarbeiter kennen zu lernen und ein Verantwortungsgefühl für deren allgemeines Wohlbefinden zu entwickeln. Arbeitnehmer werden nicht nur auf die mechanische Verrichtung ihrer Aufgaben reduziert, sondern als Menschen betrachtet, die Intelligenz, Einstellungen und Gefühle mitbringen. Sie werden nicht nur aufgefordert, Ideen beizutragen, Probleme zu analysieren und Lösungen vorzuschlagen, sondern erhalten auch die dafür notwendigen Schulungen und Mittel.

„Die wichtigste Qualifikation einer japanischen Führungskraft ist ihre Akzeptanz in der Gruppe."
Richard Pascale und Anthony Athos, 1981

Westliche Unternehmen holen hier allmählich auf. Doch die Unterschiede betreffen auch noch andere Bereiche. In Europa und den USA ist der traditionell durch Anweisung und Kontrolle gekennzeichnete Managementstil in vielen Unternehmen noch immer präsent, wenn auch milder ausgeprägt. Die Japaner kennen kein Äquivalent für das westliche Konzept der Entscheidungsfindung. Führung, so sagen sie, ist wie Luft: notwendig, aber unsichtbar. Entscheidungsfindungsprozesse beginnen traditionell bei den Mitarbeitern und wandern von dort weiter nach oben. Auf dem Weg dorthin wird Gruppenkonsens erzielt, so dass zum Schluss nur noch die formale Absegnung durch das Topmanagement erforderlich ist. Dieser Prozess ist zwar zeitaufwendig, stellt jedoch sicher, dass alle Beteiligten hinter der Entscheidung stehen.

Bei der Umsetzung wird ein weiterer Unterschied deutlich. Beschließt ein westliches Unternehmen eine unangenehme Maßnahme, etwa die Zusammenlegung zweier Abteilungen, kommt meist als Erstes eine Mitteilung vom Abteilungsleiter mit einer entsprechenden Ankündigung, die dann viel Unruhe bei den Mitarbeitern verursacht. Ein japanischer Abteilungsleiter dagegen würde zunächst nur eine kleine Veränderung des Arbeitsablaufes vorschlagen und nach einer Weile die nächste. Und gäbe es eine Mitteilung, würde sie nur das bestätigen, was bereits passiert ist. Schrittweiser Wandel statt Radikalkur heißt die Devise.

Diese Denkweise spiegelt sich auch in der Einstellung der Unternehmensleitung zur Strategie wider. Auch wenn es kaum noch strategische Fünf-Jahres-Pläne gibt, steht bei westlichen Strategien weiterhin die Verwirklichung einer einzigen großen Vision im Fokus. Auch die Japaner planen voraus und haben eine Vision, doch sie legen sich ungern auf eine einzige Strategie fest. Sie wollen lieber für mögliche Veränderungen der Umstände gerüstet sein (siehe Kasten) und bevorzugen *meikiki* oder „Voraussicht mit Umsicht".

Von Amerika lernen Am schockierendsten erscheint westlichen Kapitalisten die relative Gleichgültigkeit der Japaner in Bezug auf den Gewinn: Die Menschen und die Gesellschaft, die die Organisation repräsentiert, sind wichtiger. Doch angesichts der anhaltenden Wirtschaftskrise und Forderungen seitens ausländischer Investoren denken einige japanische Unternehmen inzwischen um. Sie beschleunigen ihre Entscheidungsprozesse, um flexibler zu werden und gehen dazu über, mehr Teilzeit- und Zeitarbeitskräfte einzustellen. Auch Kosteneinsparungsmaßnahmen werden durchgeführt, allerdings ohne Entlassungen. Japanische Kritiker drängen japanische Unternehmen, von Amerika zu lernen. Anstelle der Bestseller über Japans Erfolgsgeheimnis dominieren nun Bücher über das Wunder von Silicon Valley. Doch die kalifornischen Strategien bieten den Japanern eigentlich keinen neuen Lernstoff, und das Konzept des Shareholder-Value mag ihnen gar völlig inakzeptabel erscheinen.

> **» Die Japaner schätzen Teamarbeit, Harmonie und zwischenmenschliche Beziehungen. Wer daraus schlussfolgert, dass sie nicht knallhart sein können, der irrt. «**
>
> Richard Pascale und Anthony Athos, 1981

Die aktuelle Wirtschaftsflaute in Japan ist nicht auf die branchenbezogene Managementpraxis der Japaner zurückzuführen, sondern auf die Finanzpraxis und -strukturen des Landes. Japanische Unternehmen benötigen mehr Flexibilität, um das Beste aus den schnelllebigen Märkten der heutigen Zeit herauszuholen. Der vermehrte Einsatz ausländischer Arbeitskräfte könnte sich beim Eintritt in internationale Märkte durchaus als vorteilhaft erweisen. In ihren traditionellen Segmenten wie Fahrzeuge, optische Geräte, Elektrohaushaltsgeräte oder Maschinenwerkzeuge bleiben die Japaner wettbewerbsstark. Dass daran kein Zweifel besteht, hat Toyota bewiesen und General Motors als weltweit größten Automobilkonzern abgelöst.

Worum es geht

Wertschätzung der Mitarbeiter und flexible Strategien

26 Die Wissensgesellschaft

Wie gewöhnlich war Peter Drucker als Erster am Ball. In den späten 1960er Jahren hatte er den Begriff der „Wissensgesellschaft“ geprägt und vorausgesagt, dass die Verbreitung von Information zu großen gesellschaftlichen Veränderungen führen würde. Ihm zufolge oblag es dem Management, die Produktivität der „Wissensarbeit“ und des „Wissensarbeiters“ voranzutreiben.

Wissenschaftler und Statistiker, die hierfür messbare Standards ansetzen wollen, müssen aber zunächst zu einer einheitlichen Definition der Wissensgesellschaft kommen. Für einige handelt es sich um eine Gruppe spezifischer Branchen wie Hightech-Produktion, EDV und Telekommunikation. Andere halten dagegen, dass alle Branchen von Wissen durchdrungen sind. Die Organisation für Wirtschaftliche Zusammenarbeit und Entwicklung (OECD) wählt den Mittelweg zugunsten einer Definition, welche die Bereiche Hoch- und Mitteltechnologieproduktion, wissensintensive Dienstleistungen wie Finanz-, Versicherungs- und Telekommunikationswesen und schließlich Business Services sowie Bildung und Gesundheit umfasst.

Folgende Definition stammt von der Work Foundation, einer britischen Nichtregierungsorganisation: „Die Wissensgesellschaft ist das, was man bekommt, wenn man leistungsfähige Computer und menschlichen Intellekt zusammenbringt, um die wachsende Nachfrage nach wissensbasierten Gütern und Dienstleistungen zu befriedigen.“ Wie auch immer die Definition lautet: Die industrielle Welt wird mehr und mehr zur Wissensgesellschaft. Wirtschaftswissenschaftler, für die die wichtigsten Produktionsfaktoren bisher immer Arbeit und Kapital waren, verkünden nun, dass Wissen die Arbeit als bedeutenden vermögensbildenden Faktor verdrängt. Wissen hat für Unternehmen den attraktiven Vorteil, durch Nutzung nicht an Wert zu verlieren. Geteiltes Wissen führt sogar zu seiner Wertsteigerung.

Zeitleiste

1450	1911
Innovation	Empowerment

Fast alle OECD-Länder verzeichnen steigende Volkseinkommen durch wissensbasierte Branchen. Gleichzeitig erhöht sich die Anzahl von Arbeitnehmern in wissensgestützten Berufen und Unternehmen, die auf innovative Technologien zurückgreifen. Egal welche Definition Anwendung findet: In vielen dieser Länder hat die Wissensgesellschaft bereits einen mehrheitlichen Anteil an der wirtschaftlichen Leistung und an der Beschäftigung.

„Wir … sehen, wie die Wissensgesellschaft vom technologischen Fortschritt vorangetrieben wird und steigender Wohlstand im Inland die Nachfrage nach wissensbasierten Dienstleistungen erhöht.“
Ian Brinkley, 2006

Wissen ist schon immer ein Wirtschaftsfaktor gewesen, doch kam es erst durch Informations- und Kommunikationstechnologien (IKT) zum Tragen, die das Wissen extrahieren, extrapolieren und sehr schnell in Umlauf bringen können. Wissensbasierte Unternehmen im engeren Sinne verbinden neue IKT mit neuen wissenschaftlichen Erkenntnissen und Technologien, um neue Produkte für immer mehr wohlhabende und gebildete Konsumenten zu kreieren.

Mehrwert Wissen – die richtige Art von Wissen – führt zu Mehrwert. Es kann zu besseren Entscheidungen führen, Verständnis und Innovation fördern und die Produktivität steigern. Bei Innovationen kann Wissen auf unterschiedliche Art Wettbewerbsvorteile schaffen: So können etwa Wissensnetzwerke zu einer besseren und schnelleren Entwicklung neuer Produkte beitragen. Der Austausch von Best Practices im Unternehmen kann zu Kostenreduktion und Qualitätssteigerung führen. In einer zunehmend globalen und wettbewerbsorientierten Wirtschaft mit fragmentiertem und verstreutem Know-how wird es daher immer wichtiger, diese schwer erfassbare Ressource richtig zu handhaben.

Selbst in Unternehmen, die sich selbst als nicht besonders wissensintensiv betrachten, wird Wissen zum strategischen Thema angesichts der Frage, wie das Wissen erworben, entwickelt, geteilt und bewahrt wird. Hieraus resultiert die relativ neue Disziplin des Wissensmanagements (WM). Immer mehr Unternehmen setzen sogenannte Chief Knowledge Officers (Wissensbeauftragte) ein, besonders in den USA, wo seit 1996 jede Regierungsbehörde einen Informationsbeauftragten ernennen muss (der eine ähnliche Funktion ausübt). Wissensmanagement unterscheidet sorgfältig zwischen Wissen und Information, wobei nicht jede Information Wissen ist und nicht jedes Wissen wertvoll ist. Einige Berater unterscheiden zwischen „explizitem“ und „implizitem“ Wissen. Explizites Wissen findet sich in Datenbanken

Reden ist Silber, Schweigen ist Gold

Ohne ihren eingängigen Jargon wirkt Unternehmensberatung nur halb so eindrucksvoll. Neu in der Vokabelliste ist die sogenannte „stille Interaktion“. McKinsey wählte diesen Begriff für komplexere Arbeitstätigkeiten, die „stilles Wissen“ in Form von analytischen Fähigkeiten, Urteilskraft oder Problemlösungsfähigkeiten erfordern.

In Unternehmen führen immer mehr Mitarbeiter stille Interaktionen durch. Meist handelt es sich um die talentiertesten und höchstbezahlten Mitarbeiter. Doch wie produktiv sind sie? McKinsey hält fest, dass im Bereich der Herstellung kaum noch Verbesserungen in puncto Effizienz und Produktivität herbeigeführt werden können, was auch für die sogenannten transaktionsbasierten Bereiche wie Handel und Fluggesellschaften gilt.

Die Unternehmensberatung führt an, dass die Leistungslücke zwischen den besten und schlechtesten Herstellern merklich kleiner geworden ist. Das gleiche gilt für die Leistungslücke zwischen den besten und schlechtesten Anbietern in transaktionsintensiven Branchen. Doch wenn es um Branchen geht, die auf implizitem Wissen basieren, etwa Verlagswesen, Gesundheitswesen oder Softwareentwicklung, bleibt die Lücke groß, was darauf hindeutet, dass noch Produktivitätsverbesserungen möglich sind.

Die herkömmlichen Optimierungstools zur Standardisierung und Automatisierung funktionieren bei Mitarbeitern mit stillem Wissen jedoch nicht. McKinsey zufolge muss Technologie eingesetzt werden, um die Zusammenarbeit zu unterstützen (etwa Videokonferenzen oder Instant Messaging), und das Management muss organisatorische Veränderungsprozesse, Lernen und Innovationen fördern. Dies könnte die größte Chance des modernen Zeitalters sein, lautet das Fazit der Unternehmensberatung. Hört man da schon, wie sich jemand erwartungsvoll die Hände reibt?

oder Aktenschränken; es kann erfasst, dokumentiert und gelagert werden. Implizites Wissen ist in den Köpfen der Menschen verankert und umfasst immaterielle Werte wie Erfahrung, Urteilsvermögen und Intuition. Menschen sind der Schlüssel zum Wissensmanagement, denn Wissensbildung hängt von menschlicher Interaktion ab; deshalb scheitern IT-gestützte Wissensmanagement-Projekte häufig.

Wertvolles Wissen findet sich in unterschiedlichen Bereichen der Organisation. Entscheidendes Wissen betrifft Kunden, Prozesse und Produkte, aber auch Beziehungen und Organisationsgedächtnis. Zudem wird neues Wissen geschaffen. Das Wissensmanagement bedient sich diverser Methoden, um Wissen generieren, organisieren, weiterleiten und nutzen zu können; darunter Schulungen, Unternehmensintranet, Kontrollsysteme und Kreativitätswerkzeuge.

Wissensmanagement entwickelt sich mehr und mehr zum knallharten Geschäft. Wenn sich das Wissen in den Köpfen der Menschen befindet, kann es verloren gehen – was auch ständig geschieht. Manche talentierte Mitarbeiter wechseln zur

Konkurrenz, andere gehen in den Ruhestand. Der allgemeine Trend zum Personalabbau bedeutet, dass Menschen Unternehmen verlassen – und ihr Wissen mitnehmen. Also besteht ein Hauptziel des Wissensmanagements darin, das Wissen von Mitarbeitern zu sammeln und im Unternehmen zu bewahren. Dabei steht das Wissensmanagement vor der widersprüchlichen Herausforderung, einerseits den freien Wissensfluss zu fördern, ihn aber zugleich auch zu kontrollieren und abzusichern. Die Wissensgesellschaft und ihre beweglichen Komponenten werden künftig mehr ins Visier der Unternehmensberater geraten. In der zweiten Hälfte des 20. Jahrhunderts konzentrierten sich die Verbesserungsbestrebungen der Unternehmen fast ausschließlich auf die Produktion. Manager und ihre Berater bemühten sich voller Ehrgeiz und Erfindungsreichtum um eine Steigerung der Effizienz bei der Herstellung. Sie waren dabei so erfolgreich, dass ihnen kaum noch etwas zu tun bleibt. Die seit vielen Jahren durchgeführte Übernahme von Best Practices bedeutet, dass durch effiziente Produktion inzwischen praktisch kein Wettbewerbsvorteil mehr zu erreichen ist.

> **»Das Konzept der wissensgesteuerten Wirtschaft trifft nicht nur auf Hochtechnologiebranchen zu. Es beschreibt eine Reihe neuer Quellen für Wettbewerbsvorteile, die auf alle Sektoren, alle Unternehmen und alle Regionen zutreffen können.«**
>
> Charles Leadbeater, 1999

Mehr Effizienz Die nächste Stufe beinhaltete das Streben nach größerer Effizienz bei Dienstleistungen und Geschäftsprozessen. Dies führte zu Methoden wie Business Process Reengineering (siehe Seite 24) und Enterprise Resource Planning (ERP, Unternehmensressourcenplanung), die sich in hohem Maße auf die Informationstechnologie stützen. Auch hier ist durch die Verbreitung von Best Practices das zukünftige Potenzial für Wettbewerbsvorteile inzwischen stark beschränkt. Also richtet sich der Fokus nun auf das Wissen.

Die Unternehmensberatung McKinsey & Co unterscheidet zwischen Transformationen (Herstellung oder Entwicklung von Produkten) und Transaktionen (Dienstleistungen, Handel, Großteil der Wissensarbeit). Die Transaktionen werden weiter unterteilt in Routinetransaktionen und stille Interaktionen, die stark von Urteilskraft und Kontext abhängen (siehe Kasten). McKinsey & Co meint, dass Unternehmen bisher kaum darauf hingearbeitet haben, sich selbst zu differenzieren, indem sie die Produktivität dieser stillen Interaktionen steigern.

27 Leadership

Unternehmen verfügen neben materiellen Werten auch über viele immaterielle Werte. Einer der wichtigsten und am wenigsten fassbaren immateriellen Werte ist Leadership oder Führung. Worin besteht das Geheimnis jener erfolgreichen Führungskräfte, für die alle Mitarbeiter durchs Feuer gehen würden? Unternehmensberater und Akademiker würden Leadership nur allzu gern destillieren, abfüllen und in Flaschen verkaufen. Obwohl dies noch keinem gelungen ist, sind einige überzeugt, dass Leadership der nächste große Meilenstein in der Managementforschung ist.

Gäbe es einen Leadership-Markt, wäre der Preis dafür starken Fluktuationen unterworfen. Ende der 1990er hatten die prominentesten Top-Führungskräfte „Rockstar-Status" erreicht und ihre Vergütungen schossen genauso in die Höhe wie die Aktienpreise der von ihnen geleiteten Unternehmen. Eine Zehn-Jahres-Studie zeigte damals, dass die Aktienpreise von Unternehmen, die nach allgemeiner Auffassung hervorragende Leader hatten, zwölfmal schneller stiegen als die Aktienpreise von Unternehmen, denen nach herrschender Meinung erstklassige Führungskräfte fehlten. Dann fielen die Aktienmärkte, gefolgt vom schmählichen Untergang von Enron, WorldCom und ihrer Top-Bosse, denen anschließend wegen Betrugs der Prozess gemacht wurde. Die allgemeine Stimmung kippte. Konzerne wie Walt Disney, Hewlett-Packard und AIG trennten sich von Top-Führungskräften, die zwar ehrlicher waren, aber sich auch gern im Scheinwerferlicht der Öffentlichkeit sonnten; sie alle wurden von Nachfolgern abgelöst, die stiller und bescheidener auftraten. Jack Welch von General Electric, der Mick Jagger unter den Topmanagern, hatte sich schon einige Zeit zuvor zur Ruhe gesetzt und eine Lücke hinterlassen, die noch immer nicht gefüllt ist. Welch sagte einmal, dass er nur drei Aufgaben hatte: die richtigen Leute zu finden, Ressourcen zuzuteilen und für die schnelle Verbreitung von Ideen zu sorgen. Der US-Managementtheoretiker Chester Barnard schrieb

„Charakter ist der Schlüssel zur Führung."
Warren G. Bennis, 1999

Zeitleiste

500 v. Chr. Krieg und Strategie

1897 n. Chr. Fusionen und Übernahmen

Mit gutem Beispiel vorangehen

Der britische Unternehmensberater Kieran Patel unterteilt Führungsstile in folgende, leicht erkennbare Typen:

Der Missionar ist von einem höheren Ziel getrieben (perfekte Unternehmensführung oder Weltverbesserung). Dieser Führertyp predigt voller Inbrust seinen Glauben und erwartet, dass alle Mitarbeiter konvertieren.

Der Risikokapitalist ist auf der Suche nach den Gewinnern in neuen Märkten. Er ist vom Unternehmergeist beseelt, hat eine Vorliebe für akquisitionsorientierte Strategien und ist stets auf der Suche nach Innovation. Sein Motto lautet „Klein ist fein", weshalb er innerhalb der Organisation oft autarke Mini-Unternehmen gründet.

Der Revolutionär will die Regeln brechen, das bestehende Modell zerstören und durch ein neues ersetzen. Er hat eine kleine Schar von Anhängern, die in ihm den Retter sehen.

Der Investmentbanker macht vor allem Deals; ihn interessiert nur Kauf und Verkauf. Dieser Führertyp sieht sich selbst als Portfoliomanager mit einem Portfolio, das aus Unternehmen, Kompetenzen, Beziehungen oder Produkten und Dienstleistungen bestehen kann.

Der General will die totale Kontrolle; für ihn besteht der Unternehmenszweck darin, feindliches Gebiet mit überlegener Strategie und Taktik zu erobern. Detaillierte Planung ist ihm sehr wichtig.

Der Präsident führt das Unternehmen als Politiker und Botschafter, weit von der Front entfernt. Er ist von einer Schar von Beratern umgeben, die ihn mit dem restlichen Unternehmen verbinden und ihn zugleich davon isolieren.

1938, dass die Aufgabe einer Führungskraft darin besteht, die Werte der Organisation zu managen und für das Engagement der Mitarbeiter zu sorgen.

Dass Top-Leader je wieder als Superhelden für Furore sorgen, darf bezweifelt werden, doch der Wert einer entschlossenen und motivierenden Führungskraft ist unbestritten. Da sich Märkte und Verbraucher verändern, müssen sich Organisationen entsprechend anpassen – was bedeutet, dass sich auch das Anforderungsprofil einer guten Führungskraft verändert. Historisch gesehen wurden Organisationen lange Zeit auf Basis militärischer Strukturen geführt. Die oberste Führungskraft hatte die Rolle des Generals, der Befehle gibt, inne. Die „Wissensarbeiter" der heutigen Wissensgesellschaft lassen sich durch Befehle kaum noch motivieren. Warren Bennis glaubt, dass zukünftige Wettbewerbsvorteile von der Schaffung einer Sozialarchitektur abhängen, die intellektuelles Kapital generiert: „Führung ist der Schlüssel zur Ausschöpfung des vollen Potenzials von intellektuellem Kapital".

Was macht eine Führungskraft aus? Für Bennis, der sich eingehend mit Organisationspsychologie beschäftigt hat, zeichnen sieben wesentliche Merkmale eine Führungskraft aus: technische Kompetenz, konzeptuelle Fähigkeiten, Erfolgsbilanz, soziale Kompetenz, Fähigkeit zur Talenterkennung, Urteilsfähigkeit und Charakter. Die drei erst genannten finden sich bei vielen Führungskräften. Doch es sind die sogenannten Soft Skills, die in Zukunft darüber entscheiden werden, wer eine gute Führungskraft ist und wer nicht. Bennis unterscheidet zwischen Führungskräften und Managern: „Manager machen die Dinge richtig, Führungskräfte machen die richtigen Dinge." Auch wenn er davon überzeugt ist, dass es keine Universallösung für Leadership gibt, müssen Führungskräfte seiner Ansicht nach imstande sein, folgende Erwartungen der Mitarbeiter zu erfüllen:

Mitarbeiter wollen	Führungskräfte geben	zur Förderung von
Bedeutung und Richtung	Zielbewusstsein	Zielsetzung und Zielerreichung
Vertrauen	Authentizität in Beziehungen	Zuverlässigkeit und Einheitlichkeit
Hoffnung und Optimismus	Beharrlichkeit und Zuversicht	Energie und Engagement
Ergebnisse	Ermunterung zu aktivem Handeln, Risiko, Neugier und Mut	Selbstvertrauen und Kreativität

„Erfolgreiche Führungskräfte bringen Leidenschaft, Perspektiven und Sinnhaftigkeit in den Prozess der Definition des Organisationszwecks", womit Bennis meint, dass jede Führungskraft das, was sie tut, mit Leidenschaft tut. Perspektiven sind notwendig, weil die Mitarbeiter wissen wollen, was nach dem nächsten Schritt jeweils passiert. Sinnhaftigkeit verlangen vor allem die Wissensarbeiter von heute, die leicht anderswo eine neue Stelle finden können: Sie wollen das Gefühl haben, dass das, was sie tun, wirklich bedeutsam ist.

Soft Skills Eines der Schlagworte im Zusammenhang mit Leadership lautet „Authentizität". Es geht darum, wahrhaftig zu sein, denn nur Wahrhaftigkeit schafft Vertrauen. Wenn die Mitarbeiter das Gefühl haben, dass ihre Führungskraft sich verstellt – also nicht authentisch ist – beginnen sie sich zu fragen, was ihre Führungskraft wohl wirklich denkt. Sie fühlen sich unwohl und sind infolgedessen weniger bereit, sich voll und ganz zu engagieren. Authentizität bedeutet auch, dass Of-

> **Eine erfolgreiche Leadership-Theorie wird vermutlich teamzentriert sein.**
> **Owain Franks und Richard Rawlinson, 2006**

fenheit und Verletzlichkeit keine Zeichen von Schwäche sind. Die Anzahl der Angebote, Authentizität in Workshops zu lernen, steigt stetig, wobei darin ein gewisser Widerspruch liegen mag. Führungskräfte, die letztendlich keine Ergebnisse erzielen, werden das Vertrauen ihrer Mitarbeiter verlieren. Bennis zufolge sind ergebnisorientierte Führungskräfte wie Eishockeyspieler: Sie hören niemals auf, aufs Tor zu schießen. Er zitiert die kanadische Eishockeylegende Wayne Gretzky: „100 Prozent der Schüsse, die du nicht abgibst, kommen auch nicht ins Ziel." Zugleich schaffen sie ein Klima, in dem verfehlte Schüsse toleriert werden.

Ein weiterer Schlüsselbegriff neben Authentizität ist „emotionale Intelligenz". Der Begriff wurde durch das gleichnamige, 1995 erschienene Buch von Daniel Coleman populär, der emotionale Intelligenz in vier Grundkategorien unterteilte. Die ersten beiden betreffen die eigene Persönlichkeit, die letzten beiden die Mitmenschen: Selbstwahrnehmung, Selbststeuerung (die Fähigkeit, Gefühle zu kontrollieren), Fremdwahrnehmung (Empathie und Rücksicht) sowie Beziehungsmanagement.

Führungsstile Es gibt verschiedene mehr oder weniger detaillierte Klassifizierungen von Führungsstilen. Die in Montreal, Kanada, ansässige Forscherin Patricia Pitcher beschrieb drei sehr unterschiedliche Typen von Führungskräften:

- Künstler: fantasievoll, inspirierend, visionär, unternehmerisch, emotional;
- Handwerker: solide, zuverlässig, vernünftig, berechenbar, vertrauenswürdig;
- Technokrat: rational, detailorientiert, kompromisslos, starrsinnig.

Jeder dieser Typen eignet sich perfekt für bestimmte Aufgaben, so Pitcher. Für den Aufbau eines Unternehmens ist der Künstler ideal, zur Festigung der Position eignet sich der Handwerker und für die unangenehmen Aufgaben wie zum Beispiel Entlassungen ist der Technokrat die richtige Wahl.

Bisher existiert noch keine allgemein akzeptierte Theorie über Führung bzw. Leadership. Die Unternehmensberater Owain Franks und Richard Rawlinson haben darauf hingewiesen, dass sich die Qualität von Führung seit langem kaum verändert hat, trotz klarer Fortschritte in den Bereichen Marketing, Produktion, Finanzen und Strategie. Ihrer Ansicht nach ist das Fehlen einer allgemein anerkannten, wissenschaftlich fundierten Leadership-Theorie sowohl Symptom als auch Ursache dieses Entwicklungsstillstands. Beide glauben jedoch, dass die Zeit für eine solche Theorie reif ist. Für Franks und Rawlinson steht fest: „Dies wird im Bereich Business Management die wichtigste Entwicklung der nächsten 20 Jahre sein".

28 Lean Manufacturing

So nüchtern der Begriff auch klingen mag: „Lean Manufacturing", auch als „schlanke Produktion" bezeichnet, ist ein von leidenschaftlichem Ehrgeiz erfülltes Konzept. Sein Wesen ist durch und durch japanisch: sehr vielschichtig, äußerst anspruchsvoll und zugleich von eleganter Schlichtheit. Seine Durchführung ist kompliziert, lässt sich jedoch auf eine einfache Formel reduzieren: die Eliminierung von Verschwendung.

Der Lean-Gedanke basiert einfach ausgedrückt auf Schnelligkeit und Effizienz. Das Konzept geht nicht nur auf die japanische Automobilindustrie der 1930er und 1940er zurück, sondern auch auf Henry Ford. Ford revolutionierte die industrielle Produktion, indem er austauschbare Teile und standardisierte Arbeitsabläufe einführte und die Fließbandtechnik perfektionierte. Einige meinen sogar, er sei der erste gewesen, der Lean Manufacturing praktizierte. Eine Sache, auf die Ford verzichtete, war Vielfalt, denn sie hätte seinen Produktionsprozess verlangsamt. Bei der Herstellung seiner Automobile beschränkte er sich jahrelang auf die Farbe Schwarz („Sie können es [das Auto] in jeder Farbe haben, sofern es schwarz ist") und das Modell T. Es gab auch Automobilhersteller, die verschiedene Modelle anboten, doch dafür mussten sie auf die Fließbandfertigung verzichten und höhere Durchlaufzeiten sowie Bestände in Kauf nehmen.

„Eliminieren Sie die Gründe."
Taiichi Ohno
(als ihm die Gründe dafür genannt wurden, warum die Bestände nicht auf Null reduziert werden konnten)

Mitte der 1950er beschloss Taiichi Ohno, Produktionsleiter von Toyota in Japan, gemeinsam mit seinem Ingenieurskollegen Shigeo Shingo, das Produktionssystem von Ford zu nutzen und zugleich einige Innovationen einzuführen, um Produktvielfalt und kontinuierlichen Prozessfluss zu ermöglichen. Aus ihrer Arbeit ging schließlich das Toyota Produktionssystem (TPS) hervor, das einige völlig neue Ideen enthielt.

Anstatt wie Ford in Detroit riesige Maschinen einzusetzen, passten Ohno and Shingo die Größe ihrer Maschinen den jeweils benötigten Volumina an. Sie entwickelten das Verfahren SMED (Single Minute Exchange of Die), um die Rüstzeit so

Zeitleiste

1911 – Scientific Management

1940er – Lean Manufacturing

zu reduzieren, dass eine Maschine auf einen neuen Fertigungsprozess umgerüstet werden konnte, ohne den Fertigungsfluss zu stören. Die Umsetzung dieses Verfahrens erfolgte in mehreren Schritten, wobei jeder nachfolgende Prozess den ihm vorgelagerten Prozess kontinuierlich über seinen Materialbedarf informierte (mithilfe von Kanban-Karten), wodurch die Bestände auf ein Minimum reduziert werden konnten. Dies war die Geburtsstunde der Just-in-time-Produktion (JIT). Sie beruht auf den Prinzipien niedriger Kosten, hoher Qualität, breiter Vielfalt und schneller Durchlaufzeiten, um stets mit dem sich rasch wandelnden Bedarf der Konsumenten Schritt zu halten.

» Lean Production hat zu einer Umgestaltung der Produktionsprozesse geführt. Nun ist es an der Zeit, die Lean-Methode auf die Prozesse des Verbrauchs anzuwenden. «

James Womack und Daniel Jones, 2005

Ein völlig anderes Produktionssystem Viele japanische Unternehmen übernahmen die Techniken von Toyota, doch erst in den 1970ern begann der Rest der Welt, darunter auch die USA, zu erkennen, dass die Hersteller aus Japan ein grundlegend anderes Produktionssystem hatten.

Zu dieser Zeit begannen die Japaner gerade damit, den US-Automobilmarkt zu erobern, um später auch in andere Bereiche wie den Elektronikmarkt vorzudringen. Immer mehr US-Hersteller reisten nach Japan, um herauszufinden, was dort vor sich ging, und kehrten mit einigen vielversprechend klingenden Ideen zurück, darunter Kanban-Karten. Doch erst nachdem der US-Unternehmer Norman Bodek 1981 auf Shingos Bücher über das Toyota-System gestoßen war, erkannten sie die Komplexität des japanischen Ansatzes. Bodek ließ die Bücher übersetzen, lud Shingo zu einer Vortragsreise in die USA ein und gründete die erste Lean-Beratung. Der Begriff Lean wurde erst 1990 bekannt durch das Buch *The Machine that Changed the World* (deutscher Titel: *Die zweite Revolution in der Autoindustrie*, 1997) von James Womack, Daniel Jones und Daniel Roos, die darin einen Vergleich der Automobilindustrien der USA, Europas und Japans vorstellen. Womack, damals Forschungsdirektor am MIT (Massachusetts Institute of Technology), gründete später das Lean Enterprise Institute, eine gemeinnützige Einrichtung mit dem Ziel, das Lean-Konzept weltweit bekannter zu machen. Seither haben es viele Unternehmen für sich entdeckt, darunter Boeing, Porsche und Tesco. Die Lean-Methode lässt sich nicht auf die Schnelle anwenden; diejenigen, die sie bereits einsetzen, beschreiben sie als Reise zu einem Ziel, das man nie ganz erreicht. Zudem erreicht man das Ziel

Lean-Vokabular

Autonomation	Automatisierung mit menschlichem Touch; halbautomatische Prozesse, bei denen der menschliche Bediener und die Maschine zusammenarbeiten
ausbalancierte Produktion	Die Produktion verläuft stabil und gleichmäßig
Fehlererkennung	Verhinderung des weiteren Auftretens von einmal entdeckten Fehlern
Kaizen	kontinuierliche Verbesserung
Kanban	Bestandsmanagement mit Einsatz von Behältern, Karten oder Zeichen, orientiert am tatsächlichen Bedarf
Just-in-time (JIT)	Produktion mit Materialversorgung auf Abruf
Fehlervorbeugung	Änderungen von Operationsabläufen zur Vermeidung von Fehlern
Muda	Verschwendung
One-Piece-Flow	Verbindung von Fertigungsschritten mit dem Ziel, Losgrößenfertigung zu vermeiden
Poka-Yoke	Techniken zur Fehlervorbeugung und Fehlererkennung
Taktzeit	der erforderliche Produktionstakt, um den Kundenbedarf zu decken
Wertstromanalyse	Feststellung der Relation zwischen Wertschöpfung und Verschwendung in einer Prozesskette

nur gemeinsam mit anderen, denn die Lean-Methode bezieht sich nicht nur auf Hersteller, sondern auch auf Lieferanten.

Die Lean-Methode beginnt mit einem Fabrikrundgang mit dem Ziel, die einzelnen Produktionsschritte zu analysieren und herauszufinden, wo es möglicherweise Verschwendung (*muda*) gibt. Verschwendung kann in vielerlei Form auftreten. Wenn mehr als benötigt produziert wird oder wenn produziert wird, bevor Bedarf besteht, stellt dies Verschwendung dar. Bestände stellen ebenfalls Verschwendung dar, wie überhaupt alles, was nicht unmittelbar zur Wertschöpfung beiträgt. Auch Wartezeiten durch Maschinenstillstände und unnötige Transporte sind eine Form von Verschwendung, die eliminiert werden sollte. Die Herstellung fehlerhafter Produkte ist pure Verschwendung – Fehler sollen nicht entdeckt und repariert, sondern von vornherein vermieden werden. Wenn das Potenzial von Mitarbeitern nicht genutzt wird, stellt dies eine Verschwendung ihrer Zeit und Fähigkeiten dar. Wenn Kunden Produkte von schlechter Qualität mit Merkmalen erhalten, die keinen Mehrwert generieren, läuft dies auf eine Verschwendung von Zeit und Geld der Kunden hinaus.

Die Lean-Methode umfasst viele Disziplinen, darunter JIT, SMED, Kanban, TPM (Total Productive Maintenance), 5S (Ordnung und Sauberkeit) und Kaizen (kontinuierliche Verbesserung). Lean-Experten warnen davor, sich die Rosinen herauszupicken: Die Anwendung der Kaizen-Methode resultiert nicht automatisch in Lean Manufacturing. Wichtig ist es, die fünf Lean-Prinzipien zu befolgen:

» Lean-Prinzipien bieten die Chance, die Verschwendung von Zeit, Geld und Energie im Gesundheitswesen auf ein Minimum zu reduzieren oder sogar ganz zu stoppen. «
James Womack, 2005

1. **Wert spezifizieren**: Bei der Spezifizierung und Schaffung von Wert muss ständig der Kunde im Fokus stehen (also nicht etwa der Shareholder).
2. **Wertstrom identifizieren**: Es geht darum herauszufinden, wie bei den einzelnen Produktionsschritten produktbezogener Mehrwert erzeugt wird.
3. **Flow**: Die Durchführung der ersten beiden Schritte schafft die Voraussetzungen dafür, Produktionsprozesse in einen gleichmäßigen Fluss zu bringen.
4. **Pull-Prinzip**: Die Produktionsablaufsteuerung erfolgt nach dem Hol- bzw. Zurufprinzip, also ausschließlich am Bedarf der Kunden orientiert.
5. **Kontinuierliche Verbesserung**: Womack und Jones merken an, dass der Prozess des Reduzierens von Aufwand, Zeit, Raum, Kosten und Fehlern ein fortlaufender Prozess ist mit dem Ziel der ständigen Perfektionierung, um dem Kunden immer genau das Produkt anzubieten, das er tatsächlich benötigt.

Worum es geht
Verschwendung eliminieren

29 Lernende Organisation

Die Welt gewinnt durch die zunehmende Vernetzung und die immer höheren Ansprüche der Menschen an Dynamik – jeder hat ganz präzise Wünsche, die nach sofortiger Befriedigung verlangen, morgen aber schon wieder anders aussehen können. Fragmentierung von Märkten und beschleunigter Wandel bedeuten für Unternehmen Anpassung oder Niedergang. Deshalb kommt die Idee der kontinuierlichen Verbesserung, die ihren Ursprung in der Fertigung hatte, inzwischen im Begriff kontinuierlicher Wandel unternehmensweit zum Ausdruck. Der niederländische Autor und ehemalige Unternehmensplaner Arie de Geus hält die Fähigkeit, hinsichtlich eigener Ziele und Methoden immer wieder umdenken zu können, für den wichtigsten unternehmensimmanenten Wettbewerbsvorteil. Da der Mensch sich nur durch Lernprozesse verändert, ist Lernen also das Kapital der Zukunft.

Hierauf fußt das Konzept der „Lernenden Organisation", die übrigens nicht mit einer Organisation gleichzusetzen ist, die ihre Mitarbeiter gut ausbildet, wenngleich dies auch zu ihren Merkmalen zählt. Gemeint ist, dass die Organisation selbst sich in einem kontinuierlichen Lernprozess befindet, der ihre Mitarbeiter einschließt, doch auch über diese hinaus geht. Peter Senge, leitender Dozent am MIT (Massachusetts Institute of Technology), gilt diesbezüglich als großer Vordenker. In seinem 1990 erschienenen Buch *Die fünfte Disziplin: Kunst und Praxis der lernenden Organisation* spricht er von „Organisationen, in denen die Menschen kontinuierlich die Fähigkeit entfalten, ihre wahren Ziele zu verwirklichen, in denen neue Denkformen gefördert und gemeinsame Hoffnungen freigesetzt werden und in denen Menschen lernen, miteinander zu lernen". Das hört sich gut an, doch die Umsetzung ist schwierig. Senge führt die Hindernisse auf, die der Schaffung einer lernenden Orga-

Zeitleiste

1911
Empowerment
Entrepreneurship

1958
Systemdenken

> „Lernende Organisationen sind möglich, weil wir im tiefsten Inneren alle Lernende sind."
> **Peter Senge, 1990**

nisation im Wege stehen. Zunächst gibt es die verbreitete Haltung „Ich bin meine Position", die zu einem mangelnden Gefühl von Verantwortung für das sonstige Geschehen im Unternehmen führt. Eine weitere Haltung ist: „Der Feind da draußen" – „da draußen" und „hier drinnen" werden Senge zufolge als verschiedene Welten wahrgenommen. Eine Fixierung auf bestimmte Ereignisse, wie Quartalsberichte oder die Einführung eines Konkurrenzprodukts, macht womöglich blind für eigene Mängel, etwa eine zunehmende Verschlechterung der Designqualität. Mitarbeiter lernen zwar aus Erfahrung, erleben jedoch vielleicht nicht direkt die Auswirkungen ihrer Handlungen auf andere Unternehmensbereiche. Ein weiteres Hemmnis ist die Kommunikation untereinander, die besonders bei Führungskräften oft abwehrend und reaktiv ist, auch wenn sie sich den Anschein von Proaktivität geben. Harvard-Professor Chris Argyris, der den Begriff „organisationales Lernen" prägte, hat sich intensiv mit dem Thema befasst, wie „unnützes" Wissen infolgedessen in Umlauf gebracht wird (siehe Kasten).

Die fünf Disziplinen Jeder ist lernfähig, doch Umfelder und Strukturen wie die zuvor erwähnten ermutigen nicht gerade zu Nachdenken und Engagement. Wenn jedoch Menschen gefragt werden, wie es ist, Teil eines großartigen Teams zu sein, fällt Senge zufolge sofort auf, wie wichtig ihnen die Erfahrung des Lernens ist. „Echtes Lernen berührt den Kern unserer menschlichen Existenz." Er weist auf die Beherrschung der fünf konvergierenden „Disziplinen" hin, die lernende Organisationen kennzeichnen:

1. **Lernen im Team**: Koordinierung und Entwicklung der Fähigkeit eines Teams, die Ergebnisse zu erreichen, die von allen wirklich gewünscht sind. Die Intelligenz vieler bewirkt mehr als die eines einzelnen und in Teams wird gelernt, komplexe Fragestellungen „verständnisvoll" anzugehen. Die Teammitglieder entwickeln gegenseitiges Vertrauen; erfahrene Teams geben Erlerntes weiter, um andere lernende Teams zu fördern. Offener Dialog und Diskussion spielen beim Lernen im Team eine wichtige Rolle.
2. **Personal Mastery** Senges Begriff für Selbstführung, Persönlichkeitsentwicklung und individuelles Lernen. Sie umfasst die Fähigkeit, auf Basis von Kompetenzen und Fähigkeiten das eigene Leben aus einer kreativen, nicht reaktiven Perspektive zu gestalten. Menschen, die über Personal Mastery verfügen, wollen

Nach dem Mund reden

Grundlegend für das organisationale Lernen ist die Art und Weise, wie Mitarbeiter miteinander kommunizieren. Doch für die meisten bedeutet sie eine Einschränkung der eigenen Lernfähigkeit – und damit auch der Lernfähigkeit ihres Unternehmens. Chris Argyris, der Pionier auf dem Gebiet der Erforschung organisationalen Verhaltens, hat die Theorie aufgestellt, dass das Handeln von Unternehmen auf zwei Modellen basiert.

In Unternehmen, wo Modell I dominiert, werden von den Mitarbeitern nur solche Meinungen geäußert oder Informationen offen gelegt, die aus Sicht der Unternehmenskultur (implizite „organisationale Abwehrhaltung") akzeptabel erscheinen. Konfrontation wird vermieden. Mitarbeiter, die Sanktionen fürchten oder Angst haben, jemanden in Verlegenheit zu bringen, wenn sie in einem Meeting schlechte Nachrichten verkünden, werden stattdessen entweder schweigen, die Wahrheit beschönigen oder die Unwahrheit sagen. So gelangt die Organisation zu „unnützem" Wissen über sich selbst und kann Fehler weder aufdecken noch korrigieren. Das Erkennen und Korrigieren von Fehlern ist jedoch für Argyris das, worum es beim Lernen geht.

Unternehmen, in denen Modell II dominiert, verfügen über nützliches Wissen, da sie einen Weg gefunden haben, Probleme anzusprechen. Ihre Mitarbeiter haben keine Angst davor, gegensätzliche Ansichten zu vertreten und werden ermutigt, andere Meinungen öffentlich zu hinterfragen und zu evaluieren. Fehler treten zu Tage und können behoben werden, selbst auf Ziel- oder Strategieebene. Leider gibt es laut Argyris nur sehr wenige Unternehmen, die nach Modell II handeln.

stets dazu lernen und aus ihrem Streben erwächst der Geist der lernenden Organisation.

3. **Mentale Modelle**: tief verankerte innere Bilder in Bezug darauf, wie die Welt funktioniert oder wie jemand wirklich ist. Sie beeinflussen unser Handeln, weil sie unsere Wahrnehmung beeinflussen. Wenn man zum Beispiel einen Mitarbeiter für eine Tätigkeit ungeeignet hält, wird man ihn dementsprechend behandeln. Wenn dieser Mitarbeiter seinen ersten Fehler macht, sieht man sich bestätigt und bringt dies auch zum Ausdruck. Letztlich gibt der Mitarbeiter auf, doch ist er nicht unfähig, sondern ängstlich. Jahrelang herrschte bei General Motors die Grundannahme (das mentale Modell), dass Autos Statussymbole sind, also wurde mehr auf Stil als auf Qualität geachtet. Mentale Modelle sind nicht grundsätzlich schlecht, doch es ist wichtig, sie zu erkennen und ihre Richtigkeit zu überprüfen.

> **»Organisatorische Abwehrmechanismen sind… lernfeindlich und überprotektiv.«**
> Chris Argyris, 1992

4. **Gemeinsame Vision**: ein Ziel, das alle Mitglieder der Organisation zusammen erreichen wollen. Wenn Mitarbeiter eine gemeinsame Vision haben, fühlen sie

sich verbunden und die Arbeit wird im Kontext eines höheren Ziels betrachtet. Die gemeinsame Vision ist wichtig, da sie die Konzentration und die Motivation zum Lernen fördert.

5. **Systemdenken** (siehe Seite 172): die Fähigkeit, ganzheitliche Strukturen und Interdependenzen zu erkennen. Dies umfasst das Wissen, dass die eigenen Handlungen im Hier und Jetzt spätere (möglicherweise negative) Auswirkungen an anderer Stelle nach sich ziehen können, sowie das Verstehen und Nutzen der Struktur.

> **„Wenn es ein Führungskonzept gibt, das Organisationen schon seit Tausenden von Jahren inspiriert, dann ist es die Fähigkeit, eine gemeinsame Zukunftsvision zu entwickeln."**
> Peter Senge, 1990

Führungspersönlichkeit gesucht Senges „fünfte" Disziplin ist das Systemdenken. Ihm zufolge bildet es die Grundlage für alle anderen Disziplinen, wobei Führung bei allen eine entscheidende Rolle spielt. Senge glaubt, dass lernende Organisationen eine neue Sichtweise von Leadership erfordern. Das traditionelle Führungskonzept beruht auf der Annahme, dass Menschen machtlos sind, keine persönliche Vision haben und nicht imstande sind, mit den Herausforderungen von Wandel umzugehen. Dies schaffen nur Führungspersönlichkeiten – und selbst dann nur solche, die wirklich herausragen. Doch diejenigen, die eine lernende Organisation führen, müssen die übergeordneten Ziele, Visionen und Grundwerte entwerfen, die notwendigen Richtlinien, Strategien und Systeme planen und die fünf Disziplinen integrieren. Sie sind die Förderer, nicht die Eigentümer, der Vision: Sie müssen sich als Vorbilder bewähren, die mit gutem Beispiel vorangehen und alle Mitarbeiter für die gemeinsame Vision begeistern.

Letztendlich läuft alles auf eine inspirierende Vision heraus. Nicht zuletzt deshalb taucht die „lernende Organisation" immer häufiger in Mission Statements bzw. Unternehmensleitbildern auf. Doch halten sich diese Unternehmen wirklich an Senges Vorgaben? Die Mehrzahl nicht. Auch wenn Teambildung weit verbreitet ist und zahlreiche Seminare zum Thema „Lernende Organisation" stattfinden, stellt die komplette Umsetzung des Konzepts für die meisten einen viel zu großen Schritt dar. Womöglich ist Senge seiner Zeit ein wenig voraus.

Worum es geht

Lernen ist das Kapital der Zukunft

30 Long-Tail-Prinzip

In den 1990ern hieß es noch, das Internet würde alles verändern. Dass dies nicht der Fall ist, wurde recht schnell klar. Doch das Internet verändert eine ganze Menge: Dem Long-Tail-Prinzip zufolge eröffnet es beispielsweise die Möglichkeit, aus kleinsten Nischen großes Geld zu machen.

Lukrative Nischen hatten einmal ihren festen Platz, doch das Zeitalter der Massenproduktion und Massenvermarktung verdrängte sie, insbesondere im Bereich der Konsumgütermärkte. Die Konsolidierung hat mächtige Einzelhändler hervorgebracht. Sie führen nur solche Produkte, von denen sie große Mengen verkaufen können und reduzieren ihr Warensortiment entsprechend. Viele Kleinhersteller bleiben dadurch auf der Strecke.

„Die Ära der Einheitsgröße nähert sich ihrem Ende und an ihre Stelle tritt etwas Neues, ein Markt mit einer Vielzahl an Größen.“
Chris Anderson, 2008

Dieses Phänomen zeigt sich besonders in der Medien- und Unterhaltungsindustrie, etwa bei Buch- und Musikverlagen und in der Filmproduktion. In der heutigen Welt dreht sich alles um Bestseller, Blockbuster oder Hits. Doch die heutige Welt wird auch vom Internet dominiert – und das Long-Tail-Prinzip besagt, dass Nischenprodukte im Internet nicht nur überleben, sondern mit ihrem kumulierten Umsatz auch mit Top-Produkten mithalten oder diese sogar überflügeln können.

Etabliert wurde das Prinzip von Chris Anderson, dem Chefredakteur des Magazins *Wired.* 2004 formulierte er seine Idee in einem Artikel, den er später zu einem Buch ausbaute. Beide erschienen unter dem Titel *The Long Tail* und beschäftigten sich damit, wie das Buch *Touching the Void* (deutscher Titel: *Sturz ins Leere*), ein Bergsteigerdrama, zehn Jahre nach seiner Erstveröffentlichung zum Bestseller wurde. Der Grund lag in der Veröffentlichung eines ähnlichen Buches, das bei Amazon.com eine wahre Welle von Empfehlungen auslöste. Anderson sah darin nicht bloß einen attraktiven Aspekt des Online-Buchhandels, sondern „das Beispiel eines völlig neuen Wirtschaftsmodells für die Medien- und Unterhaltungsindustrie, dessen Potenzial gerade erst zum Vorschein kommt“.

Zeitleiste

1897	frühe 1950er
Das 80/20-Prinzip	Channel Management

Andersons Long-Tail-Maximen

Bestandserweiterung
Im Gegensatz zu traditionellen Geschäften ermöglicht das Internet Händlern eine viel größere Angebotsvielfalt. Einige greifen heute auf „virtuelle Warenlager" zurück, indem sie die auf ihrer eigenen Webseite angebotenen Produkte bei einem Partner lagern.

Verbrauchereinbindung
Die sogenannte „Peer-Produktion", bei der eine große Anzahl von Menschen uneigennützig Projekte unterstützt, brachte eBay, Wikipedia, Craigslist und MySpace hervor. Empfehlungen oder Kritiken von Nutzern genießen großes Vertrauen. Das Schlagwort lautet nicht Outsourcing, sondern „Crowdsourcing".

Größenvielfalt
Das sogenannte „Mikrochunking" führt zu einer Aufspaltung von Angebotsinhalten: CD-Alben werden zu einzelnen Tracks, Zeitungen zu einzelnen Artikeln, Kochbücher zu einzelnen Rezepten. Viele Größen werden vielen Verbrauchern gerecht.

Preisvielfalt
In Märkten mit großer Produktvielfalt kann eine flexible Preisgestaltung dazu beitragen, Produktwert und Marktgröße zu maximieren.

Informationsweitergabe
Die Veröffentlichung von Bestsellerlisten, Preisen oder Kritiken schafft Transparenz, mit der völlig kostenfrei Vertrauen aufgebaut werden kann.

Vertrauen in den Markt
In knappen Märkten können Unternehmen nur wenige Produkte anbieten und müssen sich für diejenigen entscheiden, die sich ihrer Einschätzung nach am besten verkaufen werden. In wachsenden Märkten können Unternehmen alle Produkte anbieten und einfach abwarten, was passiert.

Amazon hatte hierbei zwei nützliche Funktionen erfüllt. Erstens trug das Online-Versandhaus dazu bei, Informationen über das Buch zu verbreiten und zweitens – was noch wichtiger war – hatte es das Buch tatsächlich auf Lager. Herkömmliche Buchhandlungen haben begrenzten Regalplatz und führen deshalb nur umsatzstarke Titel. Als virtueller Buchhändler kann Amazon es sich leisten, mitten im Nirgendwo ein riesiges Lager zu halten und kann daher wesentlich mehr Titel anbieten als die traditionelle Buchhandlung im Stadtzentrum. Hinzu kommen digitale Bücher (und Musik).

Die 98-Prozent-Regel Dies führt zu einer markanten Veränderung der Umsatzstruktur. Erik Brynjolfsson, Professor am MIT, untersuchte mit seinem Team die Beziehung zwischen Umsatz und Umsatz-Ranking bei Amazon und kam zu dem Ergebnis, dass ein Großteil des Umsatzes mit Büchern gemacht wurde, die nicht in traditionellen Buchläden erhältlich waren.

> **Unsere Vision ist die Schaffung eines Angebots, das unseren Kunden alles zur Verfügung stellt, was sie möglicherweise kaufen wollen.**
>
> **Jeff Bezes** (Amazon-Gründer)

Anderson führt als weiteres Beispiel das Unternehmen Ecast an, das in Bars und Clubs in ganz Amerika digitale Touch-Screen-Jukeboxen betreibt. Wie hoch ist der Prozentsatz der 10 000 Alben, die wenigstens einen Track pro Quartal „verkaufen"? Ausgehend von der Pareto-Regel (80:20) (siehe Seite 68) lautet die richtige Antwort 20 Prozent. Tatsächlich aber sind es 98 Prozent. Anderson behauptet, dass diese „98-Prozent-Regel" mit Abweichungen um wenige Prozentpunkte auch für den Umsatz anderer Online-Händler wie Amazon, den Musikhändler iTunes oder den Videoverleih Netflix gilt. In einer Welt des direkten Zugangs schaut sich der Verbraucher fast alles an. Bei Betrachtung der vier P's des Marketing (siehe Seite 88) wirft dies ein neues Licht auf das P der Platzierung bzw. Distribution.

Wenn man in einer Grafik Online-Verkäufe/Downloads und tatsächlich verkaufte Titel oder Produkte gegenüberstellt, erhält man eine Kurve, die von oben links schnell in Richtung Horizontalachse abfällt und dann flach nach rechts ausläuft (engl. *tail* = Ausläufer, Schwanz, Schweif).

Der flach ausgedehnte Teil wird als *power law tail*, *Pareto tail* (nach Paretos 80/20-Prinzip) oder *long tail* (deutsch: langer Schwanz, langer Auslauf) bezeichnet. Die Verkaufshits, die sich auf der linken Seite bündeln (*short head*), werden wäh-

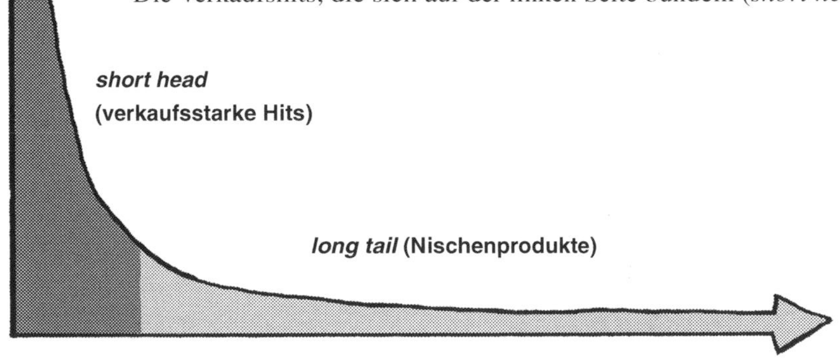

rend ihrer kurzen Popularitätsphase sehr oft angeklickt. Der Long Tail dagegen kann Hunderte oder gar Tausende von Titeln umfassen, auch wenn diese im Jahr nur selten angeklickt werden – vorausgesetzt, die Händler behalten sie auf Lager. Letztendlich kann der Long Tail dem Short Head wertmäßig sogar gleichkommen.

Anderson zufolge sind beim Aufbau eines florierenden Long-Tail-Unternehmens zwei wesentliche Grundsätze zu beachten:

1. Das Angebot sollte allumfassend sein.
2. Das Angebot sollte leicht zu finden sein.

Anderson glaubt, dass nicht nur die Medien- und Unterhaltungsbranche von den Vorteilen des Long-Tail-Prinzips profitiert und nennt als Beispiel den dänischen Spielzeughersteller Lego. Traditionelle Spielzeuggeschäfte führen normalerweise einige Dutzend Lego-Produkte in ihrem Sortiment. Legos Versandhandel, der sich immer stärker über das Internet vollzieht, hält fast 1 000 Artikel bereit. Von den umsatzstärksten Produkten des Unternehmens sind nur ganz wenige im traditionellen Spielwarenhandel erhältlich. Kinder können ihre eigenen Produkte entwickeln, die dann auf der Webseite des Unternehmens anderen Leuten zum Kauf angeboten werden.

> **„Wenn es gelingt, die Kosten, die bei der Verbindung von Angebot und Nachfrage entstehen, drastisch zu reduzieren, verändert dies nicht nur die Zahlen, sondern das ganze Wesen des Marktes.“**
> **Chris Anderson, 2006**

Selbst bei Küchenmixern lässt sich das Long-Tail-Prinzip erfolgreich umsetzen, wie KitchenAid beweist. Traditionelle Geschäfte führen den KitchenAid-Mixer meist in drei Farben – schwarz, weiß und eine weitere Farbe, die meist exklusiv dem jeweiligen Geschäft vorbehalten ist. Obwohl über 50 Farben zur Verfügung stehen, ist der Einzelhandel konservativ in der Farbauswahl, so dass sich Jahr für Jahr nur sechs oder sieben Farben im traditionellen Markt wiederfinden. Das Unternehmen bietet inzwischen jedoch sämtliche Farben über das Internet an und alle zusammen erzielen dank des Long-Tail-Prinzips einen hohen Umsatz. 2005 war die meistverkaufte Farbe orangerot – sie war in keinem traditionellen Geschäft erhältlich.

Worum es geht
Die Rückkehr der Nische

31 Loyalität

Managementberater sind unermüdlich auf der Jagd nach bislang unentdeckten Kausalbeziehungen zwischen den Einfluss- und Erfolgsfaktoren – stets in der Hoffnung, daraus die nächste großartige Managementidee formulieren zu können. Frederick F. Reichheld und seinen Kollegen bei Bain & Company glückte dies, als sie die engen Zusammenhänge zwischen Kundenbindung, Wachstum und Gewinn aufdeckten. „Loyalität" lautete ihr Zauberwort: Sie kamen zu der Erkenntnis, dass die leistungsstärksten Unternehmen nicht nur über loyale Kunden, sondern auch über loyale Mitarbeiter und Investoren verfügen – und dass diese drei Arten von Loyalität sich gegenseitig verstärken.

Die heute kaum zu bewältigende Flut von Bonus- und Prämienkarten ist Reichheld zu verdanken. Loyalitätsprogramme sind an sich nichts Neues, doch als 1996 Reichhelds Buch *The Loyalty Effect* (deutscher Titel: *Der Loyalitätseffekt*) erschien, wurden sie zum Must-Have im Wettbewerb: Unternehmen rissen sich darum, seine Ideen in die Tat umzusetzen, um ihre besten Kunden zu halten. Wer glaubte, dass Loyalität dem allgemeinen Werteverfall zum Opfer gefallen war, wurde durch Reichheld eines Besseren belehrt: Er war fest davon überzeugt, dass Loyalität ein echter Garant für Wertschöpfung ist. In den USA wurden 1896 die sogenannten Green Stamps eingeführt, grüne Rabattmarken, die sich großer Popularität erfreuten und später auch in Großbritannien zum Einsatz kamen. Abhängig von ihrem Kaufbetrag erhielten die Kunden Marken, die sie in ein Sammelheft kleben und gegen Gläser oder andere Prämien eintauschen konnten. Heute gibt es diese grünen Marken nur noch virtuell in Form des internetbasierten *greenpoints*-Programms ihrer Erfinder, der Sperry and Hutchinson Company.

1981 startete American Airlines seine Version der Green Stamps: Das „AAdvantage-Vielfliegerprogramm" gilt heute als Klassiker des modernen Loyalitätsmarketing. Inzwischen gibt es unzählige solcher Programme, die die unterschiedlichsten Belohnungen anbieten.

Zeitleiste

1896	1924
Loyalität	Marktsegmentierung

Unternehmen lassen sich also schon seit vielen Generationen mehr oder weniger erfindungsreiche Methoden einfallen, um ihre Kunden bei Laune zu halten. Insofern war es keine große Neuigkeit zu hören, dass Kundenbindung eine gute Sache ist. Unternehmen sind sich seit jeher darüber im Klaren, dass Stammkunden Wertschätzung entgegengebracht werden sollte, denn je länger sie dem Unternehmen treu bleiben, desto geringer wird die Wahrscheinlichkeit, dass sie untreu werden und desto mehr hat sich die Investition in ihre Akquise gelohnt. Stammkunden empfehlen das Unternehmen häufig weiter und kaufen Zusatzprodukte. Und da sie die Abläufe bereits kennen, lassen sich Stammkunden aus Unternehmenssicht schneller und günstiger managen.

„Sobald ein Unternehmen die Zusammenhänge zwischen der Loyalität von Kunden, Mitarbeitern und Investoren versteht, kann es die Loyalität ins Blickfeld seines Wertschöpfungsprozesses rücken.“
Frederick F. Reichheld, 1996

Der Verdienst von Reichheld und seinem Team besteht darin, dass sie die Loyalität von Kunden, Mitarbeitern und Investoren als zentralen Punkt überlegener Unternehmensleistung herausstellten und beleuchteten, welche Arten von Loyalität für Unternehmen den größten Wert haben. Obwohl sie nicht in der Bilanz erscheinen, bilden die drei genannten Gruppen Reichheld zufolge die wichtigsten Vermögenswerte eines Unternehmens. Er verwies auf das übliche Ausmaß von Illoyalität: Die jährliche Abwanderungsrate beträgt typischerweise 10 bis 30 Prozent bei den Kunden, 15 bis 25 Prozent bei den Mitarbeitern und über 50 Prozent bei den Investoren. Seine Frage lautete: „Wie soll man ein profitables Unternehmen aufbauen, wenn Jahr für Jahr 20 bis 50 Prozent der kostbarsten Vermögenswerte spurlos verschwinden?“

Wertindikator Laut Reichheld liegt die Hauptmission eines Unternehmens nicht in der Gewinnerzielung, sondern in der Wertschöpfung. Gewinne lassen sich durch Personalabbau manipulieren. Lohnkürzungen und Preisanhebungen können zwar den Ertrag steigern, wirken sich aber negativ auf die Loyalität von Mitarbeitern und Kunden aus (und die Vermögenswerte, die sie repräsentieren). Da ein Unternehmen Kunden- und Mitarbeiterbindung nur durch überlegene Wertschöpfung erreichen kann, ist hohe Loyalität ein sicherer Indikator für solide Wertschöpfung, so Reichheld.

Reichhelds Loyalitätseffekt zieht sich kaskadenartig durch das gesamte Unternehmen. Durch die Gewinnung und Bindung von Topkunden steigen Umsatz und Marktanteil, so dass das Unternehmen bei der Auswahl von Neukunden wähleri-

Kunden-, Bonus- und Prämienkarten

Loyalitätsprogramme gibt es inzwischen in fast allen Branchen. Maxwell House Coffee vergibt für jede erworbene Kaffeedose sogenannte Haushaltspunkte. Auch die Hautpflegemarke Neutrogena und sogar die amerikanische Basketball-Liga NBA sollen derartige Kundenbindungsinstrumente einsetzen.

Das Prinzip, Kundentreue mit Rabatten, Produkten oder Service-Leistungen zu belohnen, kann zufriedenstellende Ergebnisse herbeiführen. Der amerikanische Forscher Xavier Drèze, der sich mit Loyalitätsprogrammen beschäftigt, berichtet von einem „Baby-Club"-Programm, das den Umsatz verschiedener Baby-Produkte innerhalb eines halben Jahres um durchschnittlich 25 Prozent steigerte. Drèze und sein Kollege Joseph C. Nunes untersuchten zudem typische Verhaltensmuster der Nutzer von Kunden-, Bonus- oder Prämienkarten und fanden heraus, dass die Rentabilität der Programme von ihrer Struktur abhängt.

Spezielle Anreize fördern die anhaltende Motivation des Kunden beim Sammeln von Punkten zur Prämienerreichung. Angenommen, als Bedingung bzw. Aufgabe zum Erreichen einer Prämie legt ein Unternehmen intern acht Käufe fest. Nach außen setzt das Unternehmen jedoch zehn Käufe an und schreibt dem Kunden bei der Registrierung sofort zwei Punkte gut. Die Aufgabe bleibt also gleich, doch dem Kunden wird das Gefühl vermittelt, dass er schon zwei Schritte auf dem Weg zum Ziel zurückgelegt hat. Dabei hat er eigentlich noch gar nicht angefangen. Den Forschern zufolge erhöht dies die Wahrscheinlichkeit der Aufgabenerfüllung und verringert gleichzeitig die Ausführungszeit.

Es gibt Verbraucher, die selbst dann gerne Punkte sammeln, wenn es sich nicht in barer Münze auszahlt. Yahoo Clever vergibt für die besten Antworten Punkte und veröffentlicht diese in einer Rangliste. Manche Leute verwenden viel Zeit darauf, dort Punkte zu sammeln, nur um sich selbst zu profilieren.

scher sein kann. Nachhaltiges Wachstum wiederum lockt die besten Mitarbeiter an. Auch sie werden durch überlegene Wertschöpfung motiviert und können durch den Aufbau guter Beziehungen zu den Stammkunden zusätzlichen Mehrwert liefern, was die Loyalität auf beiden Seiten verstärkt.

„Loyale Mitarbeiter sind nicht selten eine der Hauptquellen für Kundenempfehlungen."
Frederick F. Reichheld, 1996

Diese loyalen Mitarbeiter lernen durch ihre Arbeit, wie Kosten reduziert und Qualität verbessert werden können und bewirken dadurch eine Wert- und Produktivitätssteigerung. Dieses Plus an Produktivität ermöglicht höhere Löhne, bessere Ausrüstung und mehr Schulungen, was zu einer weiteren Steigerung von Produktivität und Löhnen führt – und dadurch auch zu mehr Loyalität. Die Produktivitätsspirale und die bessere Effizienz im Umgang mit loyalen Kunden bedeuten einen Kostenvorteil, dem die Konkurrenz nur schwer beikommen kann. Nachhaltige Kostenvorteile und stetiger Kundenzuwachs generieren Gewinne, die wiederum die richtigen – das heißt loyale – Investoren anziehen und binden.

Reichheld zufolge verhalten sich loyale Investoren wie Partner, was nicht heißt, dass sie keine Ansprüche stellen: „Sie stabilisieren das System, verringern die Kapitalkosten und stellen sicher, dass dem Unternehmen angemessene Geldmittel zur Finanzierung von Investitionen zur Verfügung stehen, die das Wertschöpfungspotenzial des Unternehmens verbessern werden."

„Unternehmen, insbesondere Großunternehmen, sind bei der Kundenauswahl und -akquise bisweilen sehr nachlässig."
Frederick F. Reichheld, 1996

Destruktiver Gewinn Dieses System stellt nicht den Gewinn in den Mittelpunkt, auch wenn dieser ein bedeutender Motor für verbesserte Wertschöpfung und ein wichtiger Anreiz für nachhaltige Loyalität ist. Das Modell erwirtschaftet Reichheld zufolge „konstruktiv" entstandenen Gewinn. Dagegen bezeichnet er Gewinn, der mit Blick auf das Quartalsergebnis um jeden Preis erzielt wird, als „destruktiv" erwirtschafteten Gewinn. Er erwächst nicht aus einer Wertschöpfung, von der alle profitieren, sondern aus der Ausnutzung und dem Ausverkauf der wichtigsten Vermögenswerte des Unternehmens.

Reichheld zufolge sind diese beiden Arten von Gewinn nicht immer leicht zu unterscheiden. Anhand der Bilanz ist nicht zu erkennen, ob der Gewinn konstruktiv oder destruktiv erwirtschaftet wurde. Doch die drei Arten der Loyalität können Aufschluss darüber geben. Wenn die Abwanderungsraten niedrig sind oder sinken, deutet dies auf konstruktiv erwirtschaftete Gewinne hin. Ist dies nicht der Fall, so hat das Unternehmen vermutlich seine Bilanz bereinigt und dadurch Langzeitwert zerstört.

Nicht jeder folgt dieser Auffassung. Es gibt auch Verfechter der These, dass bei gleichen Rahmenbedingungen Kunden in wachsender Anzahl den niedrigsten Preis bevorzugen werden. Reichheld würde sie wahrscheinlich als destruktive Propheten bezeichnen.

Worum es geht

Kundenbindung ist besser als Kundenakquise

32 Management by Objectives

Management by Objectives (MbO), Führung durch Zielvereinbarung, gehört zu den klassischen Managementideen. Peter Drucker, der Pionier der modernen Managementlehre, formulierte das MbO-Konzept in seinem 1954 erschienenen Epochalwerk *The Practice of Management* (deutscher Titel: *Die Praxis des Managements*).

Führung durch Zielvereinbarung soll gewährleisten, dass man den Wald vor lauter Bäumen noch sieht. Drucker stellte fest, dass Führungskräfte leicht in die sogenannte „Aktivitätsfalle" tappen und so von ihren täglichen Aufgaben beansprucht werden, dass sie die eigentliche Zielsetzung ihrer Tätigkeit aus den Augen verlieren. Führung durch Zielvereinbarung setzt den Fokus nicht auf Aktivitäten, sondern auf Ergebnisse. Deshalb wird das Konzept mitunter auch Führung durch Ergebnisorientierung (Management by Results) genannt.

Die Zielsetzung ist laut Drucker die erste der fünf Hauptaufgaben einer Führungskraft. (Die weiteren bestehen in Organisation, Motivation und Kommunikation, Bewertung und Weiterentwicklung – sowohl der Mitarbeiter, als auch der Führungskraft selbst). Ein wichtiges Merkmal von MbO ist, dass alle Manager, gleich welcher Ebene, die Ziele verstehen und sich über sie einig sind. Wenn die spezifischen Ziele der Einzelnen alle aufeinander abgestimmt sind und der Fortschritt auf dem Weg zur Zielerreichung beobachtet, bewertet und falls nötig angepasst wird, sollte das Unternehmen in der Lage sein, mit seinen zwangsläufig begrenzten Ressourcen das bestmögliche Ergebnis zu erzielen.

Der MbO-Prozess beginnt mit der Besprechung und Festlegung der übergeordneten Ziele des gesamten Unternehmens. Im ersten Schritt definiert die Unternehmensleitung die übergeordneten Unternehmensziele. Anschließend wird entschieden, welche besonderen Management-Aufgaben zu erfüllen sind, um diese Ziele zu erreichen und in wessen Verantwortungsbereich sie liegen. Die besagten Aufgaben

Zeitleiste

1911 Empowerment

1920 Dezentralisierung

wiederum müssen analysiert werden, um zu bestimmen, was für ihre erfolgreiche Durchführung notwendig ist. Auf diese Weise ergeben sich untergeordnete Ziele für alle Organisationsebenen.

Diese untergeordneten Ziele werden dann auf der jeweiligen Ebene definiert und durch einen Aktionsplan ergänzt. Damit sich die Mitarbeiter den vereinbarten Zielen gegenüber verpflichtet fühlen, sollten sie am Prozess ihrer Definition beteiligt werden. Da es sich um Führung durch Ziele statt Aktivitäten handelt, sollten Führungskräfte mit ihren Mitarbeitern einen „Zielvertrag" vereinbaren anstatt ihnen detaillierte Arbeitsvorgaben zu diktieren. Drucker schrieb hierzu: „Ein Manager sollte nicht von seinem Chef, sondern von den Zielen geleitet und gesteuert werden, die sich das Unternehmen gesetzt hat."

„In der komplexen Gesellschaft von Organisationen, in der wir leben, müssen die Organisationen – und das bedeutet die ‚Profis', die sie managen – zweifellos Verantwortung für das Allgemeinwohl übernehmen."

Peter Drucker, 1978

Führung durch Zielvereinbarung hat also viel mit Delegieren zu tun und stellt eine frühe Form von Empowerment dar, zumindest für Führungsnachwuchskräfte. MbO geht von einer Grundkompetenz bei Führungskräften aus und beschreibt auch heute noch die Beziehung zwischen einigen multinationalen Konzernen und ihren internationalen Tochtergesellschaften. In der Konzernzentrale wird anerkannt, dass Ländermanager über besseres lokales Wissen verfügen, und die Umsetzung der im Vorfeld vereinbarten klar umrissenen Ziele wird ihnen überlassen. So vereinbart beispielsweise BP „Verträge" mit den Leitern seiner Geschäftsbereiche (siehe Seite 79).

Strategische Verbindung MbO ist so strukturiert, dass es eine direkte Verbindung zwischen der Strategie auf oberster Ebene und ihrer Implementierung in den unteren Ebenen der Organisation ermöglicht. Damit der Gesamtprozess in den vorgesehenen Bahnen verläuft, müssen Fortschritte auf dem Weg zur Zielerreichung regelmäßig überprüft und die Leistungen der Mitarbeiter evaluiert werden. An die Evaluierung sollte ein Feedback gebunden sein. Feedback bedeutet Drucker zufolge, dass sobald eine entscheidende Maßnahme oder Entscheidung getroffen wird, schriftlich festgehalten werden sollte, welche Ergebnisse erwartet werden. Wenn sich die ersten Ergebnisse zeigen, wird regelmäßig überprüft, inwieweit sie tatsächlich den Erwartungen entsprechen. Dieses Feedback kann dann als Bewertungsgrundlage dafür herangezogen werden, wo Stärken und Schwächen eines Mitarbeiters liegen und wo es für ihn Veränderungsbedarf gibt.

PETER DRUCKER 1909–2005

„Mit allen Managementideen, die heute modern sind, hat sich Peter Drucker höchstwahrscheinlich schon lange vor Ihrer Geburt beschäftigt." So stellte Charles Handy, einer der bedeutendsten Wirtschaftsphilosophen, einmal den Mann vor, der als „Vater des Managements" gilt. Er übertrieb nicht. Konzepte wie Dezentralisierung, Privatisierung, Wissensarbeit und Globalisierung – Ideen, die wir heute für selbstverständlich halten – entstammen Druckers kritischem Verstand.

Drucker wurde in Wien geboren, studierte in Deutschland und emigrierte 1933 nach London, bevor er 1939 in die USA übersiedelte. Sieben Jahre später veröffentlichte er *Concept of the Corporation* (deutscher Titel: *Das Großunternehmen*), eine detaillierte Analyse des Konzerns General Motors und seines Managements, was dort zu Irritationen führte, da er Fragen zur Rolle von Unternehmen in der Gesellschaft stellte. Dies war typisch für Drucker. Da er sowohl großen Regierungen als auch uneingeschränkten Marktkräften kritisch gegenüber stand, glaubte er, dass gute, vorbildhafte Führung die Welt vor sich selbst bewahren könnte.

Er stand Taylors Ansatz (siehe Seite 152) kritisch gegenüber und vertrat die Auffassung, dass man Arbeiter als Ressourcen – Geistesarbeiter – und nicht als Kostenfaktoren betrachten sollte. Er befürwortete weder allzu große Übertragung von Verantwortung noch zu starke Führungskontrolle und bevorzugte deshalb den Mittelweg zwischen Anarchie auf der einen und unterdrückter Kreativität auf der anderen Seite.

Druckers Interessen gingen weit über die Welt der Unternehmen hinaus; ebenso faszinierten ihn die Verhaltensstrukturen in Regierungen und ehrenamtlichen Organisationen. Tatsächlich befasst sich weniger als die Hälfte seiner 35 Bücher mit Managementthemen. Zu seiner Bezeichnung als „Management-Guru" meinte er einmal, dass Journalisten das Wort „Guru" nur deshalb verwenden, weil „Scharlatan" zu lang für eine Schlagzeile sei.

Mitarbeiter, die ihre vereinbarten Ziele erreichen, werden belohnt. In der ursprünglichen Form des MbO-Ansatzes werden Mitarbeiter, die ihre Ziele nicht erreichen, bestraft. Druckers Zusammenarbeit mit General Electric in den 1940ern legte in vielerlei Hinsicht den Grundstein für MbO. Damals wurden Führungskräfte dort bei Nichterfüllung ihrer Ziele entlassen.

Ein Schwachpunkt des MbO liegt darin, dass die Vereinbarung, schriftliche Dokumentierung und regelmäßige Überprüfung von Zielen einen hohen Zeit- und Bürokratieaufwand erfordert. Da MbO den Fokus auf die Erreichung von Zielen setzt, ist es wichtig ist, realistische Ziele zu wählen, die auch erreicht werden können – Ziele, die SMART sind. SMART wurde in den 1980ern und 1990ern zu einem populären Akronym für die Eigenschaften von MbO-Zielen. Diese sollten folgendermaßen aussehen:

Spezifisch – Vage und allgemeine Formulierungen reichen nicht.
Messbar – Die Ziele sollten quantifizierbar sein.
Angemessen – Sie sollten nicht zu leicht, aber auch nicht zu schwer zu erreichen sein.
Realistisch – unter Berücksichtigung der vorhandenen Ressourcen.
Terminiert – Für ihre Erreichung sollte eine bestimmte Frist festgelegt werden.

» In der wissensbasierten Organisation müssen alle Mitglieder in der Lage sein, ihre Arbeit durch Feedback – zu den Ergebnissen bis hin zu den Zielen – anzupassen. «

Peter Drucker, 1993

Zweifellos würde heute keine kompetente Führungskraft den Sinn von Zielen in Frage stellen, doch das klassische MbO-Prinzip ist inzwischen überholt. Angesichts der steigenden Akzeptanz gesamtheitlichen Systemdenkens erscheint das MbO-Konzept zu linear und zu sehr von Kontext und menschlicher Natur losgelöst. Auch ist es nicht besonders gut auf das schnelllebige Informationszeitalter zugeschnitten, das durch veränderte Annahmen und Vorstellungen die ursprüngliche Planung nur allzu schnell verwerfen kann.

Ergebnisorientiertes Management, das Mitarbeiter bei Zielerreichung belohnt und andere direkt oder indirekt abstraft, kann sich negativ auf Teambildung, Moral und sogar ethisches Verhalten auswirken, vor allem wenn die Leistung der Mitarbeiter auf das „Erwirtschaften von Zahlen“ reduziert wird. Wie viele andere einflussreiche Managementideen war auch MbO zeitweilig übermäßig harscher Kritik ausgesetzt. Drucker beeindruckte dies jedoch kaum; er selbst spielte die Bedeutung seiner Theorie herunter. Ihm zufolge handelte es sich „lediglich um ein weiteres Instrument“, das „kein Allheilmittel für ineffiziente Führung“ sei: „MbO funktioniert, wenn man die Ziele kennt. Zu neunzig Prozent ist das nicht der Fall.“

Worum es geht

Ergebnisse, Ergebnisse, Ergebnisse

33 Marktsegmentierung

In Internet-Blogs wird heute vielfach das Ende des Massenmarkts diskutiert. Man kann in diesem Fall von einem langen Siechtum sprechen. Seit den 1970ern verzeichnen die Massenmedien, die Kardiogramme des Massenmarkts, einen kontinuierlichen Zuschauer- und Leserschwund – zumindest in den USA, wo der Massenmarkt erfunden wurde. Unbestritten ist allerdings, dass die starke Verbreitung neuer Medien den Niedergang des Massenmarkts beschleunigt hat. Hinzu kommt eine beharrlich auf Einzelkonsumenten fokussierte Marktsegmentierung, die das Gegenteil von Massenmarketing darstellt.

Der Massenmarkt entstand zeitgleich mit dem Vormarsch von Eisenbahn und Telegraph durch amerikanische Unternehmen wie Sears Roebuck, DuPont und General Electric. Zwischen 1880 und 1930 entwickelte er sich rasant. Das Massenmarketing kam erst ab 1920 mit der Verbreitung des Radios richtig in Gang. Kurz vor dem Zweiten Weltkrieg kam das Fernsehen hinzu und in 1960ern wurde es Werbetreibenden möglich, 80 Prozent aller amerikanischen Haushalte durch einen TV-Spot zu erreichen, der gleichzeitig auf den Sendern ABC, CBS und NBC ausgestrahlt wurde.

Das frühe Massenmarketing war nicht subtil, sondern egalitär. Jedem wurde dieselbe Botschaft vermittelt und das gleiche Produkt verkauft. Segmentierung jedoch bedeutet, dass Menschen sich unterscheiden und unterschiedliche Bedürfnisse und Sehnsüchte haben. Dass sie auch über unterschiedliche finanzielle Mittel verfügen, wurde bereits 1924 von Alfred P. Sloan erkannt, damals Präsident von General Motors: Er bot ihnen „ein Auto für jeden Geldbeutel und jeden Bedarf". GM war Pionier der Segmentierung nach Einkommen.

Zeitleiste

1450	1886
Innovation	Branding

Unterschiedliche Präferenzen Doch erst 1956 formulierte Wendell Smith die Idee der Segmentierung mit einem Aufsatz im *Journal of Marketing* („Product differentiation and market segmentation as alternative marketing strategies"). Er schrieb: „Bei der Marktsegmentierung werden heterogene Märkte als mehrere kleinere homogene Märkte betrachtet, wobei auf unterschiedliche Präferenzen reagiert wird, die auf die Forderungen der Verbraucher nach präziserer Erfüllung ihrer unterschiedlichen Wünsche zurückgehen." Smith leitete die Abteilung Marktforschung bei RCA, einem Hersteller von Radio- und Fernsehgeräten; sein Interesse war also nicht nur wissenschaftlicher Natur.

» [Lebensstil ist] die einzigartige oder charakteristische Lebensweise einer ganzen Gesellschaft oder eines ihrer Segmente. «
William Lazer, 1963

Inzwischen ist Segmentierung mit einer weitaus intensiveren Beschäftigung mit Kundenwünschen verbunden: Verbraucher wollen längst nicht mehr nur das, was sie beim Nachbarn sehen, sondern sie wollen das Gefühl, etwas Besonderes zu sein oder zu haben. 1963 brachte William Lazer das „Lebensstil"-Konzept ins Marketing, als System von Einstellungen, Werten, Meinungen und Interessen von Gruppen oder Einzelpersonen. Auf der Suche nach sorgfältig definierten und – so die Hoffnung – entsprechend empfänglichen Kunden wird bei der klassischen Segmentierung zunächst der gesamte Markt in Kunden- und Branchensegmente unterteilt. Der Verbrauchermarkt wird dann im Allgemeinen mithilfe von vier Hauptkriterien nach weiteren Charakteristika aufgeschlüsselt: **Demographie** (Alter, Geschlecht, Familienstand, soziale Schicht, Bildung, Einkommen, Beruf und Religion); **Geographie** (Region, Staat, Land oder Stadt, Klima); **Psychographie** (Lifestyle, Werte, Meinungen, Einstellungen) und **Verhalten** (Kundenerwartungen, Markentreue, Kaufentscheider). Mithilfe dieser Aufteilung kann eine Vergleichsliste erstellt werden, beispielweise eine Liste mit Geschäftskunden, die die Charakteristika Standort, Geschäftsart, Nutzungsrate, Kaufentscheider und Art der Kaufentscheidung umfasst. Wenn auf diese Weise ein Segment gebildet wurde, sollte sichergestellt werden, dass sich der Zeit- und Kostenaufwand für den nächsten Schritt lohnt, die Festlegung des Marketing-Mix. Folgende Voraussetzungen sollten erfüllt sein: ausreichend unterschiedlich, potenziell rentabel, zugänglich und potenziell reaktiv. Eine Übersegmentierung (zu starke Unterteilung des Marktes) kann teuer sein.

Das Segmentierungsdenken ist so allmächtig, dass kaum ein Unternehmen zugeben mag, dem Massenmarkt noch zuzugehören, selbst solche nicht, die ihn einst verkörperten. Der Konzern Procter & Gamble, dessen Produkt Tide über ein halbes Jahrhundert lang Waschmittel-Topseller in Amerika war, behauptet, keine Massenmarkt-Marken zu haben und jeden individuell anzusprechen. McDonald's gibt zwar zu, „groß" im Vermarkten zu sein, betreibt aber aus eigener Sicht keine Massenvermarktung. RCA dagegen, inzwischen vom eigenständigen Konzern zur reinen Marke mutiert, gilt in Amerika noch heute als Massenmarktproduzent.

„Das wichtigste Merkmal dieses neuen Individualmarkts ist, dass wir miteinander sprechen und uns ehrlich über Produkte austauschen. Diese Gespräche sind sehr viel interessanter als Marketing."
Adriana Cronin-Lukas, 2003

Individualisiertes Pull-Marketing (auch selbstselektives Marketing) Die sogenannte „Mass Customization", individualisierte Massenfertigung, ermöglicht Kunden, zwischen mehreren Varianten eines Standardprodukts zu wählen. Nicht alle Unternehmen fahren gut mit dieser Strategie, doch Dell setzt sie erfolgreich im Bereich Personal Computer um. Auch der Kataloghändler Land's End fertigt inzwischen einige Bekleidungsartikel nach den individuellen Maßen von Kunden an. Beim Mikromarketing, auch als „1:1 Marketing" bekannt, werden bevorzugt Internet und E-Mail für die individuelle Kundenansprache genutzt. Webseiten, die im Rahmen eines Online-Kaufvorgangs die Phrase „Kunden, die diesen Artikel kauften, kauften auch…" einsetzen, betreiben Mikromarketing. Ähnlich verhält es sich mit RSS-Feeds: Sie erlauben dem Kunden, selbst zu entscheiden, welche Informationen er regelmäßig erhalten möchte. Das Internet liefert Nischenmarken eine Plattform, auf der sie zu mehr oder weniger gleichen Bedingungen mit Massenmarken konkurrieren können, etwa beim Aufbau von Kundenbeziehungen über Web Communities.

Kostenpflichtige Suchdienste sind ein weiteres Beispiel für selbstselektives Marketing und die am schnellsten wachsende Form von Online-Werbung. Es handelt sich um „gesponserte Links" oder Werbebanner, die bei der Suchmaschinennutzung erscheinen. Der Werbekunde, der am meisten zahlt, bekommt den Platz ganz oben auf der Liste, wo er mehr Klicks erhält; er bezahlt die Suchmaschine für jeden Zugriff auf seine Seite nach dem Pay-per-Click-Modell. In Großbritannien sollte Google Prognosen zufolge 2007 den größten Einzelanteil an Werbeeinnahmen einheimsen und damit dem Werbefernsehen als Indikator für Massenmarketing den Rang ablaufen. Eine in Werbeagenturen gern zitierte Anekdote ist die von dem Marketingmanager, der genau wusste, dass er gerade die Hälfte seines Werbebudgets verschwendet hatte, nur nicht welche Hälfte. Er wäre mit Sicherheit von digitaler Online-Wer-

Die prägenden 1950er

Die Marktsegmentierung markiert einen Meilenstein in der Entwicklung des Marketing, das mit improvisierten Experimenten begann und inzwischen zu einer anerkannten Disziplin herangewachsen ist. Doch auch viele andere bedeutende Marketingkonzepte haben ihren Ursprung in den 1950ern, als das noch in den Kinderschuhen steckende Fernsehen die Werbung revolutionierte. Bis dahin war der „Markt“ für die meisten Unternehmen einfach nur die Stelle, wo sie ihren Umsatz erzielten und sie versuchten natürlich, soviel Umsatz wie möglich zu machen. 1950 jedoch stellte Neil Borden das Konzept des „Marketing-Mix“ vor, demzufolge erfolgreicher Verkauf an Faktoren wie Produktplanung, Preisgestaltung, Markenaufbau und Distribution gekoppelt ist – die Vorläufer der „vier P's“ (siehe Seite 88).

Etwa zur gleichen Zeit wurden die Ideen des „Produktlebenszyklus“ und des „Markenimage“ geboren (siehe Seite 28). John McKitterick, der damalige Präsident von General Electric, bündelte all diese Ideen und stellte 1957 im Rahmen einer Rede das sogenannte „Marketingkonzept“ vor. Er verstand darunter eine „kundenorientierte, integrierte, gewinnorientierte“ Unternehmensphilosophie.

1959 prägte Abe Schuhman den Begriff „Marketing-Audit“, die systematische Untersuchung aller Aspekte von Vertrieb, Marketing, Kundenservice und anderen relevanten Bereichen, um festzustellen, wie gut und kosteneffizient sie das Erreichen der Unternehmensziele unterstützen. Als die 1960er mit Theodore Levitts Aufsatz „Marketing Myopia“ (siehe Seite **200**) unter Donnerhall eingeläutet wurden, verfügte das Marketing bereits über ein solides Fundament – zwar noch nicht in der Praxis, aber zumindest schon in der Theorie.

bung begeistert, denn sie gibt ihm nicht nur genauen Aufschluss darüber, wie effektiv sein Geld investiert ist, sondern liefert ihm zudem all die wertvollen Informationen, die die Kunden ganz von selbst in die Datenbank eintippen. Überzeugungsarbeit ist heute keine Kunst mehr, sondern reine Wissenschaft.

Worum es geht

Vom Massen- zum Mikromarketing

34 Fusionen und Übernahmen

Auf oberster Unternehmensebene gibt es kaum etwas Spannenderes als die feindliche Übernahme. Die Führungsetage wird zur Kommandozentrale, wo mit übereifrigen Beratern Kriegsrat gehalten und über schnelle Taktikwechsel sinniert wird. Wer den militärischen Führungsstil bevorzugt, kann sich hier fast schon wie ein echter General fühlen, denn schließlich geht es um Strategie, Angriff, Kapitulation und Preis. Feindliche Übernahmeangebote sind heute eher selten, doch die Übernahme an sich ist für Unternehmen aller Art noch immer eine sinnvolle strategische Option, sofern sie behutsam durchgeführt wird.

Fusionen und Übernahmen von Unternehmen – „Mergers & Acquisitions" oder „M & A'" im Investmentbanker-Jargon – erregen ähnliches Aufsehen wie die Entlassung der halben Belegschaft oder ein Bankrott. Zu einer Übernahme kommt es in der Regel, wenn ein Unternehmen die Aktiva und Passiva eines anderen Unternehmens übernimmt. Gibt es einen Unterschied zwischen einer Fusion und einer Übernahme? Meist nicht. Bei einer echten Fusion verbinden sich zwei gleichberechtigte Partner, deren Anteile in ein neues Unternehmen einfließen. Doch solche Zusammenschlüsse sind selten. 1998 fusionierten die Automobilkonzerne Daimler-Benz und Chrysler mit dem Gedanken der Gleichberechtigung und nahmen den neuen Namen DaimlerChrysler an, um dieser Haltung Ausdruck zu verleihen. Doch vor allem amerikanische Beobachter meinen, dass es sich *de facto* um eine Übernahme handelte, bei der deutsche Interessen überwogen. 2007 wurde Chrysler verkauft und der Konzern in Daimler AG umbenannt.

Im Gegensatz zum Beispiel DaimlerChrysler handelt es sich bei den meisten Zusammenschlüssen ganz klar um Übernahmen, bei denen die Eigenidentität einer Partei verlorengeht, wenn nicht sofort, so doch mit der Zeit. Der Begriff Fusion

Zeitleiste

500 v. Chr.	1897
Krieg und Strategie	Fusionen und Übernahmen

wird meist nur aus Gründen der Diplomatie verwendet, um das Gesicht der übernommenen Partei zu wahren. Fusionen basieren auf der übergeordneten Gleichung „eins plus eins gleich drei“. Oft wird in diesem Kontext von „Synergie“ oder „Wertschöpfung“ gesprochen. Die Absicht besteht darin, ein neues Unternehmen zu kreieren, das weitaus mehr wert ist als Summe seiner Teile. Ziemlich häufig jedoch geht diese Gleichung nicht auf, wie an späterer Stelle deutlich wird.

„Nun ist es an der Zeit für uns alle – für die Befürworter ebenso wie für die Gegner der Fusion – zum Wohle des Unternehmens an einem Strang zu ziehen.“
Carly Fiorina, 1998
(ehemals CEO von Hewlett-Packard zur Fusion mit Compaq)

Horizontal, vertikal oder konglomeral Es gibt drei klassische Fusionstypen. Bei der „horizontalen“ Fusion wird ein Unternehmen aus der gleichen Branche übernommen, um eine schnelle Steigerung des Marktanteils zu bewirken. Die „vertikale“ Fusion umfasst vertikale Integration durch Übernahme eines Zulieferers oder Distributionskanals mit dem vorrangigen Ziel der Kostenkontrolle. Bei der „konglomeralen“ Fusion wird ein branchenfremdes Unternehmen zum Zweck der Diversifikation übernommen.

Die vom Käufer erhofften Synergien zeigen sich an unterschiedlichen Stellen. Ein wesentlicher Aspekt ist die Kostenreduzierung durch Abschaffung von Doppelfunktionen. Schon die Schließung eines Hauptsitzes führt zu lohnenden Ersparnissen. Zwei Personalabteilungen lassen sich zu einer verbinden, was genauso für die Ressorts Buchhaltung und Finanzen, Forschung und Entwicklung und eventuell auch Marketing gilt. Die Kehrseite ist, dass solche Einsparungen meist vor allem durch Personalabbau erzielt werden.

Die Eliminierung von Doppelfunktionen lässt sich am leichtesten bei horizontalen Übernahmen realisieren, da sich die beteiligten Organisationen oft sehr ähnlich sind. Ein weiterer Synergievorteil betrifft Skaleneffekte, die ebenfalls Kosteneinsparungen ermöglichen. Bisweilen versprechen Fusionen und Übernahmen auch Steuervorteile.

Die erhofften Vorteile eines Zusammenschlusses können auch spezifischer sein: Erwerb neuer Technologie, Expansion in neue produktbezogene oder geografische Märkte, oder sogar die Gewinnung eines bestimmten Spitzenmanagers. Eine „umgekehrte“ Fusion – auch „Reverse Merger“ genannt – findet statt, wenn ein nicht börsennotiertes Unternehmen den finanziellen Aufwand des Börsengangs scheut. Es schließt sich mit einem börsennotierten Unternehmen zusammen und erreicht den

Höhere Mächte

Fusionen schlagen für gewöhnlich fehl, weil die Integrationsphase scheitert, doch mitunter kommt es noch nicht einmal dazu. Das bislang größte Fusionsvorhaben der Wirtschaftsgeschichte wurde von den Wettbewerbsbehörden der Europäischen Union 2001 im Keim erstickt.

General Electric (GE) bot 2000 einen Betrag von 41 Milliarden US-Dollar für die Übernahme von Honeywell International. GE war an Honeywells Aktivitäten in den Bereichen Luft- und Raumfahrt, Transportsysteme und Spezialmaterialien interessiert, die eine perfekte Ergänzung zum eigenen Geschäft bildeten. Jack Welsh, der damalige CEO von GE, hatte sogar seinen Ruhestand verschoben, um diesen Megadeal zu managen. Die Fusion hätte GE, schon damals einer der weltgrößten Konzerne, um fast ein Drittel vergrößert.

Das US-Justizministerium gab grünes Licht unter der Prämisse, dass GE sein Militärhubschraubergeschäft aus Sicherheitsgründen abgeben musste. Doch die Europäer verweigerten ihr Einverständnis. Aus Wettbewerbsgründen untersagten sie zum ersten Mal eine Fusion, die zuvor von den US-Behörden gebilligt worden war. Honeywell hatte zuvor schon die Kontrolle über wichtige Betriebs- und Einstellungsentscheidungen an GE abgetreten. „Daran sieht man, dass man für eine Überraschung nie zu alt ist“, war die enttäuschte Reaktion von Welsh.

Börsengang auf diese Weise quasi durch die Hintertür. WPP, einer der weltweit größten Medien- und Kommunikationskonzerne, entstand auf diese Weise: 1985 erwarb der englische Werbemanager Martin Sorrell Anteile am börsennotierten Unternehmen Wire and Plastic Products Plc, einem Hersteller von Einkaufskörben. Das Unternehmen wurde in WPP Group umbenannt und Sorrell ist seither Vorstandsvorsitzender.

Nicht einmal die Hälfte aller Fusionen verläuft erfolgreich. Der bei Vertragsabschluss erhoffte Wertzuwachs stellt sich nicht ein. Manchmal liegt es daran, dass die Strategie von vornherein in die falsche Richtung führte. Häufig ist es jedoch so, dass das akquirierende Unternehmen bei der Integration des übernommenen Unternehmens auf ganzer Linie versagt. Spezialisten für Post-Merger-Integration (PMI) betonen immer wieder, dass mit dem Abschluss der Übernahme die Arbeit erst anfängt.

Häufig gelingt es nicht, zwei unterschiedliche Unternehmenskulturen zu verknüpfen. Die Mitarbeiter des akquirierten Unternehmens zeigen sich besorgt und misstrauisch gegenüber den neuen Eigentümern. Sie brauchen Sicherheit, Anerkennung und das Gefühl, dem neuen Unternehmen zuzugehören. Die Unternehmensführung sollte diesem Problem mehr Beachtung schenken als einem neuen Logo.

Ein weiterer Fallstrick ist die Fortführung von Praktiken und Prozessen, die sich nicht bewährt haben. Am wichtigsten dürfte sein, dass das akquirierende Unternehmen von Anfang an eine Vision und einen Plan parat hat und jeder Mitarbeiter darüber genau in Kenntnis sein sollte. Wenn die Integration nach der Fusion scheitert, kann dies eine Abwanderung der besten Mitarbeiter, Kunden, Lieferanten und Investoren nach sich ziehen.

> **» Mega-Fusionen sind etwas für Größenwahnsinnige. «**
> **David Ogilvy**
> (Werbemanager)

Ein zu hoher Preis Dass einige Übernahmen keinen Mehrwert bringen, kann auch daran liegen, dass das akquirierende Unternehmen von vornherein einen zu hohen Preis gezahlt hat. Dies passiert häufig bei Übernahmewettstreits oder wenn es Unternehmensleitungen eher um die Größe ihres Imperiums geht als um die Finanzierbarkeit der Übernahme. Überhöhte Preise werden häufig gezahlt, wenn in einer Branche mal wieder das Übernahmefieber grassiert. Amerika wurde zwischen 1897 und 1904 erstmals von einer solchen Fieberwelle gepackt, die mit einem Börsencrash endete und die Einführung einer Kartellgesetzgebung nach sich zog. In den 1980ern und späten 1990ern hatte das M&A-Geschäft in den USA und Großbritannien erneut Hochkonjunktur. Die 1990er waren von renditeorientierten Kapitalbeteiligungen, Megafusionen und einem Anstieg ausländischer Übernahmen gekennzeichnet. Bei dieser Welle, die 2000 mit dem Crash der High-Tech-Aktien verebbte, ging es weniger um Größe als vielmehr um strategische Neuausrichtung.

M&A-Wellen werden durch hohe Aktienpreise verstärkt, die Unternehmen eine günstige Zahlungswährung liefern und/oder durch günstiges Fremdkapital, das ihnen eine Zahlung in bar statt in Aktien erlaubt. Günstiges Fremdkapital hat einen neuen Anlegertyp hervorgebracht: die Kapitalbeteiligungsgesellschaft, auch Private Equity Fund genannt. Ihre Strategie zielt darauf ab, Unternehmen relativ günstig zu erwerben, abzugrasen und dann weiterzuverkaufen.

35 Organizational Excellence

Viele Arbeiten über Management kursieren nur in akademischen Fachkreisen. Einige haben das Potenzial, tatsächlich die Vorgehensweise bei Organisation und Führung von Unternehmen zu beeinflussen, aber nur wenige Managementbücher liefern Ideen, die spannend genug sind, um gestresste Topmanager freiwillig zum Lesen zu bewegen. Ein Buch jedoch hat es sogar geschafft, eine völlig neue Branche zu kreieren: *In Search of Excellence* (deutscher TItel: *Auf der Suche nach Spitzenleistungen*) von Tom Peters und Robert Waterman, zwei ehemaligen Beratern bei McKinsey.

In gewisser Weise hat das Buch sogar zwei neue Märkte hervorgebracht: den Massenmarkt für Wirtschaftsbücher und den Tom-Peters-Markt. Das Buch von Waterman und Peters erschien wie ein strahlender Hoffnungsschimmer in einer Unternehmenswelt, die hilflos im Dunkeln tappte. Damals standen viele US-Unternehmen durch unerwartete Konkurrenz in Märkten, die sie wenige Jahre zuvor noch dominiert hatten, unter einem enormen Druck. Das Buch wurde für amerikanische Führungskräfte zum rettenden Strohhalm, der das Ende einer langen Durststrecke verhieß. Seine Botschaft lautete: Amerika hat durchaus exzellente Unternehmen und der Erfolg liegt in Reichweite, vorausgesetzt die Manager konzentrieren sich auf den Kunden, erkennen das Potenzial ihrer Mitarbeiter und erfüllen ihre Aufgaben mit leidenschaftlichem Engagement.

Das war Do-it-yourself-Unternehmensberatung der eingängigsten Form – das Buch verkaufte sich millionenfach. Bis heute ist es das meistverkaufte Wirtschaftsbuch aller Zeiten und für Tom Peters legte es den Grundstein für eine äußerst lukrative Karriere, die weitere Buchveröffentlichungen, zahlreiche öffentliche Auftritte, Videoveröffentlichungen und sogar eine eigene Fernsehreihe nach sich zog.

Zeitleiste

1450	1911
Innovation	Entrepreneurship

Das 7-S-Modell

Organisationen haben eine äußerst komplexe Struktur. Wenn eine Organisation verändert werden soll, ist ein Modell hilfreich, das die Aufmerksamkeit auf die richtigen Stellen lenkt. Der Veröffentlichung von *In Search of Excellence* ging die Entwicklung eines solchen Modells voraus, an der Peters und Waterman maßgeblich beteiligt waren. Das sogenannte 7-S-Modell legte sieben interdependente Variablen innerhalb der Organisation fest: Struktur, Strategie, Systeme, Stammpersonal, Stil, Spezialkenntnisse und Selbstverständnis.

Die ersten drei Variablen (Struktur, Strategie und Systeme) repräsentierten die „harten" Faktoren, die anderen vier Variablen die „weichen" Faktoren innerhalb der Organisation. Richard Pascale und Anthony Athos, die das Konzept mitgestalteten, nutzten es als Grundlage für ihr Buch *The Art of Japanese Management* (deutscher Titel: *Geheimnis und Kunst des japanischen Managements*) (siehe Seite **100**). Darin argumentierten sie, dass amerikanische Führungskräfte ihr Augenmerk oft zu sehr auf die „harten" Faktoren richteten und – im Gegensatz zu ihren japanischen Kollegen – bei den „weichen" Faktoren nicht besonders gut abschnitten.

Peters und Waterman wollten mit ihrem 7-S-Modell darauf aufmerksam, dass die „weichen" Faktoren genauso wichtig sind wie die „harten" Faktoren. Manager sollten all das, was sie bisher als zu irrational, emotional, intuitiv oder impulsiv abgetan hatten, aus einem neuen Blickwinkel betrachten und nicht den Fehler begehen, die Bedeutung der weichen Faktoren für den Unternehmenserfolg zu unterschätzen.

In Search of Excellence wurde 1982 veröffentlicht und bediente sich einer simplen Methodik, die Teil seines Charmes war. Die Autoren analysierten eine Reihe von Unternehmen auf Basis von Kriterien für langfristige Überlegenheit und betrachteten über 20 Jahre das jährliche Wachstum von Vermögenswerten und Eigenkapital, Verhältnis zwischen Marktwert und Buchwert, Gesamtkapitalrendite, Eigenkapitalrendite und Umsatzrendite. Weitere Kriterien waren Branchenrankings und Innovationsfähigkeit. Letztendlich erfüllten 43 Unternehmen diese Kriterien, 14 von ihnen schnitten sogar hervorragend ab. Hierzu gehörten Boeing, Caterpillar, Dana, Delta Airlines, Digital Equipment, Emerson Electric, Fluor, Hewlett-Packard, IBM, Johnson & Johnson, McDonald's, Procter & Gamble und 3M.

Gefährliches Denken Die Autoren merkten an, dass professionelle Unternehmensführung oft mit nüchterner Rationalität gleichgesetzt wurde. Es herrschte der Glaube, dass gut ausgebildete, professionelle Führungskräfte in der Lage seien, jedes Problem zu bewältigen und dass es möglich sei, alle Entscheidungen durch sachliche Analysen zu rechtfertigen. Die Autoren hielten diese Denkweise jedoch für gefährlich und meinten sogar, dass sie viele US-Unternehmen in eine falsche Richtung geführt hätte. Ihrer Ansicht nach verhinderte dieser Ansatz eine Wertschätzung des Kunden. Zudem würden Mitarbeiter, die nur wenig Mitsprache- und Entscheidungsmöglichkeiten bekämen, nicht gerade dazu ermutigt, sich stark mit ihrer Arbeit zu identifizieren. Die Autoren prangerten auch Fremd- statt Eigenkontrolle bei der Qualitätssicherung, fehlende Unterstützung sogenannter „Product Champions“ (Entwickler und Vorantreiber von Innovationen) oder mangelndes Engagement bei der Kundenbetreuung an. Laut Anthony Athos, ehemals Professor an der Harvard Business School, lässt eine rein rationale Einstellung vergessen, dass gute Führungskräfte nicht nur Geldgeber, sondern auch Sinngeber sind. Peters und Waterman kritisierten auch die negative Haltung der meisten Unternehmen gegenüber ihren Mitarbeitern. Mitarbeiter möchten das Gefühl haben, gut zu sein und viele von ihnen trauen sich auch viel zu. Doch oft setzen Unternehmen völlig unerreichbare Ziele fest, bestrafen selbst kleinste Fehler und ersticken den Elan der Product-Champions, während sie zugleich lautstark Innovationen fordern. „Exzellente“ Unternehmen würden sich nicht so verhalten, so Peters und Waterman. Die beiden Berater stellten acht Merkmale heraus, die auf die untersuchten Spitzenunternehmen zutrafen.

„Service, Qualität und Zuverlässigkeit stellen Strategien dar, die auf Loyalität und langfristiges Ertragswachstum abzielen.“

Tom Peters und Robert Waterman, 1982

1. **Freude am Handeln**: Experimentierfreude brachte sie weiter. Sie ergänzte die analytisch-systematischen Entscheidungsprozesse. Spitzenunternehmen handelten oft nach dem Prinzip „Machen, Probieren. Lösen“.'
2. **Nähe zum Kunden**: Sie lernten von ihren Kunden und konnten so herausragende Qualität, Service und Zuverlässigkeit bieten. Die besten Produktideen waren das Resultat intensiven Zuhörens bei Kundengesprächen.
3. **Freiraum für Unternehmertum**: Führungspersönlichkeiten, Innovatoren und Champions wurden gefördert. Die Kreativität der Mitarbeiter wurde nicht eingeschränkt, sondern ermutigt, ebenso wie Risikobereitschaft und Eigeninitiative.
4. **Produktivität durch Menschen**: Die Mitarbeiter wurden als Ressourcen zur Qualitäts- und Produktivitätssteigerung angesehen und respektvoll behandelt. Nicht das Kapital, sondern der Mensch galt als Garant für Produktivitätsverbesserungen.

5. **Sichtbar gelebtes Wertesystem**: Die Unternehmenskultur wurde von der Unternehmensleitung vorgelebt. „Management by Walking", Führung durch Nähe zu den Mitarbeitern, wurde bei IBM eindrucksvoll von Thomas Watson und bei Hewlett-Packard von William Hewlett demonstriert. McDonald's Gründer Ray Croc besuchte regelmäßig Filialen, um zu sehen, ob die Standards der Fast-Food-Kette – wie Qualität, Service und Sauberkeit – eingehalten wurden.

» Aus Amerika kommen gute Nachrichten: Gutes Management gibt es nicht nur in Japan. «
Tom Peters und Robert Waterman, 1982

6. **Schuster, bleib bei deinen Leisten**: Robert Johnson, ehemaliger Vorstandsvorsitzender von Johnson & Johnson, pflegte zu sagen: „Kaufe niemals ein Geschäft, von dem du nichts verstehst." Edward Harness, vormals CEO von Procter & Gamble, meinte: „Unser Unternehmen ist stets seinen Ursprüngen treu geblieben. Wir wollen um keinen Preis zum Mischkonzern werden."
7. **Einfacher, flexibler Aufbau**: Keines der untersuchten Spitzenunternehmen wurde nach einer Matrixstruktur geführt (wo Mitarbeiter einem Projektleiter und einem Bereichsleiter unterstellt sind). Die grundlegenden Strukturen und Systeme zeichneten sich durch elegante Schlichtheit aus mit einer nur aus wenigen Mitgliedern bestehenden obersten Führungsebene.
8. **Straff-lockere Führung**: Die untersuchten Unternehmen waren zentralistisch und dezentralistisch zugleich; einerseits ließen sie Mitarbeitern aller Ebenen Freiräume, verhielten sich andererseits aber wie Zentralisten, wenn es um die Bewahrung der Grundwerte des Unternehmens ging.

Leider war die Exzellenz in vielen Fällen nicht von Dauer. Innerhalb von fünf Jahren waren zwei Drittel der aufgelisteten Unternehmen in Schwierigkeiten geraten und eines gab sein Geschäft sogar auf. Doch das tat dem Erfolg des Buches keinen Abbruch. Peters und Waterman gelang es, eine ganze Manager-Generation mit der Hoffnung zu inspirieren, dass Dinge verbessert werden können. Nach Erscheinen ihres gemeinsamen Beststellers konnten beide auch im Alleingang Erfolge als Autoren verbuchen. Peters erreichte sogar die Art von Superstar-Status, die ihm erlaubte, sein drittes 1987 erschienenes Buch *Thriving on Chaos* (deutscher Titel: *Kreatives Chaos*) mit der Zeile „Es gibt keine exzellente Unternehmen" zu beginnen.

36 Outsourcing

Mit der Auslagerung seiner IT-Funktionen an Hewlett-Packard, seiner Personalabteilung an IBM und seines Facility Managements (Gebäudemanagements) an Jones Lang LaSalle sorgte der Konzern Procter & Gamble 2003 für einiges Befremden. Der Konzern argumentierte, dass Spezialisten den jeweiligen Prozess *in puncto* Effizienz und Service optimieren könnten. Und er wurde nicht enttäuscht, im Gegenteil: Das Ausmaß der erzielten Verbesserungen erwies sich als angenehme Überraschung. Diese Maßnahme ist ein klassisches Beispiel dafür, warum Unternehmen auf Auslagerung – auch Outsourcing genannt – zurückgreifen.

Doch Outsourcing bringt nicht nur Vorteile mit sich. Viele Unternehmen, die den Versuch einer Auslagerung unternahmen, hatten enorme Schwierigkeiten bei der endgültigen Umsetzung. Zudem ist die Misserfolgsquote nach wie vor hoch; je nach Auskunft der Befragten liegt sie zwischen 40 und 70 Prozent. Eine Reihe von misslungenen Outsourcing-Projekten in Konzernen wie Dell oder Lehmann Brothers (Rückführung der Helpdesk-Auslagerung) und JP Morgan (Outsourcing-Stopp bei IT-Funktionen) ließ erhebliche Zweifel am Nutzen dieser Praxis aufkommen. Einige britische Regierungsbehörden machten ähnlich schlechte Erfahrungen bei der Auslagerung von IT-Projekten. Dennoch wächst das Outsourcing-Volumen wie auch die Zahl der ausgelagerten Arbeitsbereiche kontinuierlich.

Auch wenn die Umsetzung sich als schwierig erweist: Die Grundidee ist denkbar simpel. Outsourcing bedeutet die Abgabe von bestimmten Aufgaben, Funktionen oder auch ganzen Prozessen an ein Drittunternehmen. Die Entlohnung einer externen Arbeitskraft für das Gießen der Pflanzen im Empfangsbereich stellt bereits eine Form von Outsourcing dar. Das Konzept Outsourcing entstand fast zeitgleich mit dem Beginn der Fertigungsindustrie. Die Beauftragung eines Zulieferers mit der Herstellung von Komponenten ist streng genommen auch Outsourcing, entspricht jedoch nicht der heutigen Bedeutung des Begriffs, die vor allem die Auslagerung von Dienstleistungen und Prozessen umfasst.

Zeitleiste

1950 Supply Chain Management

1960 Strategische Allianzen

In den 1980ern und frühen 1990ern wurde Outsourcing immer populärer. Michael Porters Wertkettenanalyse (siehe Seite 188) erfreute sich wachsenden Zuspruchs und es gab erste Tendenzen zu einer strategischen Rückkehr zum Kerngeschäft (siehe Seite 36). Unternehmen überlegten, was ihr Kerngeschäft ist und wo Möglichkeiten zur Schöpfung von Mehrwert liegen. Die Frage lautete: Wenn das Unternehmen keine herausragenden Fähigkeiten für die Erfüllung einer Aufgabe besitzt und auf diese Weise keinen Mehrwert schöpfen kann, warum sollte es diese Aufgabe dann überhaupt selbst ausführen? Ein anderes Unternehmen könnte dies besser und vermutlich auch kostengünstiger erledigen.

„Die USA verzeichnen einen Rückgang von Arbeitsplätzen in der Fertigungsindustrie, was jedoch weniger mit Outsourcing als vielmehr mit technologischer Innovation zu tun hat."

Walter Williams, 2005

Computerbüros und Callcenter Das Computerbüro war eine der ersten Formen von Outsourcing-Dienstleistungen für Unternehmen, die nicht über eigene Computer verfügten, und bis heute zählt IT zu den am häufigsten ausgelagerten Funktionen. Als nächstes folgten Dienstleistungen wie Gebäudemanagement (*facility management*) oder Kantinenbewirtschaftung. Bei Outsourcing-Dienstleistern wurde es zur Standardpraxis, zumindest einen Teil des Personals aus diesen Bereichen und gegebenenfalls auch zugehörige Vermögenswerte zu übernehmen.

Unternehmen entwickelten langsam Vertrauen in das Outsourcing-Konzept und waren schließlich bereit, komplette Geschäftsprozesse an Outsourcing-Dienstleister zu übergeben, wobei Lohnbuchhaltung, Datenerfassung und Versicherungs-Hotlines den Anfang machten. Diese Auslagerung von ganzen Unternehmensprozessen wird als „Business Process Outsourcing" (BPO) bezeichnet. IT-Outsourcing (ITO) ist ein Beispiel für BPO. Das Prinzip weitete sich auf Prozesse wie Fakturierung, Einkauf und Finanzen aus – indische Outsourcing-Dienstleister nennen dies auch *non-voice work*, sprich: „stumme Arbeit". Outsourcing wurde schließlich auch auf Kundenbeziehungsmanagement und technischen Support ausgeweitet, indem Callcenter zum Einsatz kamen, die ihren Standort häufig im Ausland hatten.

Diese Art der Auslagerung in ferne Länder wird gelegentlich auch als „Offshoring" bezeichnet, wobei Puristen darunter eigentlich nur die geografische Verlagerung von Unternehmensfunktionen verstehen. Die Beauftragung eines Callcenters in Kalkutta mit der Betreuung von Firmenkunden ist ein Beispiel für Offshore-Outsourcing.

> „Die Mehrheit der Amerikaner (71 Prozent) meint, dass die Verlagerung von Arbeitsplätzen nach Übersee ‚schlecht für die US-Wirtschaft' ist.“
> Foreign Policy Association/ Zogby International Umfrage, 2004

Outsourcing ins Ausland ist ein heikles Thema, sowohl politisch als auch für diejenigen, die dadurch ihre Arbeit verlieren: Da die Auslagerung an Drittunternehmen fern ihrer Heimat erfolgt, können die Arbeitnehmer nicht einfach zu diesen wechseln.

Beim BPO handelt es sich vor allem um die Auslagerung von Routineprozessen, manchmal in kuriosen Nischen. So wickelt ein Londoner Outsourcing-Dienstleister über das Internet Spesenabrechnungen von Angestellten ab. Beim sogenannten „Knowledge Process Outsourcing“ (KPO) werden komplexere Aufgaben ausgelagert, die spezielle Kenntnisse und Qualifikationen erfordern, etwa Forschung, Analysen oder technische Dienstleistungen.

Welchen Nutzen haben Unternehmen davon? Für Unternehmen in der Krise stellen der Verkauf von Vermögenswerten und die Einsparung von Personalkosten plausible Vorteile dar, auch wenn Outsourcing-Experten darin keinen guten Beweggrund sehen. Tatsache ist allerdings, dass Outsourcing zu Kostensenkungen führt, sei es durch bessere Skaleneffekte beim Dienstleistungsanbieter oder durch geringere Personalkosten beim Offshore-Outsourcing. Andere überzeugende Gründe können eine effizientere oder effektivere Arbeitsabwicklung und eine leichtere Budgetkontrolle dank höherer Kostentransparenz sein.

Die Aufrechterhaltung der Qualität und die Sicherheit von Daten sind für viele Unternehmen von großer Bedeutung. Da in diesem Bereich die Kosteneinsparungen oft hinter den Erwartungen zurückbleiben, sollte der Auslagerung ein wohldurchdachtes Modell zugrunde liegen. Welcher Preis auch immer vertraglich vereinbart wird, das auslagernde Unternehmen sollte Experten zufolge weitere 10 Prozent für Umsetzung und Management des Outsourcing-Projekts veranschlagen und beim Offshore-Outsourcing sogar bis zu 65 Prozent, da hier auch Reisekosten und Aufwendungen für die komplexen Erfordernisse der kulturellen Anpassung zu berücksichtigen sind. Weitere Kosten entstehen eventuell durch Benchmarking (siehe Seite 12), durch Analysen zur Klärung der Frage, ob die richtige Wahl getroffen wurde, sowie durch Abfindungszahlungen. Die Übergangsperiode – bisweilen als „Tal der Tränen“ bezeichnet – kann wenige Monate, durchaus aber auch mehrere Jahre dauern und ist in der Eingewöhnungsphase oft durch einen Produktivitätsrückgang gekennzeichnet.

Marktpolarisierung Unter den Anbietern von Outsourcing-Dienstleistungen kommt es in der Regel zu einer Marktpolarisierung, wobei einigen wenigen großen Full-Service-Anbietern zahlreiche kleinere spezialisierte Anbieter gegenüberstehen.

Der Trend deutet in Richtung maßgeschneiderte Dienstleistungen, die leichter zugänglich sind als heutige Outsourcing-Angebote.

Derzeit dominiert Indien den Offshore-Markt, insbesondere im Softwarebereich, aber auch Irland, die Philippinen, Russland, Polen und Tschechien sind beliebte Zielländer für Auslagerungen. Doch es zeichnet sich bereits ein Gegentrend ab mit Kleinanbietern im ländlichen Amerika.

Die eiserne Regel lautet, niemals die Strategie auszulagern. Gibt es davon abgesehen noch irgendetwas, das nicht Gegenstand von Outsourcing sein sollte? Wohl kaum. Der vermutlich nützlichste Beitrag von Outsourcing liegt für Unternehmen darin, dass bei wirklich allen Funktionen, Aufgaben und Prozessen die Frage gestellt wird, ob sie tatsächlich notwendig sind und wenn ja, ob das Unternehmen sie selbst wahrnehmen bzw. durchführen oder besser an einen kompetenten Dienstleister auslagern sollte.

„[Outsourcing] bedeutet einfach: Wenn die Arbeit außerhalb des Unternehmens besser verrichtet werden kann als innerhalb des Unternehmens, sollten wir diese Möglichkeit nutzen."

Alphonso Jackson, 2003

Worum es geht

Selbst machen oder auslagern

37 Projektmanagement

Heutzutage findet man im Topmanagement mehr Anwälte, Wirtschaftsprüfer oder frischgebackene Betriebswirte als Ingenieure. Mit dem sinkenden Produktionsvolumen in den Industrienationen rückt der Ingenieur als Geschäftsführer in den Hintergrund. Doch vom knallharten Geschäft des Projektmanagements können Führungskräfte sehr viel lernen, vor allem die Planung von komplexen Vorhaben und deren Durchführung gegen alle Widerstände.

Ein Projekt unterscheidet sich erheblich von einem Prozess. Bei einem Prozess wird dieselbe Funktion immer wieder ausgeführt, um ein Produkt oder eine Dienstleistung zu erbringen. Ein Projekt ist ein einmaliges Unterfangen mit klar definiertem Ablauf, das gewöhnlich eine nutzbringende Veränderung oder Wertschöpfung zum Ziel hat. Zur erfolgreichen Umsetzung eines Projekts sind andere Fähigkeiten erforderlich als für das Management eines Prozesses, und so hat sich das Projektmanagement als eigene Disziplin entwickelt.

Projekte bringen Ressourcen zusammen – wie Arbeitskräfte, Kapital und Material – und diese müssen organisiert und gemanagt werden, um ein bestimmtes Resultat zu erzielen. Die Herausforderung liegt darin, das Projekt innerhalb einer festgelegten Zeit und innerhalb eines bestimmten Budgets zum Abschluss zu bringen. Zahlreiche Instrumente wurden bereits entwickelt, um Projektmanagern bei der Bewältigung dieser Herausforderung zu helfen. Die effektivsten dieser Tools wurden in der Chemie- und Verteidigungsindustrie der USA entwickelt.

Als Vater des Projektmanagements gilt Henry Gantt, ein Kollege von Frederick Taylor und Mitbegründer des Scientific Management (siehe Seite 152). Berühmt wurde er durch das Gantt-Diagramm, das die zeitliche Abfolge von Aktivitäten grafisch in Form von waagerechten Balken auf einer Zeitachse visualisiert. Es wird

Zeitleiste

1911
Scientific Management

noch heute eingesetzt, um zu überprüfen, ob ein Projekt plangemäß verläuft. In den 1950ern wurden zwei weitere bekannte Instrumente für Projektmanagement entwickelt: die Critical-Path-Methode (CPM) und die „Program Evaluation and Review Technique" (PERT).

Critical-Path-Methode (CPM) Die Methode des kritischen Pfades ist eine Netzplan-Methode, die von Forschern der Unternehmen DuPont und Remington-Rand entwickelt wurde, um komplexe Instandhaltungsvorhaben bei Chemieanlagen inklusive Betriebsstopps und Wiederinbetriebnahmen zum managen. CPM beginnt mit der Erstellung einer Diagrammansicht des Projekts, die die benötigte Zeit für die Durchführung der einzelnen Aktivitäten veranschaulicht. Aus dem Diagramm wird dann ersichtlich, welche Aktivitäten für die planmäßige Durchführung des Projekts kritisch sind und welche nicht. Die Vorgehensweise ist wie folgt:

1. Definition der einzelnen Aktivitäten.
2. Festlegung der Reihenfolge der Aktivitäten – manche können erst begonnen werden, nachdem andere abgeschlossen wurden.
3. Erstellung eines Ablaufplans, der jede Aktivität in Beziehung zu den anderen Aktivitäten setzt.
4. Schätzung der benötigten Zeit für die Durchführung der jeweiligen Aktivität.
5. Ermittlung des kritischen Pfads. Darunter wird diejenige Abfolge von Aktivitäten im Netzplan verstanden, deren Durchführung am längsten dauert; sie bestimmt die minimale Dauer des Projekts. Keine Aktivität auf diesem Pfad kann aufgeschoben werden, ohne das Gesamtprojekt zu verzögern.

» Ein-Weg-Kommunikation funktioniert nicht. Für die planmäßige Umsetzung eines Projekts ist Zwei-Weg-Kommunikation erforderlich. Planung bedeutet Gespräche. «
Hal Macomber, 2002

Aufgaben, die nicht auf dem kritischen Pfad liegen, können bis zu einem gewissen Punkt verzögert ausgeführt werden, ohne die Umsetzung des Gesamtprojekts zu gefährden. Diese Zeitreserve bei nicht-kritischen Aktivitäten wird als „Pufferzeit" bezeichnet. Die Aktivitäten auf dem kritischen Pfad haben keine „Pufferzeit". Oft weist das Netzplandiagramm mehr als einen kritischen Pfad auf und Projektmanager sagen gern, dass ein perfekt ausgewogenes Projekt nur aus kritischen Pfaden besteht. Mithilfe eines CPM-Diagramms können Projektmanager die Durchführungs-

Tyrannei des Dreiecks

Jedes Projekt unterliegt bestimmten Einflussgrößen, wobei es drei wesentliche gibt, die das sogenannte „magische Dreieck des Projektmanagements" bilden. Wenn sich eine Seite des Dreiecks ändert, wirkt sich dies zwangsläufig auf die beiden anderen Seiten aus. Die drei Einflussgrößen sind:

Zeit – ist am schwersten zu kontrollieren

Kosten – steigen bei Zeitengpässen rapide an

Umfang – das Ziel des Projekts

Das Management dieser drei Größen ist keine leichte Sache. Zyniker drücken es so aus:
„Entscheide dich für zwei – gut, schnell oder kostengünstig."

zeit für ein komplexes Projekt einschätzen und erkennen, welche Aufgaben unbedingt planmäßig erfüllt werden müssen. Das abgebildete Diagramm stellt die Abfolge der Aufgaben 1, 3 und 5 als kritischen Pfad dar mit einer Dauer von 13 Tagen. Der Pfad mit den Aufgaben 2, 4 und 5 ist kürzer, er hat eine Dauer von 10 Tagen und beinhaltet somit drei Tage Pufferzeit.

Nach Identifizierung des kritischen Pfads können die Projektmanager Informationen über die Kosten jeder Aktivität und die Kosten der Beschleunigung jeder Aktivität hinzufügen. Auf Basis dieser Daten können sie dann entscheiden, ob der Versuch einer Projektbeschleunigung sich lohnt und falls ja, wie der optimale Plan aussehen könnte. Dies alles klingt sehr plausibel, doch CPM hat auch seine Nachteile. Es handelt sich um ein deterministisches Modell, da sein Ergebnis durch die zuvor eingegebenen Werte vorbestimmt ist – in diesem Fall die Durchführungszeiten für kritische Aufgaben. Eine Änderung der Werte bewirkt eine Ergebnisveränderung. Die Methode des kritischen Pfades kann zwar Komplexität bewältigen, doch sie eignet sich am besten für Routineprojekte mit vorhersehbaren Durchführungszeiten. Ein Fehler kann das gesamte Projekt gefährden. Deshalb ist bei weniger vorhersehbaren Durchführungszeiten PERT das geeignetere Tool.

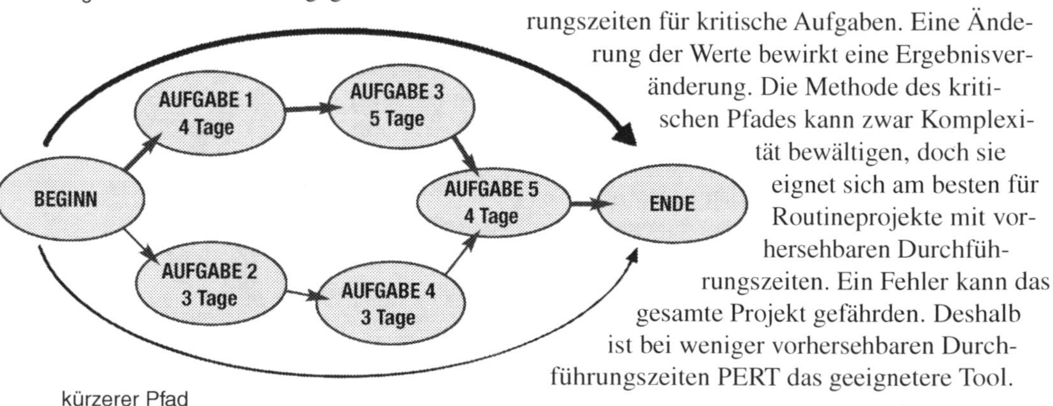

Program Evaluation and Review Technique (PERT)

PERT wurde Mitte der 1950er vom Beratungsunternehmen Booz Allen Hamilton für Arbeiten am Atom-U-Boot des Polaris-Projekts entwickelt. Die Methode ähnelt CPM und greift die Idee des kritischen Pfads auf, rechnet jedoch unkalkulierbare Umstände bei der Ausführungsdauer einzelner Aufgaben mit ein. Wie CPM bedient sich PERT eines Diagramms, des sogenannten PERT-Netzplans. Hier werden Aktivitäten durch Linien, die „Bögen“ genannt werden, und Meilensteine durch kleine Kreise, die als „Knoten“ bezeichnet werden, dargestellt. Meilensteine (auch „Ereignisse“ genannt) markieren den Abschluss einer Aktivität. Die Meilensteine sind in Zehnerschritten nummeriert – 10, 20, 30, usw. –, damit im Falle weiterer Einfügungen keine Neunummerierung des gesamten Diagramms vonnöten ist. Das PERT-Diagramm wird fast genauso wie das CPM-Diagramm erstellt, mit der entscheidenden Ausnahme, dass es drei unterschiedliche Zeitschätzungen zulässt:

„Ein zweijähriges Projekt wird drei Jahre dauern; ein dreijähriges Projekt wird niemals enden.“
Anonym

- Optimistische Dauer – die kürzestmögliche Dauer zur Ausführung der Aktivität; alle Erwartungen werden übertroffen (O).
- Pessimistische Dauer – die längstmögliche Ausführungsdauer unter der Annahme, dass nichts läuft wie geplant (P).
- Wahrscheinliche Dauer – realistische Annahme (M).

Der Projektmanager kann nun die erwartete Dauer kalkulieren, also die Durchschnittsdauer, die sich bei mehrfach wiederholter Ausführung der Aufgabe über einen längeren Zeitraum ergeben würde. Die Formel ist diese erwartete Dauer $-(O + 4M + P)/6$.

Der kritische Pfad des Projekts wird auch hier durch Addition der Aktivitätsdauer in der jeweiligen Aktivitätsabfolge bestimmt, um so den längsten Pfad zu ermitteln. Diese Aktivitäten müssen pünktlich ausgeführt werden, um das Projekt planmäßig beenden zu können.

Als Instrument für das Projektmanagement ist der kritische Pfad nach wie vor bedeutsam, nicht zuletzt für die Software-Industrie. Der größte Unterschied zu früher liegt darin, dass die Berechnung des kritischen Pfads heute mithilfe von Softwareprogrammen möglich ist; auf Papier und Stift kann verzichtet werden.

38 Scientific Management

Ist Management eine Kunst oder eine Wissenschaft? Die Debatte ist nicht neu und wird wohl auch nie enden. Der Ingenieur Frederick Taylor betrachtete im 19. Jahrhundert als Erster die Unternehmensführung aus einer wissenschaftlichen Perspektive. Peter Drucker, der Pionier der heutigen Managementlehre, stellte Taylor hinsichtlich seines Einflusses auf die Gestaltung der modernen Welt in eine Reihe mit Darwin und Freud.

Taylor war davon überzeugt, dass der Produktionsprozess allgemeinen Gesetzen unterliegt, die rational erklärbar sind. Mit seinem Konzept des Scientific Management – deutsch: Wissenschaftliche Betriebsführung – verfolgte er das Ziel, diese Gesetze aufzudecken, um so den „einzig richtigen Weg" (*one best way*) für die Ausführung einer Arbeitsaufgabe zu finden, sei es beim Kohleschaufeln, Befestigen von Schrauben oder bei der Qualitätskontrolle. Außerhalb der Wirtschaftshochschulen fällt der Name Taylor heute nur noch selten und wenn doch, so ist er meist negativ konnotiert. Taylor war der Erste, der den Arbeitsprozess in kleine Einheiten unterteilte, um diese zu analysieren und dann eine effizientere Abfolge von Arbeitsschritten daraus abzuleiten. In seinem Bestreben, unnötigen Mehraufwand zu vermeiden, führte er Zeit- und Bewegungsstudien durch. Taylor war also einer der ersten Experten für Effizienz, gilt heute aber vor allem als Urheber inhumaner Arbeitsgestaltung. Vor allem Gewerkschaftsmitglieder rümpfen beim Begriff „Taylorismus" die Nase, gilt er doch als Synonym für einen ausbeuterischen Führungsstil, bei dem Menschen wie Maschinen behandelt werden. Dabei bestand Taylors Absicht eigentlich darin, mit seinen Methoden auch den Arbeitnehmern Vorteile zu verschaffen (zu seiner Ehrenrettung

> **» Diese Schrift wurde verfasst… um zu beweisen, dass die beste Betriebsführung eine echte Wissenschaft ist, die auf klar definierten Gesetzen, Regeln und Grundsätzen beruht. «**
>
> Frederick Winslow Taylor, 1911

Zeitleiste

1911
Scientific Management

sei gesagt, dass er sich unter anderem auch für Arbeitspausen und Mitarbeitervorschläge einsetzte).

Es ist frappierend, wie viele Managementtheorien heutzutage von Menschen entwickelt werden, die noch nie in ihrem Leben selbst an einem Herstellungs- oder Verkaufsprozess beteiligt waren. Modernes Managementdenken wird eher von Akademikern und Beratern dominiert als von Managern. Taylor jedoch entwickelte seine Theorien dort, wo sie zur Anwendung kommen sollten: in der Produktionsstätte.

Als Sohn einer wohlhabenden Quäkerfamilie aus Pennsylvania musste Taylor aufgrund eines Augenleidens die Hoffnung auf eine akademische Laufbahn begraben und begann stattdessen eine Lehre als Werkzeugmacher in einem ortsansässigen Stahlwerk. Er absolvierte ein Abendstudium in Maschinenbau und arbeitete sich zum Chefingenieur hoch. Auch als Erfinder trat er in Erscheinung. Er modifizierte zahlreiche Prozesse, um sie effizienter zu machen und veröffentlichte einen Aufsatz, der die Metallzerspanung zur Wissenschaft erhob.

„Hauptziel der Betriebsführung sollte die Sicherung des maximalen Wohlstands für den Arbeitgeber sein, gekoppelt mit dem maximalen Wohlstand für jeden Arbeitnehmer.“

Frederick Winslow Taylor, 1911

Zu viele Faustregeln Besondere Aufmerksamkeit widmete Taylor den Arbeitern. Wirklich würdigen kann man die Tragweite seines Einflusses erst dann, wenn man sich die damaligen Produktionsbedingungen vor Augen führt. Zu jener Zeit wurde die Arbeit meist von ausgebildeten Handwerkern verrichtet, die wie Taylor selbst eine Lehre absolviert hatten. Arbeitsmethoden und -abläufe waren so zahlreich und individuell wie die Arbeiter selbst. Die Produktion, die in Tausenden von kleinen Werkstätten erfolgte, war nach heutigen Standards hoffnungslos ineffizient. In jener Zeit hatte die Unternehmensleitung kaum Kontakt zu den Arbeitern, die von Vorarbeitern beaufsichtigt wurden. Arbeiterschaft und Unternehmensleitung hatten nichts füreinander übrig und standen sich oft feindselig gegenüber.

Taylor war sich dessen bewusst und beschloss, wissenschaftliche Methoden auf die Arbeitsprozesse und auf deren Management anzuwenden, um so eine Steigerung der Produktivität zu bewirken. Ihm war unter anderem aufgefallen, dass Arbeiter in der Stahlindustrie ihre Leistung ganz bewusst zurückhielten. Dieses Phänomen wurde auch als „Bummelei“ bezeichnet. Taylor zufolge hatten Trödelei bei der Arbeit und geringe Produktivität verschiedene Gründe. Die Arbeiter befürchteten, dass bei einer Steigerung ihrer Arbeitsleistung weniger Arbeiter benötigt und einige ihre Arbeit deshalb verlieren würden. Hinzu kam, dass das System die Arbeiter ungeachtet

Henry Ford und das Fließband

Als einflussreichstes Vermächtnis des Taylorismus gilt der Fordismus. Der Ingenieur Henry Ford startete 1908 mit der Produktion seines berühmten T-Modells zu einem Preis von 950 US-Dollar. Sein erklärtes Ziel war die Herstellung eines Wagens für die „breite Masse“, doch für diese war der Preis viel zu hoch. In den folgenden fünf Jahren führte Ford nach und nach vier Grundsätze zur Kostensenkung ein: Fließbandfertigung, Arbeitsteilung, austauschbare Teile und Zeitersparnis.

Inspiriert durch das Fließbandprinzip in einer Großschlachterei in Chicago und in einer Getreidemühle kam ihm der Gedanke, dass ein Montagefließband den Arbeitern zeitraubende Wege ersparen könnte. Er griff auf Taylors Konzept der Aufgabenverteilung zurück, gliederte Aufgaben in kleinere Untereinheiten und teilte so die Montage des T-Modells in 84 Schritte auf. Außerdem beauftragte er Taylor damit, durch Zeitstudien den optimalen Zeit- und Bewegungsablauf für die Arbeiter zu ermitteln. Das Montagefließband wurde schließlich 1913 in Betrieb genommen und reduzierte die Produktionszeit pro Fahrzeug von 728 auf 93 Minuten. Als Ford 1927 die Produktion des T-Modells einstellte, hatte er 15 Millionen Automobile verkauft – zu einem Preis von 280 US-Dollar.

ihrer individuellen Arbeitsleistung immer gleich entlohnte. Für die Arbeiter gab es also keinen Grund, höhere Leistung zu erbringen. Ihre sehr individuellen Arbeitsmethoden auf Basis von Faustregeln hatten außerdem oft unnötigen Mehraufwand zur Folge.

Taylor experimentierte daher bei bestimmten Tätigkeiten mit Möglichkeiten, die Leistung auf Optimalniveau zu bringen und wurde so zum legendären Mann mit Stoppuhr und Notiztafel. Er gliederte eine Arbeitsaufgabe in Teilschritte auf, führte bei jedem dieser Teilschritte eine sekundengenaue Zeitmessung durch und ermittelte auf dieser Grundlage den produktivsten Arbeitsablauf – etwa „Anbringen der Schraube in 16,4 Sekunden“. Seine Versuche nannte er „Zeitstudien“. Besonders bemerkenswert in diesem Zusammenhang ist, dass Taylor ein Befürworter leistungsbezogener Löhne war.

Das Schaufelexperiment Am bekanntesten sind wohl Taylors Schaufelexperimente. Er ging davon aus, dass das Optimalgewicht beim Heben einer Schaufel – das Gewicht, das den Arbeiter längstmöglich ohne Ermüdungserscheinungen arbeiten lässt – 9,75 kg beträgt. Materialien wie Kohle und Eisenerz haben eine unterschiedliche Dichte, so dass die optimale Schaufel für jedes Material eine andere Größe erfordert. Die Arbeiter wurden mit optimalen Schaufeln ausgestattet und die

Produktivität stieg wie vorausgesagt fast um das Vierfache. Auch der Lohn erhöhte sich entsprechend: Taylor setzte sich dafür ein, dass es für mehr Leistung auch mehr Geld gab. Allerdings wurde die Zahl der Schaufelarbeiter von 500 auf 140 reduziert – die Befürchtungen der Arbeiter bewahrheiteten sich also.

Taylor war der Ansicht, dass seine wissenschaftliche Methode sich auf die Unternehmensleitung ebenso anwenden ließ wie auf die Arbeiter. Bar jeder Orwell'schen Ironie schrieb er: „In der Vergangenheit stand der Mensch an erster Stelle, in der Zukunft muss das System an erster Stelle stehen." Die wissenschaftliche Betriebsführung verfolgte vier Ziele:

- Ersetzung von Arbeitsmethoden, die auf Faustregeln beruhen, durch wissenschaftlich fundierte Verfahren;
- Auswahl, Ausbildung und Weiterbildung des Arbeiters, ebenfalls auf wissenschaftlicher Grundlage, und Abkehr vom sich selbst überlassenen, autodidaktisch lernenden Arbeiter;
- Förderung eines Klimas der Zusammenarbeit zwischen Arbeiterschaft und Unternehmensführung, um die langfristige Anwendung der wissenschaftlich entwickelten Methoden sicherzustellen;
- Arbeitsteilung zwischen Arbeitern und Managern in dem Sinne, dass die Manager die Arbeit wissenschaftlich planen und die Arbeiter die Aufgaben ausführen.

Taylor legte Organisationsprinzipien fest, die heute zu den Grundlagen der modernen Organisationstheorie zählen. Zu ihnen gehören klare Autoritätsverteilung, Trennung von Planung und Durchführung der Arbeitsaufgaben, Leistungsanreize für Arbeiter sowie Aufgabenspezialisierung.

Taylors Ideen wurden in zahlreichen Produktionsstätten umgesetzt und führten wie erwartet zu Produktivitätssteigerungen. Skrupellose Manager nutzten sie jedoch für Lohnkürzungen und selbst dort, wo faire Löhne gezahlt wurden, führten sie auf jeden Fall zu größerer Arbeitsmonotonie. Dennoch revolutionierte Taylor mit seinen Ideen traditionelle Arbeitsabläufe und einige bedeutende Elemente seines Scientific Management haben noch heute Gültigkeit. Personalwesen und Qualitätskontrolle sind nur zwei Unternehmensbereiche, die ihren Ursprung in seinem Schaffen haben.

Worum es geht

Der einzig richtige Weg

39 Six Sigma

Was kommt heraus, wenn man Kampfsport, griechisches Alphabet und einen US-Elektronikhersteller in den Mixer wirft? Die Antwort lautet: Six Sigma – eine Qualitätsmanagement-Methode, die in Unternehmen weltweit Tausende von Anhängern gefunden hat. Die Methode, die ursprünglich zur Reduktion von Fehlern und Zykluszeiten konzipiert wurde und unter diesem Aspekt vielfach erfolgreich zum Einsatz kam, wird inzwischen als umfassendes Managementsystem angepriesen.

Six Sigma wurde in den 1980ern vom Elektronik- und Kommunikationskonzern Motorola entwickelt als Gegenreaktion auf die übermächtige Konkurrenz aus dem Ausland, insbesondere aus Japan. Der Umsatz war stark rückläufig und immer mehr Kunden machten Gewährleistungsansprüche geltend. Angeblich soll daraufhin der stellvertretende Vertriebschef dem CEO von Motorola unverblümt mitgeteilt haben: „Unsere Qualität stinkt zum Himmel!“ Beide vereinbarten das Ziel, die Qualität innerhalb von zehn Jahren um das Zehnfache zu verbessern.

Diese Aufgabe fiel Bill Smith zu, einem Ingenieur und Wissenschaftler in Motorolas Kommunikationsabteilung. Er beschäftigte sich intensiv mit verschiedenen bereits existierenden Methoden, die zum Großteil aus Japan stammten, und entwickelte daraus schließlich 1986 das Six-Sigma-Konzept. Motorola zufolge handelte es sich um eine neue Methode zur Senkung der Fehlerquote, wobei das Six-Sigma-Niveau einer Nullfehlerproduktion am nächsten kommt. Die Six-Sigma-Methode zielt darauf ab, höchste Kundenzufriedenheit durch pünktliche Lieferung von fehlerfreien Produkte oder Dienstleistungen zu erreichen.

Sigma ist der 18. Buchstabe des griechischen Alphabets; er wird als stimmloses „s“ ausgesprochen und sieht kleingeschrieben fast so aus wie eine umgekippte Sechs. In der Statistik repräsentiert Sigma eine Standardabweichung, ein Maß für die Streuung von Werten um ihren Mittelwert. Ist der Mittelwert ein Qualitätsindex, bewirkt eine Reduzierung der Standardabweichung eine Reduzierung der Anzahl von Produkten, die weit unter ihn fallen.

Zeitleiste

1940er – Lean Manufacturing

1986 – Six Sigma

Das Six-Sigma-Niveau ist erreicht, wenn in einem Prozess bei einer Million Fehlermöglichkeiten nicht mehr als 3,4 Fehler auftreten (was einem Sigma von 6, also sechs Standardabweichungen entsprechen soll). Die Methodologie zur Veränderung von Prozessen, die einer stufenweisen Verbesserung bedürfen, wird unter dem Akronym DMAIC zusammengefasst, das diese wichtigen Phasen repräsentiert:

„Six Sigma beschäftigt uns auf drei unterschiedlichen Ebenen: Als Metrik, als Methodologie und als Managementsystem. Im Wesentlichen ist Six Sigma nichts anderes als eine Verbindung dieser drei Ebenen."
Motorola University

Define (Definieren): Beschreibung des Problems, um Verbesserungsmöglichkeiten zu identifizieren.
Measure (Messen): Erfassung und Vergleich von Ist- und Wunschzustand.
Analyse (Analysieren): Untersuchung der Hauptursache für die Diskrepanz zwischen beiden.
Improve (Verbessern): Optimierung des Prozesses durch Brainstorming, Auswahl und Umsetzung der besten Lösung.
Control (Kontrollieren): Überprüfung der langfristigen Nachhaltigkeit der Verbesserungen durch Kontrollmechanismen, Rechenschaftspflichten und Arbeitsinstrumente.

Zur Entwicklung neuer Prozesse und Produkte, die der Six-Sigma-Qualität entsprechen, kann die DMADV-Methode eingesetzt werden: Auf die Phasen Define, Measure, Analyse folgen hier die Schritte Design (Gestalten) und Verify (Verifizieren). Diese Methode kann auch angewendet werden, wenn ein bestehender Prozess ein so schlechtes Leistungsniveau aufweist, dass anstelle einer inkrementellen eine radikale Veränderung notwendig ist.

Gürtelträger Für die Implementierung von Six Sigma müssen Mitarbeiter geschult und geprüft werden, was Ausbildern und Zertifizierern ein neues Betätigungsfeld eröffnete. In Konkurrenz zu diesen stehen unternehmensinterne Fortbildungseinrichtungen wie die Motorola University, die Six-Sigma-Schulungen und Beratungen anbietet. In Anlehnung an japanische Kampfsportarten umfasst die Six-Sigma-Zertifizierung verschiedene Grade, etwa „Grüner Gürtel" (*green belt*) oder „Schwarzer Gürtel" (*black belt*); die Schulung umfasst theoretischen Unterricht ebenso wie praktisches Training. Grüne Gürtel haben in den Prozessverbesserungs-

Lean Six Sigma

Klassisches Six Sigma führt zu Fehlerreduktion und Qualitätsverbesserung. Lean Manufacturing (Schlanke Produktion, siehe Seite 112) legt den Fokus auf Geschwindigkeit, Effizienz und die Eliminierung von Mehraufwand. Eine Kombination beider Verfahren verspricht enormes Potenzial für Wachstum und Rentabilität: Lean Six Sigma.

Beide Methoden können voneinander profitieren. Six Sigma eliminiert Fehler, lässt aber außer Acht, wie Prozessabläufe optimiert werden können. Lean Manufacturing hat genau das zum Ziel, umfasst jedoch nicht die statistischen Instrumente zur Minimierung von Prozessvariationen. Lean Manufacturing sorgt für schnellere Arbeit, Six Sigma für höhere Qualität.

Hersteller wie BMW und Xerox greifen auf Lean Six Sigma zurück, um Kosten und Komplexität zu reduzieren oder Programme zum strategischen Wandel voranzutreiben. Das Konzept kommt auch im Dienstleistungsbereich, etwa bei Banken, Versicherungen und im Einzelhandel zum Einsatz, sowie bei Behörden. Lean Six Sigma kann eingesetzt werden, wenn Strategien mit operationalen Verbesserungen verbunden werden sollen, um Wertschöpfung zu erzielen und Kundenloyalität zu steigern.

teams den Grad von Fortgeschrittenen, während die Schwarzen Gürtel – deren Kurs an der Motorola University aktuell über 13 000 US-Dollar kostet – als Experten fungieren. Schwarze Gürtel, die sich über einen längeren Zeitraum als Experten bewähren, haben die Aussicht, den Schwarzen Meistergürtel (*master black belt*) zu erlangen. Die „Master Black Belts" befassen sich nicht nur mit besonders komplexen Verbesserungsprojekten, sondern bilden auch „Black Belts" und „Green Belts" aus.

„Six Sigma funktioniert im Rahmen eines bestehenden Prozesses, aber es hinterfragt diesen nicht."
Michael Hammer, 2001

Six Sigma hat auch seine Kritiker. Technische Puristen meinen, dass die Methode das Risiko der Ergebnisverfälschung birgt. Ihre Befürworter halten dagegen, dass ihr zwar eine gewisse Ungenauigkeit innewohne, doch dies sei nicht der Punkt. Die Methode bietet ihnen zufolge zahlreiche Vorteile, darunter eine erhebliche Reduzierung von Kosten und Aufwand, schnellere Zykluszeiten und erhöhte Kundenzufriedenheit. Die detailliert vorgegebene Methodik erlaube zwar keine schnelle, dafür aber leichte Implementierung. Da ihr Ansatz auf Kundenorientierung und faktenbasierten Analysen basiere, sei sie weitaus mehr als nur ein Werkzeugkasten für Herstellungsprozesse. Motorola teilt diesen Standpunkt. Anfang der 1990er kam Six Sigma bereits in nicht-verarbeitenden Industrien wie Finanzdienstleistung, Hochtechnologie und Transportwesen zum Einsatz. 2002 präsentierte Motorola eine neue Version von Six Sigma, die nicht mehr auf den Bereich der Fertigung beschränkt war und als allumfassendes leistungsfähiges Konzept zur Umsetzung von Geschäftsstrategien angepriesen wurde. Diese neue Version – so eine Art Six Sigma 2.0 – umfasst folgende vier Schritte:

„Sowohl Lean Manufacturing als auch Six Sigma sind notwendig … um Verbesserungen der Rendite auf das investierte Kapital und die beste Wettbewerbsposition zu erreichen.“
Michael George
(CEO George Group)

- Ausrichtung der Unternehmensleitung auf die richtigen Grundsätze und Ziele durch Erstellung einer Balanced Scorecard (siehe Seite 8), die strategische Ziele, Kennzahlen und Initiativen umfasst. Damit werden Verbesserungen identifiziert, die den größten Effekt auf das Endergebnis haben werden.
- Mobilisierung von Verbesserungsteams unter Anwendung der DMAIC-Methode.
- Ergebnisbeschleunigung – Wandel vollzieht sich besser schnell als allmählich.
- Sicherstellung einer nachhaltigen Verbesserung und Weitergabe der besten Praktiken an diejenigen Bereiche der Organisation, die davon profitieren können.

Motorola zufolge können Unternehmen so ihren Marktanteil erhöhen, die Kundenbindung verbessern, neue Produkte und Dienstleistungen entwickeln, Innovationen beschleunigen und sich verändernde Kundenanforderungen besser managen.

Überstrapazierung einer guten Idee Dieser aktuelle Trend im Six-Sigma-Universum stößt auf Skepsis. Kritiker meinen, dass unrealistische Erfolgsversprechen dem Image einer guten Idee schaden können, was eventuell dazu führt, dass sie nicht in die Tat umgesetzt wird. Ähnlich verhielt es sich Ende der 1990er beim Business Process Reengineering (BPR, siehe Seite 24).

Dass dieses Schicksal auch Six Sigma ereilen könnte, weiß Michael Hammer als Mitbegründer des Business Process Reengineering nur allzu gut. Er meinte, dass der Untergang von Six Sigma eine Tragödie für alle Unternehmen sei, die von einem rationalen und angemessenen Einsatz dieser wertvollen Methode profitieren könnten.

Um dieser Katastrophe entgegenzuwirken, riet Hammer den Anwendern zu einer ausgewogenen Sichtweise auf Six Sigma, da die Methode keine Universallösung für alle Unternehmensprobleme sei. Sie sei nur ein Instrument unter vielen, aber bei bestimmten Problemen durchaus sehr nützlich.

40 Stakeholder

Manche Begriffe legen eine rasante In-und-Out-Karriere hin: Erst sind sie inspirierend, dann populär, schließlich überstrapaziert und zu guter Letzt nervtötend. Der Begriff „Stakeholder" oder „Anspruchsgruppe" gehört dazu. Er wird gern in Geschäftsberichten und Mission Statements verwendet, so als ob allein der Gebrauch des Wortes schon die Bedeutung ausmachte. Schlimmer noch, Politiker haben ihn für sich entdeckt. Bei ihnen scheint er sich auf die gesamte Bevölkerung zu beziehen, was sich sehr fürsorglich anhört, aber nicht viel zu bedeuten hat. Leider scheint nur wenigen Verwendern des Begriffs klar zu sein, dass das Stakeholder-Konzept eigentlich eine radikale Veränderung der Art und Weise beinhaltet, wie ein Unternehmen sich selbst sieht oder sehen sollte.

Seinen Anfang nahm das Stakeholder-Konzept 1984 mit der Veröffentlichung von R. Edward Freemans Buch *Strategic Management: A Stakeholders Approach*. Freeman zufolge lassen sich Unternehmen auf strategischer Ebene viel effektiver managen, wenn die Interessen unterschiedlicher Anspruchsgruppen berücksichtigt werden. Davon profitieren letztendlich auch die „Shareholder", also die Aktionäre bzw. Anteilseigner. Freeman erklärte später, den Begriff „Stakeholder" ganz bewusst in Abgrenzung zum Begriff „Shareholder" gewählt zu haben. Freeman definiert als Stakeholder einer Organisation jede Person oder Gruppe, die Einfluss auf die Aktivitäten der Organisation nehmen kann oder von ihnen beeinflusst wird. Mit seiner Definition schloss er auch die Konkurrenten eines Unternehmens mit ein, was unnötig großzügig erscheinen mag. Doch sein Ansatz verdeutlichte, dass Unternehmen innerhalb einer Gemeinschaft agieren und ein harmonisches Miteinander zu größerer Zufriedenheit führt.

Nicht nur in akademischen Kreisen, sondern auch in der realen Geschäftswelt sorgte das Konzept für Aufsehen. Weitere Impulse lieferte der Caux Round Table, ein internationales Netzwerk von Wirtschaftsführern aus Europa, Nordamerika und Japan, die sich erstmals im schweizerischen Caux trafen, um internationale Han-

Zeitleiste

1970 Corporate Social Responsibility

1984 Stakeholder

delsspannungen abzubauen. In der Überzeugung, dass Großunternehmen eine globale Verantwortung für den Abbau von sozialen und wirtschaftlichen Spannungen tragen, die die Erhaltung von Weltfrieden und Stabilität bedrohen, gab dieses Netzwerk 1994 seinen ersten Kodex für internationale Unternehmensethik heraus: die „Caux Round Table Grundsätze für Geschäftsaktivitäten" (siehe Kasten), die die Prinzipien des „Stakeholder-Managements" beinhalten.

Unternehmensverantwortung Ein Jahr später startete ein außergewöhnliches, auf fünf Jahre angelegtes Kooperationsprojekt, das mehrere hundert Wissenschaftler aus aller Welt vereinigte. Unter dem Namen *Redefining the Corporation* wurde es aus Mitteln der Alfred P. Sloan Foundation gefördert. Das Projekt betrachtete das unternehmerische Stakeholder-Modell hinsichtlich seiner Implikationen für Managementtheorie, -forschung und -praxis. 2002 publizierten James E. Post, Lee E. Preston und Sybille Sachs unter demselben Titel den Abschlussbericht des Projekts. Der Bericht konkretisiert auf Basis der Erfahrungen von Konzernen wie Cummins, Motorola und Shell (einschließlich der berüchtigten Brent Spar-Affäre, siehe Seite 47) das Stakeholder-Konzept und fordert Unternehmen dazu auf, ihre Zielsetzung zu überdenken.

» Das japanische Konzept des *kyosei* – zusammen leben und arbeiten für das Gemeinwohl – hat viel Ähnlichkeit mit der unternehmerischen Stakeholder-Orientierung. «

James E. Post, Lee E. Preston und Sybille Sachs, 2002

Die Autoren betrachten Unternehmen und Stakeholder nicht als voneinander unabhängige Einheiten: Für sie ist das Unternehmen ein Ort des Zusammenwirkens vieler verschiedener Gruppen und Interessen, die unter dem Begriff Stakeholder zusammengefasst werden. Ihre Grundthese lautet, dass Stakeholder-Beziehungen über reines Eigeninteresse hinausgehen. Sie spielen eine zentrale Rolle bei der Schaffung (oder Vernichtung) von Unternehmensvermögen und somit auch bei den Kernaufgaben und –aktivitäten des Unternehmens. Deshalb ist Stakeholder-Management, definiert als Management von Beziehungen zu Anspruchsgruppen für gegenseitigen Nutzen, entscheidend für unternehmerischen Erfolg.

Den Autoren zufolge zeichnen sich Unternehmen durch ihr Handeln aus. Längst sind Unternehmen vom mittelalterlichen Modell abgekehrt, bei dem der gesellschaftliche Zweck im Zentrum stand. Doch sie sollten sich auch nicht auf das derzeitige Modell festlegen, das den Schwerpunkt auf die Interessen von Anteilseignern und Investoren legt. Der Zweck des Unternehmens besteht darin, Gewinne zu

Stakeholder-Grundsätze

Das Projekt *Redefining the Corporation* stellt sieben Grundsätze des Stakeholder-Managements auf:

1. Unternehmen sollten die Interessen aller in Frage kommenden Stakeholder respektieren, jederzeit über sie informiert bleiben und sie bei strategischen und operativen Entscheidungen angemessen berücksichtigen.
2. Unternehmen sollten Stakeholdern zuhören und offen über ihre jeweiligen Interessen kommunizieren, auch über die Risiken, die sie durch ihre Teilhabe am Unternehmen eingehen.
3. Unternehmen sollten sich Verfahren und Verhaltensweisen aneignen, die speziell auf die Interessen und Möglichkeiten der jeweiligen Anspruchsgruppen eingehen.
4. Unternehmen sollten anerkennen, dass bei Stakeholdern Engagement und Belohnung eng miteinander verknüpft sind und deshalb eine faire Verteilung der Vor- und Nachteile des unternehmerischen Handelns auf die Stakeholder anstreben, unter Berücksichtigung ihrer jeweiligen Risiken und Schwachstellen.
5. Unternehmen sollten mit öffentlichen und privaten Organisationen zusammenarbeiten, um sicherzustellen, dass Risiken und Nachteile durch die unternehmerische Aktivität minimiert werden und dort, wo sie nicht vermieden werden können, für angemessenen Ausgleich sorgen.
6. Unternehmen sollten grundsätzlich alle Aktivitäten vermeiden, die in Widerspruch zu unantastbaren Menschenrechten (z. B. das Recht auf Leben) stehen oder Risiken bergen, die für relevante Stakeholder ganz klar absolut inakzeptabel wären.
7. Unternehmen sollten sich des Konfliktpotenzials zwischen (a) ihrer eigenen Rolle als unternehmerischer Anspruchsgruppe und (b) ihrer gesetzlichen und moralischen Verpflichtung allen anderen Anspruchsgruppen gegenüber bewusst sein und diesem Konfliktpotenzial durch offene Kommunikation, angemessene Berichterstattung, Anreizsysteme und gegebenenfalls durch unabhängige Kontrollinstanzen aktiv entgegenwirken.

erwirtschaften, doch seine Legitimität – die gesellschaftliche Handlungsvollmacht – ist daran gekoppelt, inwieweit die Erwartungen einer großen Gruppe von Anspruchsberechtigten erfüllt werden. Die Ansicht, dass diejenigen, die Gewinne machen, auch Verantwortung tragen, hat sich schon vor über 100 Jahren durchgesetzt und wenn Unternehmen überleben wollen, müssen sie sich dem gesellschaftlichen Wandel anpassen. Die Autoren meinen, dass es zwei Gründe für die Notwendigkeit gibt, das Konstrukt des Großunternehmens neu zu definieren. Der erste Grund liegt in der schieren Größe und Macht von Konzernen, der zweite Grund darin, dass Aktionäre zwar Anteile halten, aber nicht wirklich Eigentümer des Unternehmens sind – und auch gewiss nicht die einzigen Akteure, die zu seinem Erfolg beitragen. Große multinationale Konzerne nehmen naturgemäß Einfluss auf das gesellschaftliche, politische und materielle Umfeld, in dem sie operieren – und die dadurch hervorgerufenen Veränderungen sind als Teil des Ergebnisses zu betrachten, das ein solcher Konzern erzielt. Dieses Ergebnis liegt im Verantwortungsbereich der Konzernleitung und bisweilen kann es unerwünschte oder gar schädliche Auswirkungen haben. Statt kostspielige, unerwünschte und möglicherweise ineffektive Interventionen von staatlicher Seite zu riskieren, kann die Konzernleitung solchen Auswirkungen vorbeugen.

Der Verzicht auf das bisherige Shareholder-Modell bedeutet weder das Ende von Eigentumsrechten noch das Aus für den Shareholder Value (zwei Kritikpunkte in Bezug auf das Stakeholder-Modell). Schon 1946 beschrieb Peter Drucker die Idee, dass Unternehmen nichts weiter seien als die Summe der Eigentumsrechte ihrer Anteilseigner, als unzeitgemäße juristische Fiktion. Laut Post, Preston und Sachs haben die Konstituenten eines Unternehmens (also alle, die maßgeblich am Ergebnis des Unternehmens beteiligt oder von dessen Auswirkungen betroffen sind) ähnliche und wechselseitige Interessen – und wenn das Unternehmen keine Verantwortung für das Wohlergehen dieser Anspruchsberechtigten übernimmt, kann es nicht überleben.

» Zu den Anspruchsgruppen eines Unternehmens zählen alle Einzelpersonen und Gruppen, die freiwillig oder unfreiwillig an den gewinnorientierten Aktivitäten des Unternehmens beteiligt sind und daher von den daraus resultierenden potenziellen Vorteilen und/oder Nachteilen betroffen sind. «

James E. Post, Lee E. Preston und Sybille Sachs, 1994

Ein berechtigtes Interesse Stakeholder sind Personen, deren Einsatz (engl. *stake*) auf dem Spiel steht und natürlich wollen sie, dass das Unternehmen so geleitet wird, dass es ihnen Gewinne bringt oder zumindest keine Verluste. In ihrem Buch *Toward a Stakeholder Theory of the Firm* stellen die Autoren Thomas Kochan und Saul Rubinstein drei Merkmale von Stakeholdern heraus: Sie liefern wichtige Ressourcen, ihr Wohlergehen hängt vom Unternehmen ab oder sie können in positiver oder negativer Weise Einfluss auf die Unternehmensleistung nehmen.

Stakeholder können also Mitarbeiter, Investoren, Kunden, Gewerkschaften, Lieferanten, Behörden, Gemeinden und Bürger, verschiedene private Organisationen oder Regierungen sein. Aus dem Wechselspiel zwischen ihnen und dem Unternehmen erwachsen Vor- und Nachteile für beide Seiten. Post, Preston und Sachs zufolge sind hiervon sogar unfreiwillige Stakeholder betroffen, beispielsweise Anwohner in direkter Nähe eines Werkes, da sie die Unternehmenspräsenz tolerieren und die daraus resultierenden Vor- und Nachteile in Kauf nehmen müssen. Nicht selten kommt es deswegen zu Streitigkeiten zwischen den verschiedenen Interessensgruppen. So ist das Leben in einer Gemeinschaft eben.

41 Strategische Allianzen

„Entweder Partnerschaft oder Untergang", erklärte Anne Mulcahy, als sie in ihrer Funktion als CEO von Xerox eine neue strategische Allianz verkündete – nur eine von vielen, die der Konzern im Laufe der Jahre mit großem Erfolg aufgebaut hatte, angefangen 1960 mit Fuji in Japan. Ihre Worte klangen dramatisch, doch mit Blick auf die sich rasch verändernden Märkte – speziell im High-Tech-Sektor, wo Xerox operiert – waren sie durchaus begründet.

Manager und Anteilseigner streben, wenn auch nicht immer aus denselben Gründen, das Wachstum ihres Unternehmens an. Wachstum entsteht durch den Aufbau von Marktanteilen in bestehenden Märkten oder die Expansion in neue Märkte, und für beides gibt es mehrere Wege. Die konventionellen Optionen sind seit jeher Aufbau oder Erwerb von Wachstum. Unternehmen können durch harte, mühsame Arbeit organisch wachsen. Die (vermeintlich) einfache Alternative ist die Übernahme eines Mitbewerbers oder eines Unternehmens im neuen Zielmarkt. Solche Übernahmen sind jedoch problematisch, denn sie können teuer und risikoreich sein, ganz zu schweigen von den oft anstrengenden Integrationsphasen, die solche Fusionen nach sich ziehen.

> **Die Fähigkeit, Partner zu gewinnen und Allianzen zu managen… ist die neue Kernkompetenz der Netzwerk-Ära.**
>
> **Matt Schifrin, 2001**
> (Herausgeber Forbes.com)

Kauf ohne Zahlung Strategische Allianzen bieten viele Vorteile einer Übernahme, doch weitaus weniger Nachteile, da sie sich schneller und zu einem Bruchteil der Kosten realisieren lassen. Einige Unternehmen ziehen hierfür den Begriff „Partnering" vor. Egal wie die Bezeichnung lautet, eine strategische Allianz ist die Vereinbarung zwischen zwei oder mehreren Organisationen, zur Erreichung gemeinsamer Ziele ihre Ressourcen zusammenzulegen. Solche Allianzen können mit Komplementärunterneh-

Zeitleiste

1450	1916
Innovation	Diversifikation

Bündnisaufruf

Mit i-mode, einem Portaldienst für Mobiltelefone, dominiert das Unternehmens NTT DoCoMo mit einem Anteil von über 50 Prozent Japans mobilen Internetmarkt. Der große Erfolg von i-mode bei den Anwendern wurde vor allem mithilfe von Allianzen erreicht. Im Rahmen einer sogenannten Orchestrierung wurden schon vor der Markteinführung zahlreiche Partnerschaften mit Content-Anbietern geknüpft.

Das attraktive Angebot mit einem Mix aus Content, Diensten und benutzerfreundlicher Menüführung fand bei den japanischen Verbrauchern sofort großen Anklang. Die Partner von DoCoMo erhalten mehr Besucher auf ihrer Homepage und weitere Vorteile. DoCoMo erhebt für jeden Seitenbesuch eine kleine Gebühr und gibt einen Großteil davon an die Content-Anbieter weiter. Zudem erhalten die Partner von DoCoMo Ergebnisdaten aus Nutzungsmusteranalysen.

Allianzen sind auch die treibende Kraft der internationalen Expansion von i-mode, die die Skaleneffekte in der Produktion von i-mode-Mobiltelefonen verbessern soll. Das Unternehmen ging bereits Partnerschaften mit Telekommunikationsunternehmen in zahlreichen Ländern ein, um ein internationales i-mode-Netzwerk zu kreieren. Die nächste Stufe sieht i-mode als Plattform für die Bereitstellung von Finanzdienstleistungen vor. Noch mehr Allianzen…

men, Kunden, Lieferanten, Konkurrenten (auf sorgfältig definierter Grundlage), Bildungs- und Forschungseinrichtungen und sogar Regierungsbehörden geschlossen werden. Allianzen verfolgen meist ein spezifischeres Motiv als bloßes Wachstum, auch wenn darin das übergeordnete Ziel liegt. Dieses Motiv kann beispielsweise der Zugang zu einer bestimmten Technologie oder zu geistigem Eigentum sein. Vielleicht will ein Unternehmen in einem bestimmten Gebiet Präsenz zeigen oder einen neuen Vertriebskanal erschließen. Andere denkbare Motive sind die Erweiterung der Produktpalette für Bestandskunden, geringere Forschungs- und Entwicklungskosten oder kürzere Produkteinführungszeiten.

In fast allen genannten Fällen kann eine sorgfältig strukturierte Allianz Risiken reduzieren. Allianzen sind auch deshalb verlockend, weil sie Zugriff auf das Kapital des Partners ermöglichen. Gelegentlich werden sie als „virtuelle Finanzierung" bezeichnet, da sie relativ schnell und ohne die Notwendigkeit von Verschuldung oder Aktienverkauf alle Vorteile einer Finanzspritze mit sich bringen.

Angesichts dieser Vorteile haben strategische Allianzen inzwischen derart zugenommen, dass sie Fusionen und Übernahmen zahlenmäßig übertreffen. Im Falle einfacher Marketingallianzen oder -kooperationen tauschen Unternehmen Kundendaten aus und bieten ihre Produkte bei gegenseitiger Umsatzbeteiligung dem Kundenstamm des Partners an.

Bei einer Produktkooperation bietet ein Unternehmen seinen Kunden die Produkte eines anderen Unternehmens an und erweitert so das eigene Sortiment ohne kostspielige Investitionen. Allianzen dieser Art und komplexere Wissensallianzen kommen besonders häufig im Technologie- und IT-Sektor vor, wo Forschung und schneller Zugriff auf neue Produkte Grundvoraussetzungen für dauerhafte Wettbewerbsfähigkeit sind.

„Der Trend zu Equity-Allianzen ist ein neues Kapitel in der Entwicklung des freien Unternehmertums.“
Peter Pekar und Marc Margulis, 2003

Der Trend zum Partnering ist zum Teil auf die abgekühlte Begeisterung für Fusionen (bzw. Übernahmen) zurückzuführen. Inzwischen hat sich herumgesprochen, dass weitaus mehr Fusionen scheitern als glücken und dass oft weniger die Käufer als vielmehr die Verkäufer von einem positiven Shareholder Value profitieren. Bei Wettbewerbsauktionen zahlt der Meistbietende oft zu viel, ein Phänomen, das als „Fluch des Gewinners“ bekannt ist. Auch mit Blick auf den Aktienkurs stellt die Allianz also eine durchaus attraktive Alternative dar.

Der rasante Anstieg von Allianzen ist auch eine Folge des sich immer schneller verändernden und immer komplexer werdenden Geschäftsumfelds. Unternehmen sehen sich ständig mit neuen Bedrohungen und Chancen konfrontiert, doch ihre Fähigkeit zu reagieren wird durch begrenzte Kapital- und Personalressourcen eingeschränkt. Einerseits eröffnet der Wegfall von geografischen und technologischen Barrieren ihnen viele neue Möglichkeiten. Andererseits haben zahlreiche Unternehmen sich mittlerweile wieder auf ihre Kernkompetenzen (siehe Seite 36) beschränkt und brauchen daher Partner, wenn sie neue Wege beschreiten wollen.

Eine Reihe von Optionen Die strategische Allianz ist nur eine Option in einer Reihe von Unternehmensallianzen, die sich durch verschiedene Grade des partnerschaftlichen Engagements und der Integration auszeichnen. Am einen Ende des Spektrums steht das Lizenzabkommen, eine Allianz, die üblicherweise lediglich eine vertragliche Vereinbarung mit einem geringen Maß an Zusammenarbeit umfasst. Bei der Non-Equity-Allianz werden Ressourcen gemeinsam genutzt, doch es gibt keine gegenseitige Kapitalbeteiligung. Equity-Allianzen zeichnen sich durch ein stärkeres Engagement aus, wobei zwei Typen unterschieden werden. Der erste Typ beinhaltet entweder eine Teilakquisition, wobei die eine Partei Anteile der anderen

Partei erwirbt, oder das Arrangement gegenseitiger Minderheitsbeteiligungen (Cross Equity).

Die zweite und integrativere Form der Equity-Allianz ist das Joint Venture, bei dem die Partner gemeinsam ein neues Unternehmen gründen, an dem jeder von ihnen eine Kapitalbeteiligung hält. Gründung und Management eines Joint Ventures sind oft kompliziert und zeitaufwändig, insbesondere für das Topmanagement.

Einige der erfolgreichsten Allianzen wurden zur Erreichung sehr spezifischer Ziele geschlossen. So verbündete sich der US-Telekommunikationskonzern BellSouth mit KPN Royal Dutch Telecom, um im deutschen Mobilfunkmarkt Fuß zu fassen, während Nestlé und Häagen Dasz sich zusammenschlossen, um auf dem US-Eiscrememarkt mit Unilever konkurrieren zu können.

Kein Happy End Im Geschäft wie im Leben verlaufen enge Beziehungen nicht immer reibungslos. Anfang der 1990er bildeten die Konzerne Apple und IBM eine strategische Allianz, um ein innovatives Betriebssystem für Mikrocomputer zu entwickeln. Unter dem Namen Taligent verlief das Unternehmen leise im Sande. In der Automobilindustrie nahm eine Allianz zwischen Honda und Rover ein trauriges Ende.

Unternehmen haben inzwischen aus den Fehlern anderer gelernt. Die Erfolgsaussichten von Allianzen sind durchaus vielversprechend, solange gewisse Grundregeln befolgt werden. Unternehmen sollten sich genau darüber im Klaren sein, was sie von einer Partnerschaft erwarten und warum sie sie eingehen. Die Wahl des richtigen Partners erfordert sorgfältige Recherchen. Falls die Allianz als Erholungsstrategie dienen soll, ist ein Partner, der ebenfalls in Schwierigkeiten steckt, sicher keine große Hilfe. Die gegenseitigen Erwartungen sollten sehr klar formuliert werden, am besten von einem guten Anwalt.

Bei manchen Allianzen wird ein Mitarbeiteraustausch als hilfreiche Maßnahme betrachtet, um das notwendige Vertrauen und Verständnis zwischen den Partnern zu fördern. Spezialisierung ist wichtig, wobei jeder Partner das tun sollte, was er am besten kann. Zu guter Letzt sollten Unternehmen daran denken, dass eine Partnerschaft nicht ewig dauern muss. Allianzen sollten nur so lange fortbestehen wie sie für beide Partner von Nutzen sind. Ist das gemeinsame Ziel erreicht, sollte die Möglichkeit gegeben sein, sich einvernehmlich zu trennen. Manche meinen deshalb, dass strategische Allianzen besser als „taktische Allianzen“ bezeichnet werden sollten. Doch das klingt weniger eindrucksvoll.

Worum es geht

Neue Märkte mit geringerem Risiko

42 Supply Chain Management

Wenn Supply Chain Manager ihre Erfahrungen austauschen, kommen sie oft auf den „perfekten Auftrag" zu sprechen. Damit meinen sie eine Bestellung, die dem Kunden vollständig, fehlerfrei, pünktlich und an den richtigen Ort geliefert wurde. Leider geschieht die perfekte Auftragserfüllung nicht so häufig wie gewünscht. Eine niedrige Quote perfekt ausgeführter Aufträge sorgt nicht nur für Unzufriedenheit beim Kunden, sondern deutet auch auf kostenintensive Schwachstellen in der Lieferkette hin. Nicht zuletzt deshalb wurde das Supply Chain Management in zahlreichen Unternehmen bereits zur Chefsache erklärt.

Die Supply Chain oder Lieferkette besteht aus den materiellen und informativen Verbindungen zwischen einem Unternehmen und seinen Lieferanten auf der einen Seite sowie zwischen dem Unternehmen und seinen Kunden auf der anderen Seite. Sie umfasst Produktionsplanung, Beschaffung, Materialwirtschaft und – als Teilaspekt der Logistik – Transport und Lagerung (Lager und Distributionszentren). Unternehmen haben die Angebotsseite und die Nachfrageseite (Kunden) bislang separat betrachtet, doch inzwischen gehen sie verstärkt dazu über, beide als Teile einer einzigen langen Kette zu sehen und zu behandeln. Lange Zeit konzentrierten sich Unternehmen hauptsächlich auf den Teil der Kette, der zu ihren Lieferanten führt. Der Teil der Kette, der zum Kunden führt, war der Distributionskanal (siehe Seite 32), um den sich ein anderer Unternehmensbereich kümmerte.

Die Nachfrageseite der Supply Chain wurde vor allem von den Autoherstellern ins Blickfeld gerückt, denn für sie ist der zum Kunden führende Teil der Kette seit jeher von großer Bedeutung. Anfangs stellte Ford viele Komponenten selbst her; Zulieferbetriebe spielten kaum eine Rolle. General Motors lagerte 1920 (siehe Seite 144) seine Komponentenfertigung aus, jedoch nur an eigene Niederlassungen. Erst

Zeitleiste

1940er
Lean Manufacturing

1950
Supply Chain Management

1950 begann Ford, seine Teileproduktion an Fremdunternehmen abzugeben. Mit dieser neu entstandenen Kette nahm das komplizierte Management von Lieferterminen, Stückzahlen, Warenbestand, Qualität und Schadensfällen seinen Lauf.

„Die Lieferkette hat im Back Office nichts mehr zu suchen. Sie ist zur potenziellen Wettbewerbswaffe in der Vorstandsetage geworden."
Kevin O'Connell, 2005
(IBM Integrated Supply Chain Division)

Damals wurden Lieferüberschüsse einfach gelagert, bis sie gebraucht wurden – lieber zu viel als zu wenig, lautete die Devise. Doch Lagerhaltung, sprich Bestand, bedeutet auch Kapitalbindung. Bezahlte Ware liegt nutzlos herum. Solange sie nicht in der Produktion eingesetzt und verkauft wird, stellt sie unproduktives Umlaufvermögen dar. Das Gleiche gilt für Fertigerzeugnisse, die das Lager nicht verlassen. Bei einer gut geplanten Lagerhaltung wird dagegen Kapital freigesetzt, das zinsbringend angelegt werden oder einem anderen sinnvollen Zweck zugeführt werden kann. Lagerhaltung ist also ein Kostenfaktor und geringere Bestände bedeuten Einsparungen. In früheren Zeiten hat der Anblick überfüllter Lager die Unternehmensleitung vermutlich mit Stolz erfüllt. Doch heute sorgt ein solcher Anblick eher für Verzweiflung.

Just in time Nach japanischem Vorbild gingen Großhersteller in den 1980ern dazu über, ihre Lagerbestände durch bedarfsorientierte, punktgenaue Lieferungen (*just in time*) zu reduzieren. Dies bedeutete eine engere Zusammenarbeit mit Lieferanten, die von cleveren Unternehmen inzwischen längst als Partner oder Stakeholder (siehe Seite 160) betrachtet werden, mit denen man gemeinsam an einem Strang zieht. Die Zeiten, in denen Anbieter knallhart heruntergehandelt wurden und stets nur derjenige mit dem günstigsten Angebot den Zuschlag erhielt, sind in hochentwickelten Branchen definitiv vorbei. Der Preis ist zwar noch immer ein wichtiges Entscheidungskriterium, doch nicht mehr das einzige.

Wenn Unternehmen die Lieferantenseite besser managen, heißt das nicht unbedingt, dass sie auch die Kundenseite gut im Griff haben. Ein Produktionsüberschuss bedeutet überfüllte Lager, was nicht wünschenswert ist. Wird andererseits zu wenig produziert, führt dies zu Lieferengpässen und der Vertrieb gerät ins Schwitzen. Aus diesem Grund sind genaue Umsatzprognosen so wichtig, nicht damit das Unternehmen sich selbst zu einem guten Monat gratulieren kann, sondern um das Produktionsniveau so anzupassen, dass weder zu viel noch zu wenig produziert wird.

Nie wieder

Zwischen 2003 und 2004 stieg die Nachfrage nach Handychips um 37 Prozent, da Menschen weltweit immer größeren Gefallen an Mobiltelefonen fanden. Die plötzliche Bedarfsspitze traf den Chipsatz-Hersteller Qualcomm völlig unvorbereitet. Das Unternehmen konnte der Auftragsflut nicht Herr werden, da es nicht über genügend Chips verfügte. Um diesen Fall nie wieder eintreten zu lassen, führte Qualcomm eine Restrukturierung seiner Lieferkette durch. Bis zu diesem Zeitpunkt war die Lieferkettenplanung in zwei Gruppen geteilt: die eine war für die Angebotsseite zuständig, die andere für die Nachfrageseite. Beide Gruppen wurden zusammengeführt. Qualcomm erkannte zudem, dass eine Erhöhung der Auftragserfüllungsquote nur mit Bedarfsprognosen möglich war, die sich über einen längeren Zeitraum erstreckten und die Produktionskapazitäten der Lieferanten berücksichtigten. Das Unternehmen aktualisierte seine Software zur Bedarfsplanung und führte regelmäßige Planungsbesprechungen ein, an denen die Bereiche Supply Chain, Finanzen, IT, Vertrieb und Marketing an einem Tisch sitzen. Die Flexibilität der Lieferkette wurde erhöht, indem mit mehr Lieferanten zusammengearbeitet wird, die zudem mehr Informationen als früher erhalten. Sollte es zu einer weiteren unerwarteten Nachfragespitze kommen, kann die Produktion variabel auf mehrere Lieferanten verteilt werden. Die Quote pünktlicher Lieferungen ist von unter 90 Prozent auf 96 Prozent gestiegen – ein hoher Wert für diese Branche.

Prognosen sind allerdings bekanntlich oft unzuverlässig, zumal der Bedarf der Kunden sich aus vielen unvorhersehbaren Gründen sehr schnell ändern kann. Schwankungen bei der tatsächlichen Nachfrage wirken sich am anderen Ende der Kette auch auf die Lieferanten aus, die ihrerseits ständig aktuelle Informationen darüber benötigen, ob sie ihr eigenes Produktionsniveau steigern, drosseln oder beibehalten sollen.

Integration Ein sehr wichtiger Aspekt der Lieferkette ist daher die „Integration“: Es geht um die Schaffung von Informationssystemen, die das Unternehmen und auch seine Lieferanten so schnell wie möglich über Umsatzveränderungen in Kenntnis setzen. Konsumgüterherstellern gelingt dies immer besser. Mit seinem alten Lieferkettenmodell benötigte der Konzern Procter & Gamble (P&G) manchmal Wochen, um Regallücken im Einzelhandel wieder aufzufüllen. Datenerfassungssysteme beim Kassiervorgang im jeweiligen Geschäft lieferten dem Distributionszentrum von P&G die Nachricht, dass eine bestimmte Anzahl von Produkten verkauft worden war und wieder aufgestockt werden musste. Das konnte lange dauern. Inzwischen informiert das System die Lieferanten von P&G direkt und täglich über jedes verkaufte Produkt. Leere Regale kommen nur noch selten vor.

> **Optimierung unserer Lieferkette heißt 75 Prozent Prozess und 25 Prozent Tools und Technologien.**
>
> **Norm Fjeldheim, 2005** (Qualcomm)

In hochindustrialisierten Inlandsmärkten funktioniert das recht reibungslos, doch die Globalisierung hat eine völlig neue Dimension eröffnet. Wenn ein US-Unternehmen in China Mobiltelefone produziert und diese einem österreichischen Händler anbietet, kann die Lieferkette ihre Belastungsgrenze erreichen oder sie sogar überschreiten. Die Kette hat inklusive Transport so viele Kettenglieder, dass Probleme fast vorprogrammiert sind. Selbst modernste Informationssysteme bringen nicht viel, wenn der Lieferant sich in einer entlegenen Region befindet, wo Telefon und Faxgerät die einzig möglichen Kommunikationsmittel sind.

Viele Glieder der Lieferkette finden sich auch in Michael Porters Wertschöpfungskette (siehe Seite 188) und jedes davon birgt das Potenzial für Kosteneinsparungen, vom Bestandsmanagement bis zum Spediteur. Unternehmen, deren Kerngeschäft nicht im weltweiten Transport besteht, können auf die effizienteren Logistikdienste Dritter zurückgreifen. Outsourcing ist somit ein weiterer wichtiger Aspekt im Supply Chain Management. Immer mehr Hersteller gehen heute dazu über, jedes Glied der Logistikkette auszulagern. Die Gabelstaplerfahrerin, die im Werk eine Kiste mit Kugellagern transportiert, ist wahrscheinlich nicht beim Werk angestellt, sondern bei einem spezialisierten Logistikanbieter. Die Lieferkette kann die Basis für einen Wettbewerbsvorteil bilden und Unternehmen tun gut daran, sich diesen zu sichern.

Worum es geht
Die perfekte Lieferkette

43 Systemdenken

Einigen Landwirten erschloss sich das Systemdenken als bittere Lektion. Als Insekten ihre Erntebestände vernichteten, griffen sie zur Sprühpistole und machten ihnen mit Pestiziden den Garaus. Dies ging auch für einige Zeit gut. Doch bald kam es zu weiteren, noch viel schlimmeren Ernteschäden; das ursprünglich so effektive Pestizid hatte seine Wirkung verloren. Wie sich herausstellte, hatte das Ernte vernichtende Insekt einen Konkurrenten gehabt. Mit dem Verschwinden des ersten Insekts hatte das zweite Insekt freie Bahn. „Systemdenken" bedeutet, dass nichts so einfach ist, wie es scheint und dass Handlungen ungeahnte und nicht beabsichtigte Konsequenzen nach sich ziehen können.

Systemdenken bedeutet, dass nichts isoliert betrachtet werden kann und dass zwischen sozialen und natürlichen Prozessen Zusammenhänge bestehen, die nicht immer sofort erkennbar sind. „Lineares" Denken verläuft geradlinig. Es besagt, dass eine Einwirkung von *A* auf *B* das Resultat *C* zur Folge hat. Beim Systemdenken kann die Einwirkung von *A* auf *B* auch *D* und *E* beeinflussen und das Resultat *F* zur Folge haben, wobei *F* möglicherweise erst nach einer gewissen Zeit eintritt.

„Das Konzept eines Systems widerspricht der Auffassung, dass Menschen vollkommen frei handeln."
Jay W. Forrester, 1998

Das Systemdenken entstammt der Theorie der „Systemdynamik", die der amerikanische Computeringenieur Jay Forrester entwickelte. Er beobachtete, dass selbst einfache Systeme ein überraschend nichtlineares Verhalten entwickeln können und veröffentlichte 1958 einen Aufsatz über „Industriedynamik". In jüngerer Zeit befasste sich Peter Senge (siehe Seite 118) mit der Frage, wie Systemdenken und Systembewusstsein in lernenden Organisationen dazu beitragen können, eine produktivere Zusammenarbeit der Menschen zu ermöglichen, um gemeinsame Ziele zu erreichen.

Zeitleiste

1958 Systemdenken

1985 Wertschöpfungskette

Zukunftssichere Gestaltung

Niemand würde auf die Idee kommen, ein Raumschiff zum Mond zu schicken, ohne vorher Prototypen zu testen und oder Flugbahnen zu simulieren. Selbst ein elektrischer Wasserkocher durchläuft Labortests, bevor er in Produktion geht. Doch warum werden Unternehmen gestartet, ohne vorher ihr Konzept zu testen?

Jay Forrester, der Begründer der Systemdynamik, hat am Computer jahrelang gesellschaftliche Systeme modelliert und glaubt, dass die Zeit nun reif für den Echttest ist. Er befürwortet die Simulation und Erprobung von Gesellschaftssystemen (beispielsweise Unternehmen), um so herauszufinden, ob sie funktionieren. Zwar akzeptiert er das Unbehagen, das Menschen bei der „Gestaltung" von sozialen Organisationen empfinden, doch er meint, dass diese schon immer gestaltet wurden, allerdings ohne Sorgfalt. Seiner Ansicht nach funktionieren Organisationen, die nur auf Basis von Theorie oder Intuition erschaffen werden, nicht besser als ein Flugzeug, das nach diesen Methoden entwickelt wird.

Echte Flugzeuge werden von Konstrukteuren gebaut und von Piloten geflogen. Im Geschäftsleben sind es jedoch die Piloten, die das Flugzeug konstruieren. Forrester prognostiziert, dass Managementakademien künftig Unternehmensgestalter und nicht nur Unternehmensführer heranbilden werden. Er meint, dass das richtige Design ein Unternehmen weniger anfällig macht und dazu beitragen kann, strategische Entscheidungen zu vermeiden, die zwar kurzfristig Vorteile, langfristig jedoch Nachteile bringen.

Wirkungskreise Das Systemdenken betrachtet einen Prozess als System, und zwar nicht als gerade Linie, sondern als Schleife (engl. *loop*) oder als eine Reihe miteinander verknüpfter Schleifen. Das System verbindet beispielsweise Menschen, Institutionen oder Prozesse miteinander, wobei es darum geht, zu erkennen, wie sie sich gegenseitig beeinflussen. So behauptet Senge, dass dem „Krieg gegen den Terror" keine rivalisierenden Ideologien zugrunde liegen, sondern vielmehr eine Denkart, die beiden Seiten gemein ist.

Dem linearen Denken des US-Establishments zufolge stellen Terroranschläge eine Bedrohung für Amerika dar und erfordern somit eine militärische Antwort. Dem Denken der Terroristen zufolge werden US-Militäreinsätze als Aggression wahrgenommen, die Menschen bereitwillig zu Terroristen werden lässt. Letztlich bilden diese beiden linearen Denkweisen einen Wirkungskreis, ein System sich gegenseitig beeinflussender Variablen und somit einen fortwährenden Aggressionskreislauf. Laut Senge reagieren beide Seiten auf wahrgenommene Bedrohungen. Doch ihre Reaktionen führen schließlich zu einer eskalierenden Gefahr für alle. Wie in vielen Systemen führt hier eine naheliegende Handlung nicht zum naheliegenden beziehungsweise erwünschten Ergebnis.

„Feedbackprozesse … sind die Grundlage für jeden Wandel.“
Jay W. Forrester, 1998

Dieses Phänomen lässt sich auch bei Problemsituationen am Arbeitsplatz beobachten. Von elementarer Bedeutung innerhalb des Systemdenkens ist das sogenannte „Feedback“, das allerdings nichts mit dem zu tun hat, was ein Unternehmen sich vom Kunden erhofft. Gemeint ist vielmehr die gegenseitige Beeinflussung aller Systembestandteile (engl. *feedback loop*). Jeder Einfluss ist Ursache und Wirkung zugleich. Das Verschwinden des ersten Insekts war die Wirkung der Pestizidanwendung und zugleich die Ursache für das Erstarken des zweiten Insekts. Diese Ursache-Wirkungs-Kette bildet letztlich einen Wirkungskreis.

Verstärkendes Feedback, oder anders ausgedrückt ein verstärkender Rückkopplungsprozess, führt zu einer Eskalation. Eine anfangs kleine Ursache kann also eine große Wirkung entfachen – ein Teufelskreis entsteht. Sich selbst erfüllende Prophezeiungen sind Beispiele für verstärkendes Feedback am Arbeitsplatz, genauso wie die eskalierenden Spannungen zwischen der US-Regierung und Terroristen. Ein ausgleichendes Feedback stabilisiert das System und ist das Ergebnis zielorientierten Verhaltens. Wenn eine Person mit einer Geschwindigkeit von 60 km/h fährt und nur noch 50 km/h fahren will, wird diese Absicht bewirken, dass die Person auf die Bremse tritt. Fährt die Person 40 km/h, wird sie aufs Gaspedal treten, aber nur solange bis sie die gewünschte Geschwindigkeit von 50 km/h erreicht hat. Hier handelt es sich um ein ausgleichendes Feedbacksystem mit explizitem Ziel. Ausgleichendes Feedback mit implizitem Ziel kann der Grund dafür sein, dass Systemveränderungen trotz aller Bemühungen fehlschlagen. Verzögerungen, ein weiteres Schlüsselelement des Systemdenkens, treten bei Feedback häufig auf; sie unterbrechen die Ursache-Wirkungs-Kette, so dass Konsequenzen sich nur allmählich manifestieren.

„Die Systemdynamik entstand aus dem Bemühen heraus, zu einem besseren Verständnis von Management zu gelangen.“
Jay W. Forrester, 1998

Systemdynamik kann zahlreiche Formen annehmen und sich beispielsweise auch darin zeigen, dass eine Lösung an einer anderen Stelle im System zum Problem wird. Wird etwa das Problem hoher Bestandkosten durch eine Reduzierung der Bestände gelöst, kann dies im Vertrieb zu größerem Zeitaufwand führen, da Kunden, die sich über Lieferverzögerungen beschweren, beruhigt werden müssen. Ein anderes Beispiel wäre ein Umsatzrückgang im vierten Quartal infolge eines sehr erfolgreichen Rabattprogramms im dritten Quartal. Senge schildert, wie die Beschlagnahmung einer Großlieferung von Betäubungsmitteln eine Welle der Straßenkriminalität auslöste: Die Verminderung des Drogenangebots führte zu Preiserhöhungen, die wiederum verzweifelte Süchtige in die Beschaffungskriminalität trieben, um ihre Sucht zu finanzieren.

Rückkopplungen Verstärkendes Feedback findet auch statt, wenn die Erwartungshaltung von Führungskräften die Leistung ihrer Mitarbeiter beeinflusst. Wenn ein Vorgesetzter an das hohe Potenzial eines Mitarbeiters glaubt, wird er ihn besonders fördern. Der Mitarbeiter erfüllt die in ihn gesetzten Erwartungen, was den Vorgesetzten darin bestärkt, ihn noch mehr zu fördern. Umgekehrt kann es sich verhalten, wenn der Vorgesetzte einem leistungsschwachen Mitarbeiter „aus gutem Grund" eine Förderung verweigert. „Je stärker Druck ausgeübt wird, desto stärker erwidert das System den Druck", beschreibt Senge ein typisch ausgleichendes Feedbacksystem. Er führt das Beispiel eines Freundes an, der vergeblich versuchte, Burnout-Symptome bei seinen Mitarbeitern durch verkürzte Arbeitszeiten und Abschließen der Büroräume zu reduzieren. Es brachte nichts: Die Mitarbeiter nahmen die Arbeit mit nach Hause, denn ein ungeschriebenes Gesetz besagte, dass Erfolg und Karriere an eine 70-Stunden-Woche gekoppelt waren – der Unternehmenschef hatte diesen Standard selbst gesetzt, durch sein eigenes Verhalten.

» Die Wirklichkeit besteht aus Kreisläufen, doch wir betrachten sie linear. «

Peter Senge, 1990

Dies sind recht einfache Beispiele. Systeme innerhalb großer Organisationen sind oft wesentlicher komplexer. Unternehmen verfügen über hochentwickelte Instrumentarien für Prognose, Planung und Analyse – doch oft können selbst damit die Ursachen der schwierigsten Probleme nicht ermittelt werden. Dies liegt Senge zufolge daran, dass diese Tools zur Bewältigung von Detailkomplexität konzipiert wurden, also einer Komplexität, die viele Variablen hat. Doch gibt es noch eine andere Art von Komplexität, bei der diese Tools nicht weiterhelfen: die dynamische Komplexität. Bei ihr hat eine Ursache nicht immer dieselbe Wirkung und Handlungen wirken sich kurzfristig anders aus als langfristig.

Senge erklärt, dass die Behandlung solcher Probleme eine Veränderung der Sichtweise erfordert. Grundlage des Systemdenkens sei, Ursache-Wirkungs-Zusammenhänge nicht linear und als Momentaufnahmen zu betrachten, sondern als Kreisläufe und Prozesse des Wandels.

Worum es geht

Alles hängt miteinander zusammen

44 Theorien X & Y (und Theorie Z)

Die Erforschung von Wegen zur Steigerung der Arbeitseffizienz hat ihre Wurzeln im Scientific Management. Seither haben sich die Theorien zur Mitarbeitermotivation beträchtlich verändert. Inzwischen sind sich die meisten Führungskräfte zumindest theoretisch klar darüber, dass Mitarbeiter menschliche Wesen mit entsprechenden Bedürfnissen und Wünschen sind und dass dies nicht außer Acht gelassen werden darf, wenn man das Beste aus ihnen herausholen will. Diese Erkenntnis, die heute selbstverständlich erscheint, beruht zu einem Großteil auf den Theorien X und Y von Douglas McGregor.

Die Theorien X und Y gehen von zwei sehr gegensätzlichen Menschenbildern aus, wobei recht deutlich wird, welches davon McGregor bevorzugt, auch wenn er betont, dass der optimale Führungsstil beide berücksichtigen sollte. McGregor war überzeugt, dass die Art und Weise, wie ein Unternehmen geführt wird, das Menschenbild der Führungskräfte des Unternehmens widerspiegelt. Seine Theorien verdeutlichen, wie die Befriedigung von Mitarbeiterbedürfnissen zur Motivation der Mitarbeiter eingesetzt werden kann, wobei jede Theorie von sehr unterschiedlichen Bedürfnissen ausgeht. Beide stützen sich auf eine humanpsychologische Theorie des amerikanischen Psychologen Abraham Maslow, die seit 1943 als Maslowsche Bedürfnishierarchie bzw. Bedürfnispyramide bekannt ist.

Diesem Modell zufolge gibt es eine ansteigende Bedürfnisrangfolge, wobei laut Maslow erst die Bedürfnisse der unteren Ebene erfüllt werden müssen, bevor die Bedürfnisse der nächsthöheren Ebene akut werden. Auf der untersten Ebene stehen körperliche Bedürfnisse und auf der obersten Ebene ist die von Maslow sogenannte „Selbstverwirklichung". Von der untersten Stufe ausgehend sieht die Bedürfnishierarchie wie folgt aus: **Physiologische Bedürfnisse**: Körperliche Grundbedürfnisse

Zeitleiste

1450
Innovation

1911
Empowerment
Scientific Management

(Luft, Wasser, Nahrung, Schlaf). **Sicherheit**: Sobald das Überleben gesichert ist, entsteht das Bedürfnis, sich vor Gefahren zu schützen (sicherer Ort, sicherer Arbeitsplatz, genügend Geld). **Soziale Bedürfnisse**: Mit Erfüllung der Sicherheitsbedürfnisse rückt der Wunsch nach gesellschaftlichem Anschluss in den Vordergrund (Freundschaften, Zugehörigkeitsgefühl, Liebe, Sex). **Individualbedürfnisse**: Fühlt der Mensch sich sozial zugehörig, sehnt er sich nach Bedeutung und Anerkennung. Maslow unterscheidet zwei Arten von Individualbedürfnissen: innerlich (Selbstwertgefühl oder Erfolgserlebnis) und äußerlich (sozialer Status, Anerkennung durch Andere, Reputation). Später ergänzte Maslow sein Modell um eine weitere Ebene zwischen Individualbedürfnissen und Selbstverwirklichung, die auch das Bedürfnis nach Wissen und Schönheit umfasst, also kognitive und ästhetische Bedürfnisse. **Selbstverwirklichung**: Dieses Bedürfnis bildet die Spitze der Pyramide und im Gegensatz zu den Bedürfnissen der unteren Ebenen kann es niemals ganz befriedigt werden. Es handelt sich um das instinktive Bedürfnis, sein eigenes Potenzial voll entfalten zu können, Sinn und Wahrhaftigkeit in der Welt zu sehen und Harmonie zu erleben.

„[Die Herausforderung besteht darin]… Innovationen voranzutreiben und neue Wege der Organisation und Steuerung menschlicher Leistung zu finden, auch wenn wir erkennen, dass die perfekte Organisation, wie das perfekte Vakuum, praktisch unerreichbar ist."

Douglas McGregor, 1960

1960 präsentierte Douglas McGregor schließlich in seinem Buch *The Human Side of Enterprise* (deutscher Titel: *Der Mensch im Unternehmen*, 1982) zwei gegensätzliche Theorien zur Mitarbeitermotivation, die er Theorie X und Theorie Y nannte.

Theorie X Diese Theorie geht davon aus, dass Menschen:

- Arbeit nicht mögen und sie, wenn möglich, vermeiden;
- nur dann hart arbeiten, wenn sie kontrolliert und mit Sanktionen bedroht werden;
- Verantwortung scheuen und lieber angeleitet werden;
- sich bei ihrer Arbeit sicher fühlen wollen.

Laut Theorie X arbeiten Menschen nur, um Geld und Sicherheit zu erhalten, also letztendlich zur Befriedigung körperlicher und sicherheitsbezogener Bedürfnisse. Die Rolle der Führungskraft besteht darin, die Arbeit zu strukturieren und dem Mitarbeiter Anreize in Form von Lohn und Sozialleistungen zu bieten. McGregor wies auf den Schwachpunkt von Theorie X hin: Sobald diese Bedürfnisse befriedigt sind, motivieren sie nicht mehr. Hinzu kommt, dass die Mitarbeiter ihre in der Hierarchie

Herzbergs Zwei-Faktoren-Theorie

Was Mitarbeiter motiviert, wurde bereits eingehend erforscht. Was sie demotiviert, ist weniger bekannt. Einer der ersten, der sich damit befasste, war der amerikanische Psychologe Frederick Herzberg. Er entwickelte die Zwei-Faktoren-Theorie, auch als Motivator-Hygiene-Theorie bekannt. Diese besagt, dass die Faktoren, die Unzufriedenheit erzeugen, in keiner Beziehung zu den Faktoren stehen, die für Zufriedenheit am Arbeitsplatz sorgen. Die Faktoren, die Zufriedenheit bedingen, nannte er „Motivatoren" und diejenigen, die für Unzufriedenheit sorgen, bezeichnete er als „Hygienefaktoren".

Motivatoren: • Erfolg • Anerkennung • Arbeitsinhalte • Verantwortung • Aufstieg/Beförderung • Wachstum

Hygienefaktoren: • Unternehmenspolitik • Supervision • Beziehung zu Vorgesetzten • Arbeitsbedingungen • Vergütung • Beziehung zu Kollegen

Herzberg unterschied zwischen Zufriedenheit und Nicht-Zufriedenheit bei den Motivatoren sowie Unzufriedenheit und Nicht-Unzufriedenheit bei den Hygienefaktoren. Hygienefaktoren erzeugen Unzufriedenheit, doch wirken sie in positiver Ausprägung nicht motivierend – sie führen lediglich zu einem Gefühl der Nicht-Unzufriedenheit. Motivatoren sind intrinsischer Natur, also mit dem Arbeitsinhalt verbunden, wohingegen Hygienefaktoren externen Ursprungs sind. Herzberg nannte sie „KITA"-Faktoren (ein Akronym für „*kick in the ass*" bzw. „Tritt in den Hintern"), da sie entweder Anreize oder die Androhung von Sanktionen beinhalten.

Herzberg riet dazu, die Arbeit interessanter zu gestalten. Sie sollte so viel Herausforderung bieten, dass die Fähigkeiten des Mitarbeiters zur vollen Entfaltung kommen können und denjenigen Mitarbeitern, die ihre Fähigkeiten besonders überzeugend unter Beweis stellen, sollte mehr Verantwortung übertragen werden. Wenn das Potenzial eines Mitarbeiters am Arbeitsplatz nicht voll ausgeschöpft werden kann, sollte eine Automatisierung oder der Einsatz eines weniger fähigen Mitarbeiters erwogen werden.

weiter oben stehenden Bedürfnisse nur außerhalb der Arbeit befriedigen können, was wiederum bedeutet, dass ihre langfristige Arbeitszufriedenheit ausschließlich an die Höhe ihrer Vergütung gekoppelt ist.

Dennoch glaubte McGregor, dass Theorie X bei umfangreichen Produktionsabläufen eher praktikabel ist als Theorie Y.

Theorie Y Diese Theorie betrachtet Mitarbeiter eher als gereifte Persönlichkeiten, die

- tatsächlich arbeiten wollen;
- selbstbestimmt und engagiert im Sinne der Unternehmensziele handeln können;
- engagiert sind, wenn sie durch Anreize motiviert werden;
- Verantwortung übernehmen können und diese auch aktiv einfordern;
- erfinderisch und kreativ sind und Probleme eigenständig lösen.

Bei Theorie Y hat das Unternehmen viel mehr Möglichkeiten, die Mitarbeiter zu mobilisieren. Durch Dezentralisierung und Delegierung werden Entscheidungsbefugnisse auf mehr Mitarbeiter verteilt.

Durch die Erweiterung von Stellenbeschreibungen kann wie bei der Delegierung das Bedürfnis nach Anerkennung befriedigt werden. Die Mitarbeiter können in den Entscheidungsfindungsprozess eingebunden werden, was ihre Kreativität fördert und ihnen zudem eine gewisse Kontrolle über ihr Arbeitsleben gibt. Die hieraus resultierende Motivation ist weitaus stärker als bei Theorie X.

McGregor hielt Theorie Y besonders im Falle von Dienstleistungen, Wissensarbeitern und partizipativen Problemlösungen für geeignet. Die in ihr enthaltenen Ideen werden manchmal auch als „weiches“ Management bezeichnet, sozusagen als Gegensatz zur „harten“ Variante von Theorie X. Andere unterscheiden zwischen „partizipativem“ und „autoritärem“ Führungsstil. Im Experiment erwies sich Theorie Y als unflexibel, doch viele Grundgedanken daraus finden sich in späteren Managementkonzepten wie etwa „Empowerment“. McGregor bezog sich zwar auf Erfahrungen in amerikanischen Unternehmen, doch es fiel britischen und europäischen Unternehmen nicht schwer, ihre eigenen Unternehmensstrukturen in seiner Arbeit wiederzuerkennen. In den 1980ern wurde dem Westen allerdings zunehmend bewusst, dass es auch noch ein anderes Führungsmodell gab, nämlich das japanische Modell. Die dortigen Unternehmensstrukturen und -praktiken, unterschieden sich erheblich von denen des Westens: Japanische Firmen boten Beschäftigung auf Lebenszeit, kollektive Entscheidungsfindung, eher implizite als explizite Kontrollmechanismen und ein umfassendes Interesse am Wohlergehen der Mitarbeiter. Im Ergebnis bedeutete dies sehr engagierte und hochmotivierte Mitarbeiter – doch das gesamte Konzept erschien so „unwestlich“, dass sein „Import“ außer Frage schien.

» Der Mensch ist ein nimmersattes Tier. «
Abraham Maslow, 1948

Theorie Z 1980 jedoch veröffentlichte der gebürtige Hawaiianer William Ouchi sein Buch *Theory Z: How American Management Can Meet the Japanese Challenge* (deutsch: *Theorie Z: Wie amerikanische Manager die japanische Herausforderung meistern können*). Er schlug ein Modell vor, das die besten amerikanischen und japanischen Praktiken kombinierte und Beschäftigung auf Lebenszeit sowie ganzheitliche Betreuung von Mitarbeitern und Familien bot, aber auch individuelle Verantwortlichkeiten und verschiedene Kontrollmechanismen einschloss. Ouchi meinte, dass hieraus stabile Beschäftigung, hohe Produktivität und eine hohe Arbeitsmoral resultieren würden.

45 Tipping Point

Der streitlustige frühere US-Verteidigungsminister Donald Rumsfeld verwendete den Begriff „Tipping Point“ bekanntlich zur Beschreibung des Wendepunkts, den der Irakkrieg seiner Meinung nach noch nicht erreicht hatte. Der „Tipping Point“ hat als nunmehr geflügeltes Wort seinen eigenen Wendepunkt erreicht und einen beeindruckenden Mitläufereffekt in der Unternehmenswelt ausgelöst.

Ein kurzer Streifzug durchs Internet zeigt, dass der Begriff im englischsprachigen Raum oft im Zusammenhang mit dem Irakkrieg, Meinungen zum Irakkrieg, dem Afghanistan-Krieg, Online-Medien, Öl, urheberrechtlich geschützten Softwaremarken, Internetwerbung, Internetvideos und Autismus auftaucht. Es wird auch deutlich, dass überraschend viele Unternehmen den Begriff als Handelsnamen nutzen, darunter Werbe- und Marketingagenturen, Bildungsanbieter und ein IT-Sicherheitsunternehmen.

» Die Welt – so sehr wir es auch wünschen – stimmt nicht mit unserer Intuition überein. «
Malcolm Gladwell, 2000

Der Begriff wurde vom US-Soziologen Morton Grodzins geprägt, der in den späten 1950ern Studien zur nachbarschaftlichen Integration betrieb. Er stellte fest, dass weiße Familien nach Einzug der ersten schwarzen Familien noch eine Weile blieben, doch sobald es „eine zu viel“ war, löste dies eine plötzliche Massenflucht der Weißen aus. Diesen Moment nannte er „Tipping Point“, also Wendepunkt. 2000 bereitete der in New York lebende Journalist Malcolm Gladwell das Prinzip in seinem Buch *Der Tipping Point* neu auf. Der Untertitel gibt näheren Aufschluss: *Wie kleine Dinge Großes bewirken können.*

Gladwells Ausgangspunkt ist die Erfolgsgeschichte der Schuhmarke Hush Puppies, die sich Mitte der 1990er von der typischen Spießermarke zum absoluten Must-Have-Label entwickelte: Innerhalb eines Jahres stieg der Umsatz in New York von 30 000 auf 430 000 verkaufte Paare. Jeder Marketingmanager träumt von solch einem Erfolg. Doch Marketing war hier gar nicht im Spiel. Stattdessen begannen einige hippe Kids aus Manhattan, die Schuhe zu tragen, gerade weil sie so unfassbar out waren. Schon bald wurde Isaac Mizrahi, ein bekannter Designer, mit ihnen ge-

Zeitleiste

1958
Tipping Point

sichtet. Ein anderer Designer nutzte sie in seiner Frühlingskollektion, der nächste folgte und plötzlich hatte einer der angesagtesten Läden in Hollywood einen fast acht Meter großen aufblasbaren Bassetwelpen – das Hush Puppies Markenmaskottchen – auf dem Dach. Ein Tipping Point war erreicht worden – allein durch Mundpropaganda hatte sich ein epidemieartiger Trend ausgebreitet.

Ein Ansteckungseffekt war eingetreten. Gladwell bezeichnet diese plötzliche Begeisterungswelle als Epidemie und tatsächlich sind Tipping Points ein durchaus reales Phänomen der Epidemiologie. Der Unterschied zwischen einer Viruswelle, die verebbt, und einer, die exponentiell zu einer Epidemie anwächst, ist sehr gering, was die Zahl der Personen betrifft, die das Virus weitergeben. Dies kann als Erklärung für das Phänomen Hush Puppies dienen. Doch wie kam es zur Ausbreitung dieser Epidemie? Gladwell nennt drei verantwortliche Faktoren: das „Gesetz der Wenigen"(*law of the few*), die „Verankerung" (*stickiness factor*) und die „Macht der Umstände" (*power of context*).

Drei Fürsprecher Das „Gesetz der Wenigen" besagt, dass für die epidemische Verbreitung einer Botschaft drei Arten von Fürsprechern benötigt werden:

1. **Vermittler (*connectors*)**: Diese Menschen scheinen jeden zu kennen und sind in vielen verschiedenen sozialen Umgebungen aktiv. Sie bringen Menschen zusammen.
2. **Kenner (*mavens*)**: Diese Menschen sammeln Wissen und teilen es gern mit Anderen. Das sind diejenigen, die sich auch zehn Jahre später noch an Preise erinnern können, alles über Hi-Fi-Anlagen wissen und Leserbriefe an Zeitungen schreiben. Sie sind Informationsspezialisten, sozusagen menschliche Datenbanken.
3. **Verkäufer (*salespeople*)**: Diese Menschen schaffen es immer und überall, Andere zu etwas zu bewegen. Sie leisten Überzeugungsarbeit.

„Paul Revere war ein Vermittler."
Malcolm Gladwell, 2000

Der „Verankerungsfaktor" bezieht sich darauf, wie effektiv die Aufmerksamkeit von Personen auf eine Idee oder ein Produkt gelenkt wird. Gladwell behauptet, dass das Kinderprogramm Sesamstraße schon Millionen von Kindern beim Lesenlernen geholfen habe, weil die knuffigen Puppen das ABC mit spielerischer Leichtigkeit in den Köpfen der kleinen Zuschauer verankern. Mit der „Macht der Umstände" ist gemeint, dass der richtige Moment und die richtigen Umweltbedingungen gegeben

Schon gehört ...?

Um mehr Bewusstsein für Diabetes und Brustkrebs bei der schwarzen Bevölkerung zu schaffen, veranstaltete Georgia Sadler, Leiterin des Community Outreach Program am Krebszentrum der Universität von San Diego, Seminare in diversen Kirchen der Stadt. Die Resonanz war jedoch gering; die Wenigen, die kamen, waren bereits über diese Krankheitsbilder informiert und wollten einfach nur mehr erfahren. Um eine Trendwende zu bewirken, benötigte Stadler also einen starken Kontext, einige Fürsprecher und einen Verankerungsfaktor, wobei ihr nicht viel Geld zur Verfügung stand.

Plötzlich hatte sie die zündende Idee und verlagerte ihre Kampagne von den Kirchen auf Friseursalons. Sie trainierte eine Gruppe von Haarstylistinnen aus verschiedenen Stadtteilen und zog einen Folkloristen hinzu, der ihnen beibrachte, Informationen durch das Erzählen von Geschichten zu vermitteln.

Die Haarstylistinnen hatten in ihren Salons die perfekte Zuhörerschaft; sie pflegten eine besondere Beziehung zu ihren Kundinnen und waren geborene Konversationskünstlerinnen. Sie waren Vermittlerinnen, Verkäuferinnen und Kennerinnen zugleich.

Sadler fütterte die Haarstylistinnen regelmäßig mit neuen Gesprächsaufhängern, Informationen und interessanten Details. Nach und nach ließen immer mehr Frauen Mammographien und Diabetestests durchführen. Das Konzept funktionierte. Malcolm Gladwell zufolge reicht es, sich auf wenige Schlüsselbereiche zu konzentrieren, um eine solche Trendwende auszulösen, denn „auch mit wenig lässt sich viel erreichen".

sein müssen, damit eine Epidemie sich ausbreiten kann. Zu Beginn der 1990er begann die sehr hohe Kriminalitätsrate in New York zu kippen: Innerhalb von fünf Jahren sank die Zahl der Mordfälle in der Metropole um mehr als 60 Prozent und die Gesamtzahl aller Straftaten halbierte sich. Diese Wende war einer Null-Toleranz-Polizeistrategie und einer Aufstockung des Polizeipersonals zu verdanken: Auch Bagatelldelikte wie U-Bahn-Graffitis wurden rigoros verfolgt, da angenommen wurde, dass sie der „Tipping Point" bzw. Auslöser für Schwerkriminalität waren. Die „Macht der Umstände" war in diesem Fall aufgrund des öffentlichen Drucks enorm: Die Bürger der Stadt wollten sich endlich wieder sicher fühlen.

Gladwell glaubt, dass bestimmte Gruppen die „Macht der Umstände" beeinflussen können. Rebecca Wells Buch *Die göttlichen Geheimnisse der Ya-Ya-Schwestern* verkaufte sich vor allem deshalb 2,5 Millionen Mal, weil es in Frauenlesekreisen weiterempfohlen wurde.

Gruppenzugehörigkeit wirkt sich auf das menschliche Verhalten aus – in einem vollen Kino werden Filme immer als lustiger oder spannender empfunden. Gruppenbeschlüsse sehen oft anders aus als Entscheidungen, die die Gruppenmitglieder individuell für sich getroffen hätten. Gladwell führt an, dass ein starker Gruppenzusammenhalt dazu beitragen kann, das epidemische Potenzial einer Idee zu verstärken. Doch wie groß kann eine Gruppe werden, bevor sich der starke Zusammenhalt lockert, und welche Schlüsse können Unternehmen hieraus ziehen?

Die Dunbar-Zahl Forschung und Erfahrung zufolge gibt es eine magische Obergrenze von 150 Personen: Diese Menge, auch als Dunbar-Zahl bekannt, gilt als größtmögliche Gruppe, in der ein Mensch stabile Beziehungen pflegen kann. Der britische Anthropologe Robin Dunbar entdeckte diese Grenzzahl im Rahmen seiner Untersuchungen von Primaten, prähistorischen Stämmen und Dorfgrößen. Die Siedlungen der Hutterer, einer Glaubensgemeinschaft, werden traditionell geteilt, sobald sie 150 Personen umfassen. Wenn bei W. L. Gore & Associates, dem Hersteller von Gore-Tex, ein Werk die Mitarbeiterzahl von 150 überschreitet, eröffnet das Unternehmen ein neues. Gore fährt seit nunmehr fast 40 Jahren hohe Gewinne ein und rangiert in den Listen der „besten Arbeitgeber" in den USA, Großbritannien, Deutschland, Italien und der gesamten EU ganz oben.

Laut Gladwell hat Gore einen organisierten Mechanismus geschaffen, der neuen Ideen und Informationen einen viel leichteren Durchbruch ermöglicht: Diese werden unter Nutzung der Gruppendynamik und der organisationalen Wissensbasis sofort von einer Person oder einem Teil der Gruppe an die gesamte Gruppe weitergeleitet. Wenn Gore versuchen würde, jeden Mitarbeiter einzeln zu instruieren, wäre dies viel schwieriger.

» Die Tipping-Point-Theorie erfordert … dass wir unsere Weltanschauung überdenken. «
Malcolm Gladwell, 2000

Gladwell, der gelegentlich wohl nicht ohne Neid als Überflieger unter den Management-Gurus bezeichnet wird, hält inzwischen regelmäßig Vorträge, betont jedoch, dass er dem Journalismus verhaftet bleibt. Manche Kritiker werfen ihm die Verbreitung von Binsenweisheiten vor, doch er fand immerhin Anklang bei so bedeutenden Managementtheoretikern wie Henry Mintzberg (siehe Seite 4). W. Chan Kim und Renée Mauborgne (siehe Seite 16) waren von seinen Ideen sogar so angetan, dass sie „Tipping Point Leadership" verfassten, eine detaillierte Fallstudie zum New Yorker Projekt der Verbrechensbekämpfung.

Worum es geht

Kleine Dinge können Großes bewirken

46 Total Quality Management

Wenn Management eine Wissenschaft ist, wie einige meinen, dann ist sie ungenau und bringt zudem unendlich viele Managementideen hervor, die häufig genauso schnell untergehen wie sie auftauchen. Eine Ausnahme bildet das Qualitätsmanagement, ein Bereich, in dem Wissenschaft vor allem mit Mathematik einher geht. Die US-Amerikaner haben bisher den wohl größten wissenschaftlichen Beitrag in punkto Management geleistet. Doch in Bezug auf die menschliche Dimension des Managements waren bislang meist die Japaner federführend.

Anfang der 1980er kamen zahlreiche westliche Unternehmen erstmals mit „Total Quality Management“ (TQM) in Berührung. Dieses Managementkonzept war eine Synthese unterschiedlicher Ideen und Instrumente, die seit dem Zweiten Weltkrieg in Japan entwickelt worden waren. Als einer der Pioniere des Qualitätsmanagements gilt der US-Amerikaner W. Edwards Deming. Der mathematische Physiker war als statistischer Berater für das U.S. Census Bureau (US-Amt für Bevölkerungsstatistik) tätig, bevor er 1947 vom Oberkommando der alliierten Besatzungsmächte nach Japan geholt wurde. Er sollte das schlechte japanische Qualitätsniveau verbessern, das sich überdeutlich in den Versorgungsgütern vor Ort zeigte.

„Umgestaltung ist die Aufgabe eines jeden.“
W. Edwards Deming, 1986

Deming brachte Japans Industrie so erfolgreich auf Vordermann, dass er dort noch heute fast wie ein Gott verehrt wird, wovon nicht zuletzt der jährlich verliehene Deming Award zeugt, der renommierteste Qualitätspreis des Landes. Er stellte einen 14-Punkte-Plan auf, genauer gesagt eine komplette Managementphilosophie, die eine Kultur der Verbesserung forderte und gleichzeitig die dafür erforderlichen Schritte aufzählte. So sollte unter anderem die Masseninspektion (die traditionelle Methode der Qualitätskontrolle) abgeschafft und durch statistische Nachweise vorhande-

Zeitleiste

1897 Das 80/20-Prinzip

1940er Lean Manufacturing

Kaizen – der Weg der kleinen Schritte

Kaizen (kontinuierliche Verbesserung) sorgt beständig für kleine, stufenweise Veränderungen im Unternehmensbereich. Als Kernelement des Total Quality Management ist es mittlerweile in das Lean Manufacturing eingeflossen (siehe Seite 28). Es kann ein sehr effektives Instrument sein, sofern es zusammen mit anderen genutzt wird. Kaizen funktioniert nur, wenn ausnahmslos alle Mitarbeiter der Organisation miteinbezogen werden. Nur so entsteht das optimale Umfeld für die Qualitätszirkel (siehe Seite 187), die eine wichtige Rolle bei der Umsetzung von Kaizen spielen.

Verbesserungen im großen Rahmen mögen attraktiver erscheinen. Doch solche Quantensprünge sind riskant und schwer zu realisieren, da sie sich auf so viele Personen und Prozesse auswirken. Veränderungen in kleinen Schritten dagegen sind einfacher (bei Kaizen kommen die Ideen von den Mitarbeitern selbst), schneller durchführbar, günstiger und weniger riskant – und ihr Effekt in der Summe ist oft größer als der eines Quantensprungs. Da Kaizen alle Mitarbeiter einbezieht, kann dieser Ansatz höchst motivierend sein. Allerdings muss die Unternehmensleitung weiterhin abwägen, ob manche Situationen möglicherweise doch radikale Veränderungen erfordern, denn solche wird Kaizen kaum bewirken.

Radikale Veränderungen werden im Japanischen mit dem Begriff *kaikaku* umschrieben. Im Westen hat sich inzwischen der etwas paradoxe Begriff „Blitz-Kaizen“ etabliert: Er bezeichnet eine einmalige, örtlich begrenzte Prozessverbesserung geringeren Umfangs, mit der sich ein Team eine Woche oder zehn Tage lang intensiv und ausschließlich beschäftigt.

ner Qualität ersetzt werden. Deming forderte intensive Schulungsmaßnahmen, die Abschaffung von Grenzen zwischen Abteilungen und die tägliche Einbindung der Unternehmensführung. Er befürwortete zudem kontinuierliche Verbesserung durch Wiederholung des PDCA-Zyklus: „Planung“ (Datenerfassung, Problemanalyse, Lösungskonzept), „Durchführung“, „Check“ (Überprüfung, Messung der Veränderung) und „Aktion“ (eventuelle Korrektur und Umsetzung).

Der rumänisch-amerikanische Wirtschaftsingenieur Joseph M. Juran (siehe Seite 68) war ein weiterer Wegbereiter des Qualitätsmanagements. Seine These, dass Qualität nicht zufällig entsteht, bildete die Grundlage seiner „Qualitätstrilogie“, die aus den Säulen Qualitätsplanung, Qualitätskontrolle und Qualitätsverbesserung besteht. Der japanische Wissenschaftler Kaoru Ishikawa war ebenfalls an der Entwicklung des TQM beteiligt: Er entwickelte zahlreiche Qualitätswerkzeuge, unter ande-

> **„Wir werden durch beste Bemühungen ruiniert.“**
> Demings Zweites Theorem

rem das „Ishikawa-Diagramm“, das auch als „Ursache-Wirkungs-Diagramm“ oder „Fischgräten-Diagramm“ bekannt ist. Der US-amerikanische Qualitätsexperte Armand Feigenbaum erwähnte schließlich in seinem 1951 erschienenen Buch erstmals den Begriff „Total Quality Control“ („Umfassende Qualitätskontrolle“); das Wort „Control“ wurde später von Ishikawa durch „Management“ ersetzt.

Obwohl viele Elemente des TQM in spätere Methodologien einflossen (siehe Seiten 112 und 156), wurde das TQM auch vielfach kritisiert. TQM stellt eine ganzheitliche Unternehmensphilosophie dar, wobei die oberste Führungsebene darauf achten muss, dass alle Mitarbeiter diese Philosophie in ihrer Arbeit umsetzen. Viele westliche Unternehmen pickten sich allerdings nur die Punkte des Konzepts heraus, die ihnen nützlich erschienen. In diesen Fällen war das Scheitern fast vorprogrammiert, was letztendlich zur sinkenden Popularität von TQM beitrug. TQM ist für eine unternehmensweite Anwendung konzipiert, also nicht nur für einzelne Abteilungen wie etwa die Produktion. Qualität und Geschäftsprozesse werden aus der Sicht des Kunden betrachtet, wobei sich der Kunde auch im eigenen Unternehmen befinden kann, etwa ein Kollege aus einer anderen Abteilung.

Die Kaizen-Methode TQM verfolgt zwei Hauptziele: absolute Kundenzufriedenheit (intern und extern) und das sogenannte Null-Fehler-Prinzip. Da Fehler als prozessbedingt betrachtet werden, besteht das Ziel darin, fehlerfreie Prozesse zu etablieren. Das Kaizen-Prinzip (siehe Kasten) ist als japanisches Äquivalent der „kontinuierlichen Verbesserung“ tief im TQM verankert und gilt als einzige Methode, die Kundenzufriedenheit auf hohem Niveau zu halten. Weitere Grundprinzipien sind folgende: Fehler werden vermieden statt korrigiert; die frühzeitige Fehlerbeseitigung im Produktdesign ist kostengünstiger als die spätere Produktanpassung; alle Mitarbeiter sind für die Qualität verantwortlich, was die Erkennung von Qualitätsmängeln und das Einbringen von Verbesserungsvorschlägen einschließt.

Der letztgenannte Grundsatz führte zum „Qualitätszirkel“, einem weiteren typischen Merkmal von TQM und zugleich eine gute Methode, Mitarbeitern mehr Verantwortung zu übertragen. Da Qualitätszirkel eng mit dem Kaizen-Prinzip verbunden sind, werden sie auch „Kaizen-Teams“ genannt. Es handelt sich um Gruppen überschaubarer Größe mit Mitgliedern, die ähnliche Arbeitsaufgaben haben und sich regelmäßig treffen, um arbeitsbezogene Probleme zu lösen, oft unter Zuhilfenahme von Ishikawa-Diagrammen. Für Qualitätszirkel gibt es unter anderem die folgenden Leitlinien:

- Die Teilnahme sollte freiwillig sein; niemand sollte dazu gedrängt werden.

- Die Treffen sollten regelmäßig unter Aufsicht eines Mentors erfolgen und anfangs eine Stunde pro Woche dauern; die Häufigkeit der Treffen hängt von den behandelten Problemen ab.
- Die Treffen sollten innerhalb der normalen Arbeitszeit an einem ruhigen Ort erfolgen, der frei von Ablenkungen ist.
- Die Treffen sollten einer klaren Agenda und Zielsetzung folgen.
- Der Zirkel sollte nötigenfalls fachliche Unterstützung anfordern können und über ein eigenes Budget verfügen.

„Qualität muss erzeugt, nicht kontrolliert werden.“
Phil Crosby, 1986

Phil Crosby, der unter anderem als Manager für die Qualitätskontrolle beim Pershing-Raketenprojekt verantwortlich war, machte schließlich viele Ideen des TQM dem US-Publikum schmackhaft. Er prägte den Begriff „Null Fehler“ (engl. *zero defects*) und eine seiner Devisen lautete „Mach's schon beim ersten Mal richtig“. Er formulierte auch die vier Maximen des Qualitätsmanagements:

1. Qualität bedeutet Erfüllung von Anforderungen.
2. Qualitätssicherung bereits im Vorfeld ist besser als spätere Qualitätskontrolle.
3. Null Fehler ist der Leistungsstandard bei der Qualität.
4. Die Maßgröße für Qualität sind die Kosten der Nichterfüllung.

Auch Crosby vertrat die Auffassung, dass die Unternehmensleitung die Hauptverantwortung für die Qualität hat und führte Qualitätszirkel in Form von „Qualitätsverbesserungsteams“ ein, um Mitarbeiter zu ermutigten, ihre eigenen Qualitätsziele festzulegen. Er schätzte, dass Hersteller durch kontinuierliche Fehler 20 % ihrer Erlöse vergeuden und dass der Anteil bei Dienstleistungsunternehmen sogar bis zu 35% betragen kann. Dies seien die Kosten der Nichterfüllung, die entstehen, wenn eine Anforderung nicht auf Anhieb fehlerfrei erfüllt wird. Wenn jedoch von vornherein in die Fehlervorbeugung investiert wird, würden sich die Kosten eines solchen Qualitätssicherungssystems mehr als auszahlen. „Qualität kostet nichts“ lautete Crosbys These, die er auch in seinem 1979 erschienenen Buch *Quality is Free* vertritt (deutscher Titel: *Qualität bringt Gewinn*, 1986).

TQM eignet sich gut für die Optimierung bestehender Prozesse, jedoch weniger für neue Prozesse. Die Methodologie basiert auf dem Grundsatz, dass bessere Qualität die Antwort auf alle Probleme ist. Viele Elemente des TQM finden sich in der internationalen Qualitätsmanagementnorm ISO 9001.

Worum es geht

Null Fehler, 100 Prozent Kundenzufriedenheit

47 Wertschöpfungskette

Michael Porter, einer der bedeutendsten Managementdenker seit Peter Drucker, gilt als strenger Verfechter des Wettbewerbs. Will ein Unternehmen im Wettbewerb bestehen, so sein Credo, muss es jede einzelne seiner Aktivitäten aus dem Blickwinkel der Wettbewerbsfähigkeit betrachten. Sein Fünf-Kräfte-Modell ist ein hilfreiches Tool zur Analyse des unternehmensexternen Wettbewerbs. Für die Analyse der unternehmensinternen Wettbewerbsfähigkeit entwickelte er das Konzept der Wertschöpfungskette (Value Chain).

Porter betrachtete alle miteinander zusammenhängenden Aktivitäten, die zur Herstellung eines Produkts oder einer Dienstleistung erbracht werden, als Glieder einer komplexen Kette. Jedes Kettenglied verursacht Kosten und trägt zugleich zum Wert des Endprodukts bei. Das Unternehmen möchte dem Kunden das Endprodukt zu einem Preis bzw. aggregierten Wert verkaufen, der die Summe der Kosten übersteigt. Die Differenz zwischen Ertrag und Kosten stellt die Marge des Unternehmens dar. Um diese Differenz zu maximieren, riet Porter Unternehmen dazu, die Wettbewerbsfähigkeit aller Glieder der Kette zu analysieren. Er unterteilte die Aktivitäten des Unternehmens in zwei Arten:

„Wert ist das, was Kunden zu zahlen bereit sind.“
Michael Porter, 1985

Primäraktivitäten liefern einen direkten wertschöpfenden Beitrag zur Erstellung des Produkts oder der Dienstleistung. Hierzu gehören:

- Eingangslogistik: Erhalt und Lagerung von gelieferten Rohstoffen mit anschließender Verteilung an die Stellen, wo sie benötigt werden;
- Produktion: Montage bzw. Herstellung des Endprodukts oder Bereitstellung der Dienstleistung;
- Ausgangslogistik: Lagerung und Distribution der Endprodukte;

Zeitleiste

1950
Supply Chain Management

MICHAEL PORTER (*1947)

Ein Kollege an der Harvard Business School beschrieb Michael Porter als den „wahrscheinlich einflussreichsten Wirtschaftsakademiker der Welt", wobei nicht wenige meinen, dass das Wort „wahrscheinlich" in diesem Fall wohl überflüssig ist. Kein anderer Managementdenker der Vergangenheit oder Gegenwart kommt Peter Drucker hinsichtlich des entgegengebrachten Respekts so nahe wie er.

Porter und Drucker verkörpern zwei gänzlich unterschiedliche Wesenstypen. Drucker, der Visionär, stellte stets den Menschen ins Zentrum seiner Philosophie. Porter ist Akademiker durch und durch, ein nüchterner Analytiker, dem jegliche Selbstdarstellung fernliegt. Harvard ernannte ihn zum University Professor – eine durchaus seltene Ehre – und schuf zur Unterstützung seiner Arbeit das Institut für Strategie und Wettbewerbsfähigkeit.

Porters Arbeit, deren zentrales Thema die Wettbewerbsfähigkeit ist, beschränkt sich nicht nur auf Unternehmen und Branchen, sondern beleuchtet auch ganze Nationen. Porters Buch *The Competitive Advantage of Nations* erschien 1990 (deutscher Titel: *Nationale Wettbewerbsvorteile: Erfolgreich konkurrieren auf dem Weltmarkt*, 1991). Seit dieser Zeit hat er individuelle Wettbewerbsstudien über Neuseeland, die Schweiz, Schweden sowie Kanada veröffentlicht und sich dadurch seinen eigenen Wettbewerbsvorteil erschaffen. Schon seit langem gilt er als einer der höchstbezahlten Akademiker der Welt.

Als Teil seiner Arbeit zur nationalen Wettbewerbsfähigkeit hob Porter das Potenzial branchenspezifischer „Cluster" hervor, regionaler wirtschaftlicher oder technologischer Stärkefelder wie Hollywood, Silicon Valley oder Silicon Fen bei Cambridge in England. Zu seinen weiteren Interessensgebieten gehören innerstädtische und ländliche Entwicklung, soziale Unternehmensverantwortung und Innovation. Zu seinen neueren Büchern zählen *Redefining Health Care* und *Can Japan Compete?* (Anwort: Ja, Japan ist wettbewerbsfähig, wenn es sich vom bürokratischen Kapitalismus abwendet). Japan verleiht mittlerweile jährlich einen Porter-Preis für Leistungen im strategischen Bereich.

- Marketing und Vertrieb: Aktivitäten, die den Kunden zum Kauf bewegen sollen, einschließlich Preisgestaltung, Wahl der Kanäle und Werbung;
- Service: Kundenbetreuung nach Kauf des Produkts, inklusive Installation, Kundendienst und Beschwerdemanagement.

Unterstützungsaktivitäten tragen zur Effizienz oder Effektivität der Primäraktivitäten bei. Hierzu gehören:

- Beschaffung: Erwerb aller Güter, Rohstoffe und Dienstleistungen, die für die Herstellung von Produkt oder Dienstleistung erforderlich sind („wertschöpfende“ Aktivitäten);
- Technologieentwicklung: Forschung und Entwicklung, Automatisierung und sonstiger Technologieeinsatz zur Unterstützung wertschöpfender Aktivitäten;
- Personalmanagement: Auswahl und Einstellung von Mitarbeitern, Schulungen, Entwicklungsmaßnahmen, Motivation und Vergütung;
- Unternehmensinfrastruktur: Organisation und Kontrolle, Finanzen, Recht, IT.

Indem das Unternehmen diese strategisch wichtigen Aktivitäten günstiger oder besser ausführt als die Konkurrenz, kann es sich einen Wettbewerbsvorteil verschaffen. Die Aktivitäten sind durch Verbindungen miteinander verknüpft, wobei Leistung oder Kosten sich gegenseitig beeinflussen. Diese Verbindungen sind von großer Wichtigkeit und schließen sowohl Informationsflüsse als auch Güter und Dienstleistungen ein. So müssen beispielsweise Marketing und Vertrieb rechtzeitige und realistische Umsatzprognosen an verschiedene Abteilungen weiterleiten. Nur dann kann die Einkaufsabteilung die richtigen Rohstoffmengen so ordern, dass sie zum richtigen Zeitpunkt ankommen. Die Eingangslogistik kann sich darauf einstellen und die Produktion kann die Abläufe so planen, dass Lieferungen eingehalten werden können.

Ein weiteres Beispiel für Verbindungen von Aktivitäten ist die Umgestaltung eines Produkts zur Reduzierung von Herstellungskosten, die unbeabsichtigt höhere Servicekosten nach sich zieht. Je effizienter das Unternehmen Wertkettenaktivitäten durchführt und ihre Verbindungen handhabt, desto höher wird seine Marge bzw. seine Wertschöpfung sein.

Kostenverständnis Die Wertkettenanalyse ist nützlich bei der Umsetzung der beiden generischen Wettbewerbsstrategien nach Porter, Kostenführerschaft und Differenzierung. Ihr Fokus auf separate Aktivitäten sollte zu einem besseren Kostenverständnis führen und den Weg dazu weisen, wie man die Kosten bei bestimmten Gliedern der Kette besser managt. Sie hilft dem Unternehmen auch bei der Entscheidung, welche Aktivitäten es besser als die Konkurrenz durchführen kann, indem sie Möglichkeiten zur Differenzierung aufzeigt. Die Wertkettenanalyse kann auch Aktivitäten herausstellen, bei denen eine Auslagerung sinnvoll erscheint.

Das Unternehmen kann einen Kostenvorteil erzielen, indem es entweder die Kosten einzelner Aktivitäten der Wertkette reduziert oder die Wertkette rekonfiguriert. Die Rekonfigurierung kann beispielsweise die Einführung eines neuen Produktionsprozesses oder neuer Vertriebskanäle umfassen. Der Logistikgigant FedEx gestaltete seine Wertschöpfungskette um, indem er sich eigene Flugzeuge zulegte und eine

Speichenarchitektur (*hub and spoke system*) entwickelte; mit diesen Maßnahmen revolutionierte er die Transportbranche.

> **„Wenn Unternehmen bestimmte Aktivitäten besser als die Konkurrenz ausführen, kann dies für die Leistungsüberlegenheit entscheidend sein, doch mündet dies meist eher in kompetitiver Konvergenz als in Einzigartigkeit."**
> **Michael Porter, 1985**

Porter hob einige Faktoren hervor, die sich auf die Kosten von Wertkettenaktivitäten auswirken können. Hierzu gehören: Skaleneffekte, Kapazitätsauslastung, Verbindungen zwischen Aktivitäten, Lernen, Wechselbeziehungen zwischen Geschäftseinheiten, Grad der vertikalen Integration, Zeitpunkt der Markteinführung und geografischer Standort. Kontrolliert ein Unternehmen diese Faktoren effektiver als seine Mitbewerber, kann es sich einen Kostenvorteil verschaffen.

Ein Unternehmen, das auf Differenzierung setzt, kann in allen Bereichen der Wertschöpfungskette nach Vorteilen suchen. So kann in der Beschaffung ein seltenes oder einzigartiges Einsatzmaterial eine Differenzierung ermöglichen. Gleiches gilt für Distributionskanäle, die einen hervorragenden Kundenservice anbieten. Die Umgestaltung der Wertschöpfungskette mit dem Ziel, eine Differenzierung zu erreichen, bedeutet vielleicht auch vertikale Integration, etwa durch Übernahme eines Kunden oder Lieferanten. Bei der Differenzierung geht es um Einzigartigkeit. Allerdings erfordert Differenzierung Kreativität und ist mitunter kostspieliger als gedacht.

Porter stellte diverse begünstigende Faktoren für Einzigartigkeit heraus und stellte fest, dass viele auch Kostentreiber waren. Hierzu gehören: Grundsätze und Entscheidungen, Verbindungen, Zeitplanung, Standort, Wechselbeziehungen, Lernen, Integration und Größe. Die Wertschöpfungskette eines Unternehmens kann nicht isoliert betrachtet werden. Sie ist Teil eines größeren Systems verschiedener Wertschöpfungsketten von Lieferanten, Kanälen und Kunden. Zusammen bilden sie das, was Porter als „Wertsystem" (*value system*) bezeichnet.

Zwischen den Ketten existieren Verbindungen, die mehr oder weniger formalisiert sein können. Durch vertikale Integration – die Übernahme von Lieferanten oder Kunden – lässt sich die Kontrolle ausweiten, doch die Koordination ist auch auf andere Weise möglich. Zulieferer von Motorkomponenten können beispielsweise einwilligen, ihre Werke in der Nähe von Autoherstellern anzusiedeln. Genauso wie ein Unternehmen seine internen Verbindungen geschickt handhaben muss, hängt seine Fähigkeit, einen Wettbewerbsvorteil zu erreichen und zu wahren, auch davon ab, wie gut es seine externen Verbindungen managen kann, wie auch das ganze Wertsystem, dem es angehört.

Worum es geht
Verbindungen zur Wettbewerbsfähigkeit

48 Krieg und Strategie

In den 1980ern kamen nicht wenige Topmanager auf die Idee, dass Unternehmensführung lediglich ein anderes Wort für Kriegsführung ist. Es ging ihnen nicht unbedingt darum, den Feind zu vernichten – auch wenn einige von ihnen das mit Sicherheit wollten – sondern darum, strategisch wie erfolgreiche Generäle zu agieren.

Auch wenn es heute keiner mehr zugeben will: Viele Konzernchefs verspüren eine gewisse Verbundenheit zu berühmten Generälen. Sie sehen in ihnen die Machertypen von Epochen, in denen der „Handel" noch nicht als respektables Tätigkeitsfeld galt. Wären sie später geboren worden, hätten sich die Männer, die später als Generäle bekannt wurden, vielleicht für eine Karriere in der Wirtschaft entschieden. Als Unternehmensführer hätten sie in vielerlei Hinsicht das Gleiche wie ein General getan, nämlich Pläne erstellt, Ressourcen organisiert und große Gruppen motiviert, um ein definiertes Ziel zu erreichen.

„So ist denn in der Strategie alles sehr einfach, aber darum nicht auch alles sehr leicht."
Carl von Clausewitz, 1832

Jack Welch, bis 2001 CEO von General Electric, machte kein Hehl aus seiner Bewunderung für Carl von Clausewitz, dessen Schriften als theoretische Analyse von Napoleons Kriegsführung gelten. Clausewitz war ein preußischer General, Heeresreformer und Militärtheoretiker, der unter anderem als Stabschef in Waterloo diente. Sein Hauptwerk *Vom Kriege* wurde 1832 posthum veröffentlicht. Er schrieb: „Die Strategie [...] entwirft den Kriegsplan", räumte jedoch ein, dass Pläne möglicherweise geändert werden müssen. Er fügte hinzu, dass „die Strategie mit ins Feld ziehen muss, um das Einzelne an Ort und Stelle anzuordnen. [...] Sie kann also ihre Hand in keinem Augenblick von dem Werke abziehen."

Das Zitat macht deutlich, dass Clausewitz' Ansatz in Bezug auf Strategie eher beschreibender als vorschreibender Natur war, was Welch durchaus zusagte. Welch zitierte einmal aus einem Brief, der von einem seiner Manager geschrieben wurde mit dem Hinweis, dass er viele seiner eigenen Gedanken über strategische Planung enthielt:

Zeitleiste

500 v. Chr.	1897 n. Chr.
Krieg und Strategie	Fusionen und Übernahmen

„In seinem Werk Vom Kriege fasste Carl von Clausewitz das Problem zusammen. Der Mensch werde keine Formel für die strategische Planung finden. Die detaillierte Planung schlage zwangsläufig fehl, da unvermeidliche Friktionen auftauchten, zufällige Ereignisse, Fehler bei der Umsetzung und der unabhängige Wille der Gegenseite. Vielmehr müsse den menschlichen Elementen Vorrang eingeräumt werden: Führung, Moral und dem instinktiven Vermögen der besten Generäle. Die Strategie bestand nicht in einem langfristigen Aktionsplan. Sie bestand in der Entwicklung einer zentralen Idee unter sich stetig ändernden Bedingungen."

Die Boston Consulting Group war sogar dermaßen von Clausewitz beeindruckt, dass sie ein Buch über veröffentlichten ließ (*Clausewitz – Strategie denken*, 2001). Doch es war nicht dieser preußische, sondern ein chinesischer General, der die Vorstellungen der westlichen Topmanager des späten 20. Jahrhunderts am besten in Worte fasste. Von japanischen Importen attackiert und belagert (noch mehr Militärjargon), suchten sie im fernen Osten nach Antworten auf die Frage, wie sie zurückschlagen sollten. In der japanischen Literatur wurden sie zwar nicht fündig, doch dafür stießen sie auf das herausragende Werk *Die Kunst des Krieges* von Sun Tsu (auch Sunzi genannt). Sun Tsu, ein Zeitgenosse von Konfuzius und Lao Tse, wurde um 500 v. Chr. geboren und war als äußerst erfolgreicher General an einer Reihe von Feldzügen beteiligt.

„Nach allem dem ergibt sich von selbst, daß es passender sei, Kriegskunst als Kriegswissenschaft zu sagen."
Carl von Clausewitz, 1832

Im Reich der Aphorismen *Die Kunst des Krieges* gilt nicht nur an westlichen Militärschulen seit langem als Klassiker. Das Buch beschäftigt sich eingehend mit Strategie und beinhaltet eine Sammlung an Aphorismen, die auch Gelegenheitslesern interessante Einsichten bieten. In 13 Kapiteln präsentiert Sun Tsu seine Gedanken über strategische Planung und Entwicklung, Manöver, Spontaneität im Feld, Konfrontation und den Einsatz von Spionen. Strategie ist für Sun Tsu das „große Werk" der Organisation, weshalb es unumgänglich ist, sich eingehend mit ihr zu befassen. Sie basiert auf fünf Grundelementen:

- Tao: Das Gefühl, gemeinsame Ideale zu haben, macht die Mitglieder einer Gruppe furchtlos.
- Natur: Tag, Nacht, Hitze, Kälte und Jahreszeiten.

Die Weisheiten des Sun Tsu

Derjenige, der weiß, wann er kämpfen kann und wann nicht, wird siegen. Derjenige, der weiß, wie er große und kleine Streitkräfte beherrscht, wird siegen. Derjenige, dessen Armee durch alle Ränge vom selben Geist beseelt ist, wird siegen. Derjenige, der sich vorbereitet und wartet, um den Feind unvorbereitet zu überraschen, wird siegen. Derjenige, der militärische Kapazitäten hat und nicht vom Herrscher abgelenkt wird, wird siegen.

Die Kunst des Truppeneinsatzes ist diese:
Wer dem Feind zehn zu eins überlegen sind, umzingle ihn;
Wer ihm fünf zu eins überlegen ist, greife ihn an;
Wer ihm zwei zu eins überlegen ist, teile ihn;
Wessen Kräfte gleich mit denen des Feindes sind, möge ihn einnehmen;
Wer ihm zahlenmäßig leicht unterlegen ist, möge sich zurückziehen;
Wer ihm in keiner Hinsicht gewachsen ist, möge vor ihm fliehen, denn eine kleine Truppe ist leichte Beute für eine große.
In allen Schlachten zu kämpfen und zu siegen ist nicht die höchste Kunstfertigkeit. Die höchste Kunstfertigkeit besteht darin, den Widerstand des Feindes ohne Kampf zu brechen.

- Lage: nah, weit, schwer oder leicht zugänglich und die Aussicht auf Leben oder Tod.
- Führung: Intelligenz, Glaubwürdigkeit, Menschlichkeit, Mut und Disziplin.
- Kunst: Flexibilität.

Sun Tsu erkennt an, dass Krieg eng mit Politik und Wirtschaft verknüpft ist. Die fünf wichtigsten Elemente bei Kriegsentscheidungen sind Politik, Zeit, günstige geografische Lage, Generäle und Gesetze – und die Politik nimmt den Spitzenplatz ein. Besonders gut in die heutige Zeit passt seine Überzeugung, dass Schlachten mit den geringstmöglichen Kosten gewonnen werden sollten. Der beste Weg zu gewinnen ist politische Strategie. Sun Tsu betont außerdem, dass die Kenntnis der Stärken des Feindes mindestens so wichtig ist wie die Kenntnis der eigenen Stärken, weshalb er den Einsatz von Spionen empfiehlt.

Lektionen für Manager? Im Kielwasser der erfolgreichen Wiederauflage von *Die Kunst des Krieges*, das inzwischen als die neue Bibel für Topmanager gilt, kamen mindestens 50 Management-Ratgeberbücher auf den Markt. Zu diesen zählt auch *Sun Tzu and the Art of Business* von Mark McNeilly. Darin formuliert der Autor sechs Strategeme aus Sun Tzus Werk zu strategischen Prinzipien für Manager um:

1. Erobern Sie Ihren Markt, ohne ihn zu zerstören. Direkte Konfrontation sollte wenn möglich vermieden werden. Preiskriege provozieren die schnellsten und aggressivsten Reaktionen von Mitbewerbern und wirken sich negativ auf die Gewinne aller aus.
   „Während eines Krieges ist es die beste Politik, einen Staat intakt einzunehmen; seine Zerstörung ist dem untergeordnet. . . Denn 100 Siege in 100 Schlachten zu erzielen ist nicht die höchste Kunstfertigkeit. Den Feind ganz ohne Kampf zu unterwerfen ist die allerhöchste Kunstt."
2. Attackieren Sie nicht die Stärken Ihres Konkurrenten, sondern seine Schwächen.
   „Eine Armee ist wie Wasser, denn so wie fließendes Wasser die Höhen meidet und in die Tiefen eilt, so meidet eine Armee Stärke und attackiert Schwäche."
3. Nutzen Sie Wissensvorsprung und Täuschungsmanöver, um die Macht Ihrer Unternehmensintelligenz zu maximieren.
   „Kenne den Feind und kenne dich selbst. In hundert Schlachten wirst du nie in Gefahr geraten."
4. Nutzen Sie Schnelligkeit und gute Vorbereitung, um die Konkurrenz geschickt zu überholen. Schnelligkeit ist nicht dasselbe wie Hast; sie erfordert viel Vorbereitung.
   „Sich ohne Vorbereitung auf den Zufall zu verlassen ist der größte aller Frevel. Sich im Vorfeld für jede Eventualität zu rüsten ist die größte aller Tugenden."
5. „Nutzen Sie Allianzen und strategische Kontrollpunkte, um Ihre Konkurrenten zu ‚formen' und Sie dazu zu bringen, sich Ihrem Willen zu fügen."
   „Wer geschickt Krieg führt, bringt den Feind zum Schlachtfeld und wird nicht von ihm dorthin gebracht."
6. Entwickeln Sie Ihre Führungsqualitäten, um das Potenzial Ihrer Mitarbeiter zu maximieren.
   „Wer Menschen wohlwollend, gerecht und aufrichtig behandelt und Vertrauen in ihnen weckt, wird erreichen, dass alle Armeesoldaten im Geiste vereint sind und ihren Führern gern dienen wollen."

Auch wenn das Werk von Sun Tzu noch heute ein gefragter Klassiker ist, haben Generäle als strategische Rollenmodelle längst ausgedient; an ihre Stelle sind inzwischen unter anderem Trainer von Sportmannschaften getreten.

Worum es geht

Strategietipps von Militärexperten

49 Web 2.0

Von einigen Ausnahmen abgesehen sind Unternehmen eher langsam und kurzsichtig, wenn es um Neuerungen geht. Doch wenn sie reagieren, dann mit vollem Engagement. Eine Handvoll Pioniere münzt eine neue Idee in einen Wettbewerbsvorteil um, bis alle anderen auf den Zug aufspringen. Dann wird das Neue zur Norm und das Terrain ist wieder abgesteckt. Das trifft auch und in besonderem Maße auf die Kommunikationstechnologie zu, die mit Telegramm, Telefon, Telex und Fax bereits eine revolutionäre Entwicklung hingelegt hatte, bevor sie durch das Internet mit all seinen Folgeerscheinungen ein weiteres Mal erfunden wurde. Doch „diesmal ist es anders", glauben einige (und sprechen anderen zufolge damit genau den Satz aus, der für Unternehmen besonders gefährlich ist).

Ideen über die Kommunikationsmöglichkeiten durch Datenpaketaustausch und Netzwerke gab es bereits Anfang der 1960er am MIT und 1965 wurde das erste Netzwerk mit Computern gebaut, die über eine Telefonleitung kommunizierten.

Doch erst in den 1980ern begann die Unternehmenswelt, das immense Potenzial zu erahnen und die erste Interop-Messe, auf der das Internet präsentiert wurde, fand 1988 stand. Das Internet (Abkürzung für engl. *interconnected network)* stellt als riesiges Netzwerk die zugrunde liegende Technologieplattform dar, doch Unternehmen waren anfangs vor allem an den Anwendungen interessiert, die auf Internetbasis genutzt werden konnten, insbesondere E-Mail und das über Browser zugängliche Web (World Wide Web, WWW). Vor allem E-Mail wurde bei Unternehmen rasch als Kommunikationsmedium und Marketingkanal populär, wobei die Begeisterung angesichts der Spam-Fluten inzwischen leicht abgekühlt ist. In Bezug auf das WWW verhielt sich die Geschäftswelt mitsamt Kunden deutlich vorsichtiger; die meisten Unternehmenswebseiten waren anfangs rein informativ. Der E-Commerce setzte sich zuerst in der geschützten Umgebung von Business-to-Business-(B2B-)Transaktionen durch. Als die ersten zufriedenstellend abgewickelten Onlinekäufe von Büchern oder Urlaubsreisen das Vertrauen der Verbraucher stärkten, nahmen deren Si-

Zeitleiste

frühe 1950er	1958	1964
Channel Management	Tipping Point	Die vier P's des Marketing

cherheitsbedenken ab und der E-Commerce schlagartig zu; inzwischen hat er im gesamten Einzelhandel Verbreitung gefunden. Sinkende Transaktionskosten führten zu sinkenden Preisen: In Großbritannien verzeichnete das Online-Shopping 2006 einen Anstieg um 50 Prozent mit einem Anteil von 10 Prozent am gesamten Einzelhandelsumsatz; in den USA betrug dieser Anteil immerhin 3 Prozent. Flexible Hersteller und Dienstleistungsunternehmen fackelten nicht lange mit der Nutzung dieses neuen Distributionskanals (siehe Seite 32). Für die Medienwelt ist das Web jedoch eher Fluch als Segen, da immer mehr Menschen dazu übergehen, sich über Blogs und soziale Netzwerke wie MySpace zu informieren statt auf Zeitung oder Fernsehen zurückzugreifen.

»[Das Internet] ermöglicht eine neue Geschäftsarchitektur, die die traditionelle Unternehmensstruktur als Grundlage für Wettbewerbsstrategie herausfordert.«
Don Tapscott, 2001

Ein Klick und weg Auch wenn das WWW den traditionellen Handel wohl nicht ersetzen wird, ist zu beobachten, dass viele Verbraucher zwar offline shoppen, ihre Kaufentscheidungen jedoch online treffen. Die Kehrseite der Medaille ist, dass immer mehr klassische Geschäfte zu reinen Showrooms mutieren: Manche Kunden kommen nur noch in die Läden, um die Produkte zu prüfen und sie dann im Web zu kaufen. Inzwischen „googelt" man ein Unternehmen oder Produkt, um sich Informationen zu besorgen und auch Käufe zu tätigen. Unternehmen brauchen längst nicht mehr nur eine Webpräsenz, sondern eine mit „Verankerungsfaktor" (siehe Seite 180), sonst sind die Kunden nach einem Klick weg. Das Web ist das ichbezogenste Umfeld der Welt, wie Yahoo schon vor einigen Jahren erkannte.

Als die Dotcom-Blase zerplatzte, musste die New Economy eine Weile nach Luft ringen und viele, die in der Online-Revolution nur einen Hype sahen, fühlten sich bestätigt. Unter ihnen auch Michael Porter. Er vertrat die Ansicht, dass das Internet keinen revolutionären Bruch mit der Vergangenheit darstellte, sondern lediglich Teil der anhaltenden IT-Entwicklung war, auf einer Stufe mit Technologien wie Scanning und drahtloser Kommunikation. Don Tapscott, Co-Autor von *Digital Capital* aus dem Jahr 2000 (deutsch: *Digital Capital*, 2001) dagegen argumentierte, das Internet sei bereits im Begriff eines dramatischen Wandels. Er nannte es die neue Infrastruktur des 21. Jahrhunderts, den „Mechanismus, mit dem Individuen Transaktionen durchführen, Fakten kommunizieren, Einsichten sowie Meinungen ausdrücken und zusammenarbeiten, um neues Wissen zu entwickeln".

Ansteckendes Virus

Virales Marketing, die Kunst der Verbreitung einer Botschaft mithilfe eines Ansteckungseffekts, wird immer schwieriger. Auf vielen Webseiten überbieten sich Anbieter mit Werbeanzeigen und die Web-Gemeinde reagiert mit zunehmendem Zynismus. Für Marketingmanager der Old Economy, die dennoch einen Versuch wagen wollen, hält der Blogger Karl Long (Web Integration Manager der Video Game Group von Nokia) den Hinweis parat, dass Erfolg in keinem Verhältnis zum Aufwand steht. Er empfiehlt:

Experimentieren: Virales Marketing sollte als eine Innovationsübung betrachtet werden, die den Aufbau eines Portfolios von Social Media Experimenten mit Blogs, Vlogs, Podcasts, Widgets und sozialen Netzwerken umfasst (Tools, die leichten Zugang und eine einfache Mitbenutzung ermöglichen). Scheitern ist nicht nur eine Option, sondern eine Voraussetzung. „Scheitern Sie schneller, damit Sie schneller Erfolg haben können."

Monitoring: Soziale Medien geben Marketingmanagern eine Fülle von Tools an die Hand, die ihnen Echtzeitmessung und direkte Beobachtung von Reaktionen im Markt ermöglichen. Technorati, del.icio.us, BlogPulse oder PubSub sind nur einige der Tools, mit denen sich verfolgen lässt, welche Ideen mit anderen geteilt werden und welche besonders gut ankommen. Beim Monitoring geht es weniger ums Messen, sondern vielmehr ums Zuhören. Wenn ein Unternehmen die unterschiedlichen Meinungsaustausche, Antworten und Mashups aufmerksam verfolgt, kann es einen wahren Reichtum an Informationen anhäufen, die die perfekte Grundlage für den nächsten Schritt bilden:

Reagieren: Zeigt das virale Marketing erste Effekte, sollte das Unternehmen bereits in den Startlöchern stehen, um aktiv am bewirkten Meinungsaustausch teilzunehmen. Es geht darum, das Geschehen im Markt so zu verstärken, dass das Unternehmen davon profitiert. Dabei spielen Spaß und Sinn für Humor eine wichtige Rolle. Wenn es überhaupt eine Regel für virales Marketing gibt, dann die, sich selbst bloß nicht zu ernst zu nehmen.

Während Porter glaubte, dass die universelle Adoption das Internet als Quelle des Wettbewerbsvorteils „neutralisieren" würde, meinte Tapscott, dass es Unternehmen ermögliche, einzigartige Produkte zu schaffen, Verschwendung zu minimieren, Differenzierung und neue Lieferanten und Kunden zu erreichen. Fakt ist, dass das Web sich seit seinen Anfangstagen bereits sehr verändert hat: Früher war es vor allem ein Ort für passiven Konsum in Form von Webseitenbesuchen, doch mittlerweile ist es zum Ort des aktiven Handelns geworden: Willkommen im Web 2.0!

Partizipieren statt publizieren Tapscott hatte Recht: Das Web wurde mehr als eine Mischung aus Einkaufspassage und Gelben Seiten. Beim Web 1.0 ging es ums Publizieren, beim Web 2.0 steht das Partizipieren im Fokus, meint Publizist Tony O'Reilly (der 2004 maßgeblich daran beteiligt war, dieses Phase-Zwei-Konzept einer breiten Öffentlichkeit bekannt zu machen). Typische Elemente des Web 2.0 sind die sogenannten „Wikis“, Content-Management-Systeme mit offenem Zugriff, mit denen Benutzer gemeinschaftlich an Inhalten arbeiten und sie online verfügbar machen können (*wiki-wiki* ist der hawaiianische Ausdruck für „schnell“). Das bekannteste Beispiel ist Wikipedia, die Online-Enzyklopädie. Die Veränderbarkeit durch alle Benutzer mag zwar auch Nachteile haben, doch nicht wenige Unternehmen nutzen Wikis inzwischen, um Meetings vorzubereiten oder Ideen zu entwickeln. In manchen Fällen wird das unternehmenseigene Wiki mittlerweile sogar intensiver genutzt als das Intranet.

» Das Produkt von eBay ist die kollektive Aktivität all seiner Nutzer; wie das Web selbst wächst eBay organisch in Reaktion auf die Nutzeraktivität. «
Don Tapscott, 2001

Mashups Web 2.0-Seiten stellen dem Benutzer die notwendige Software direkt, also ohne Download zur Verfügung. Der Netzwerkcharakter des Webs verstärkt sich: Die Vernetzung ist ein Schlüsselaspekt, sei es bei der Verbindung von Menschen durch soziale Netzwerke und Blogs, oder in Form einer Kombination bereits bestehender Inhalte zu neuen Medieninhalten, sogenannten „Mashups“ (von engl. *to mash up*, vermischen). So wurde z. B.ein Mashup erstellt, um Bürgern von New Orleans, die durch den Hurrikan Katrina ihre Arbeit verloren, bei der Arbeitssuche zu helfen. Beim Eingeben eines Suchprofils wurden automatisch über 1 000 Stellenbörsen durchsucht und alle passenden Angebote auf einer Google-Karte angezeigt. „Virales Marketing“ (siehe Kasten) zielt darauf ab, soziale Netzwerke im Web zu nutzen, um mithilfe einer Art „Mundpropaganda“ auf Produkte oder Dienstleistungen aufmerksam zu machen.

Web 2.0 Unternehmen wie eBay und Skype wurden im Web geboren. Wann immer jemand eBay oder Skype nutzt und einen Kommentar hinterlässt oder einen Kontakt hinzufügt, verbessert er das Tool für sich selbst und für andere. „Jedes Mal, wenn wir diese Seiten aufrufen, programmieren wir das Web“, meint Tapscott. Doch viele sind über ein vorsichtiges Antesten des Web 2.0 nicht hinausgekommen und einige entschlossen sich, in Second Life, einer der digitalen Welten des Web, Präsenz zu zeigen. Der Verlag Penguin rief ein neuartiges Wiki-Projekt namens *A Million Penguins* ins Leben, ein Mitschreibprojekt, das höchst unterschiedliche Talente anzog. Innovationsmöglichkeiten sind ganz klar vorhanden, aber die Web-Community erfordert ein sorgfältiges Management. Forschungsergebnisse deuten darauf hin, dass Marken, denen es gelingt, im Web emotionale Bindungen zu knüpfen, irgendwann nicht mehr nur ihren Schöpfern gehören, sondern auch denjenigen, die sie benutzen.

Worum es geht
Die neue Infrastruktur des 21. Jahrhunderts

50 Worin besteht Ihr eigentliches Geschäft?

Sehr selten passiert es, dass eine wirklich revolutionäre Idee das Licht der Welt erblickt und jedes vernünftige Unternehmen dazu bringt, seine Aktivitäten durch eine neue Brille zu betrachten. Eine solche Sehhilfe für Manager lieferte Theodore Levitt mit seinem scharfsichtigen, provokanten und höchst einflussreichen Artikel „Marketing-Kurzsichtigkeit" („Marketing myopia"), der 1960 in der *Harvard Business Review* erschien. Auch wenn Marketing in der Überschrift stand, ging es in diesem Artikel letztendlich um Strategie.

In den Industriestaaten gibt es wohl kaum ein Unternehmen, das nicht „kundenorientiert" ist oder es zumindest von sich behauptet. Die Vorstellung, dass es einmal eine Zeit gab, in der dies nicht so war, fällt schwer. Doch genau das traf auf den Beginn der 1960er zu, als Levitt beschloss, den US-Unternehmen eine gewaltige Standpauke zu halten. Er begann mit dem Hinweis, dass jede wichtige Branche früher einmal eine Wachstumsbranche war. Einige waren es noch immer, doch über ihnen schwebte das Damoklesschwert des Niedergangs. Andere stagnierten bereits. Der Grund dafür lag Levitt zufolge nicht in einer Marktsättigung, sondern am Versagen der obersten Managementebene. Levitt schrieb:

„Der beste Weg für ein Unternehmen, sein Glück zu machen, besteht darin, seines eigenen Glückes Schmied zu sein."

Theodore Levitt, 1980

„Das Wachstum der amerikanischen Eisenbahnen kam nicht deshalb zum Erliegen, weil die Nachfrage nach Personen- und Gütertransport nachließ. Im Gegenteil: Die Nachfrage stieg. Die Eisenbahnen stecken heute auch nicht deshalb in Schwierigkeiten, weil dieser Bedarf von anderen (Autos, Lastwagen, Flugzeugen oder sogar Telefonen) gedeckt wird, sondern weil sie selbst diesen Bedarf nicht deckten. Sie ge-

Zeitleiste

1450 Innovation

1938 Leadership

THEODORE LEVITT 1925–2006

Der Ökonom und Harvard-Professor Theodore Levitt sicherte sich seinen Platz in der modernen Managementgeschichte mit seinem Aufsehen erregenden Artikel „Marketing-Kurzsichtigkeit". Dieser Artikel – einer von 25, die er für die *Harvard Business Review* verfasste – wies ihn als kühnen Denker und scharfsinnigen Autor aus. Die Leserschaft war tief beeindruckt: Mehr als 1 000 Unternehmen bestellten innerhalb weniger Wochen 35 000 Exemplare und seither ist die Zahl auf über 850 000 gestiegen.

Levitt wurde in Deutschland geboren und emigrierte im Alter von zehn Jahren mit seiner Familie nach Dayton, Ohio. Bereits in der Schule trat er als Mitgründer einer Zeitung in Erscheinung. Später arbeitete er als Sportreporter bei der Lokalzeitung und beendete die High School per Fernstudium – seine Ausbildung war durch den Zweiten Weltkrieg und die Armee unterbrochen worden. Er erwarb einen Doktor in Wirtschaftswissenschaften, war als Berater in der Erdölindustrie tätig und zog 1959 nach Harvard, wo er sein restliches Berufsleben verbrachte.

Von 1985 bis 1990 war Levitt Herausgeber der *Harvard Business Review* und verhalf dem renommierten Managementmagazin zu einem großen Popularitätsschub. Er prägte den Begriff „Globalisierung", den er 1983 in einem Aufsatz mit dem Titel „The globalization of markets" erstmals verwendete.

statteten es anderen, ihnen Kunden wegzunehmen, weil sie annahmen, im Eisenbahngeschäft tätig zu sein und nicht im Transportgeschäft. Der Grund, warum sie ihre Branche falsch definierten, lag darin, dass sie eisenbahnorientiert und nicht transportorientiert dachten, sie waren produktorientiert anstatt kundenorientiert."

Unterhaltung, nicht Filme Hollywood hatte die Geburt des Fernsehens überlebt, allerdings nur äußerst knapp. Sämtliche großen Studios mussten drastische Restrukturierungsmaßnahmen durchführen und einige waren sogar ganz von der Bildfläche verschwunden. Die Ursache ihrer Schwierigkeiten war jedoch nicht der Vormarsch des Fernsehens, sondern ihre eigene Kurzsichtigkeit. Die Studios nahmen an, im Filmgeschäft tätig zu sein, während es tatsächlich das Unterhaltungsgeschäft war. Sie standen dem Fernsehen feindselig gegenüber, hätten es jedoch besser als Chance begrüßen sollen. Levitt fragte: „Wäre Hollywood kundenorientiert (Unterhaltung liefern) anstatt produktorientiert (Filme produzieren) gewesen, hätte es dann das finanzielle Fegefeuer durchschreiten müssen?" Er bezweifelte es.

Nach Levitt gab es so etwas wie eine Wachstumsbranche gar nicht, sondern nur Unternehmen, die in der Lage sind, Wachstumschancen zu schaffen. Tote oder sterbende „Wachstumsbranchen“ hatten an einem oder mehreren dieser vier Irrglauben festgehalten:

- Unser Wachstum ist durch eine zunehmende und immer wohlhabendere Bevölkerung gesichert.
- Es gibt kein konkurrierendes Substitut für das wichtigste Produkt unserer Branche.
- Wir können uns selbst durch Massenproduktion und rasch sinkende Stückkosten bei steigendem Output schützen.
- Exzellenz in technischer Forschung und Entwicklung wird unser Wachstum sicherstellen.

„Menschen kaufen eigentlich kein Benzin. Was sie kaufen, ist das Recht, weiter ihren Wagen zu fahren.“
Theodore Levitt, 1960

Levitt merkte an, dass ein wachsender Markt den Hersteller davon abhält, nachzudenken. Wenn das Produkt eines Unternehmens einen Markt hat, der automatisch expandiert, ist das Unternehmen geneigt, nicht weiter darüber nachzudenken, wie es selbst den Markt erweitern kann. Er warf der Erdölindustrie vor, an die ersten zwei Mythen geglaubt und sich darauf konzentriert zu haben, die Effizienz der Erdölgewinnung und -weiterverarbeitung zu verbessern, statt das generische Produkt oder dessen Marketing zu optimieren.

Adieu Kutscherpeitsche Levitt warnte, dass es keine Garantie gegen Produktüberalterung gibt; wenn die unternehmenseigene Forschung das Produkt nicht überflüssig mache, dann würde es die Forschung der Konkurrenz tun. Mit der Ankunft des Automobils war klar, dass keine noch so ausgefeilte Produktentwicklung die Branche der Kutscherpeitschenhersteller gerettet hätte. Hätte sie sich selbst der Transportbranche zugeordnet, wäre sie jedoch vielleicht in der Lage gewesen, durch den Umstieg auf die Herstellung von Keilriemen zu überleben.

In Massenproduktionsbranchen kann das Volumen sich laut Levitt als täuschende Falle entpuppen. Die Aussicht darauf, dass die Stückkosten mit steigendem Output rapide sinken, ist für die meisten Unternehmen verlockend. Also konzentrieren sie sich auf die Produktion. Doch die Folge ist, dass das Marketing vernachlässigt wird. Die Fixierung auf Forschung und Entwicklung kann genauso riskant sein, weil sie die Illusion erzeugt, dass das perfekte Produkt sich fast von ganz allein verkaufen wird. Auch hier wird das Marketing zum unliebsamen Stiefkind degradiert. In allen Fällen betrachten Unternehmen sich selbst als Hersteller von Produkten und Dienstleistungen, jedoch nicht als Lieferant von Kundenzufriedenheit.

Aber genau das sollten sie. Levitt zufolge stehen am Beginn einer Branche keine Patente, Rohstoffe oder Verkaufskünste, sondern die Kunden und ihre Bedürfnisse.

Die Entwicklung der Branche sollte also dort anfangen und dann sozusagen rückwärts verlaufen, über die Lieferung und Erzeugung bis hin zu den Rohstoffen.

Verkauf ist nicht gleichbedeutend mit Marketing Levitt meinte nicht, dass der Verkauf vernachlässigt werden sollte. Er betonte oft, dass Verkauf nicht gleichbedeutend mit Marketing ist. Ihm zufolge beschäftigt sich der Verkauf mit den Tricks und Techniken, die Leute dazu bringen, ihr Geld gegen das Produkt eines Unternehmens zu tauschen. Der Verkauf befasst sich jedoch nicht mit den Werten, die mit diesem Tausch verbunden sind. Im Gegensatz zum Marketing betrachtet der Verkauf den gesamten Geschäftsprozess auch nicht als einen Komplex aus integrierten Bemühungen, die darauf abzielen, Kundenbedürfnisse zu entdecken, zu erschaffen, zu wecken und zu befriedigen.

Levitt stellte fest, dass der Aufbau eines effektiven, kundenorientierten Unternehmens weit mehr erfordert als gute Absichten oder Verkaufsförderungstricks. Stattdessen kommt es auf die Qualität der Unternehmensorganisation und Unternehmensführung an. Unternehmen benötigen eine starke, dynamische Führungspersönlichkeit mit einer Vision, die fähig ist, begeisterte Anhänger zu gewinnen. Denn im Geschäft sind die Anhänger die Kunden.

» Der Unterschied zwischen Marketing und Verkauf ist mehr als semantisch. Verkauf konzentriert sich auf die Bedürfnisse des Verkäufers, Marketing auf die Bedürfnisse des Käufers. «
Theodore Levitt, 2001

Levitt fordert, dass Unternehmen ihren Fokus verlagern: Das Management sollte sich selbst nicht als Hersteller von Produkten sehen, sondern als Lieferant von Zufriedenheitserlebnissen, mit denen neue Kunden gewonnen werden – und es muss diese Idee mitsamt ihrer Bedeutung der gesamten Organisation nahe bringen. Das Management muss sich selbst also als „Kundengewinnungsexperten" sehen, wobei die oberste Führungskraft dafür verantwortlich ist, diese ehrgeizige Einstellung im Unternehmen zu verbreiten. Die oberste Führungskraft muss den Stil, die Richtung und die Ziele des Unternehmens festlegen. Das bedeutet auch, genau zu wissen, wohin er oder sie gehen will und sicherzustellen, dass die gesamte Organisation darüber informiert ist und entsprechende Begeisterung zeigt. Dies ist für Levitt die erste Voraussetzung für Leadership, denn wenn eine Führungspersönlichkeit ihr Ziel kennt, wird jeder Weg sie dorthin bringen.

Glossar

Bestand (Lagerbestand) Die zu einem bestimmten Zeitpunkt im Lager befindliche Menge von Rohmaterialien, Zwischen- oder Endprodukten.

Börsengang *siehe* IPO

Bricks and Clicks (Mauersteine und Mausklicks) Gleichzeitige Nutzung von Web und traditionellen Geschäfts-/Verkaufsräumen als einander ergänzende Distributionskanäle. Manchmal auch „Bricks and Mortar" („Mauersteine und Mörtel") oder abgekürzt „B&M" genannt.

Effizienz vs. Effektivität Effizienz bedeutet, ein Ziel mit möglichst geringem Einsatz von Mitteln oder möglichst großem Ertrag zu erreichen („die Dinge richtig tun" – Peter Drucker). Effektivität bezieht sich auf die Qualität der Zielerreichung („die richtigen Dinge tun").

Entrepreneur (franz. *entreprendre* – unternehmen) Person, die geschäftlich tätig wird, um Gewinn zu erzielen. Impliziert Initiative und Risikobereitschaft. Andere Bezeichnung für Unternehmer.

Ethisches Investment Ein Investitionsstil, der Kapitalbeteiligungen an „unethischen" Unternehmen vermeidet (z. B. Waffen-, Tabakindustrie). Auch Corporate Governance wird häufig unter dem Aspekt der „Ethik" betrachtet.

Flache Hierarchien *siehe* Hierarchische Organisation

5S Japanisches System der Arbeitsplatzorganisation: *seiri* (Aussortieren), *seiton* (Ordentlichkeit), *seiso* (Sauberkeit), *seiketsu* (Standards) und *shitsuke* (Selbstdisziplin).

Funktion Eine bestimmte Abteilung des Unternehmens, üblicherweise mit eigenem Budget, wie Vertrieb, Produktion, Marketing, Personal oder Finanzen.

Goodharts-Regel Sobald eine Maßnahme zu einem Ziel wird, ist sie keine gute Maßnahme mehr, weil sie den Fokus der Aktivität verändert.

Hierachische Organisation Eine Organisation mit zahlreichen, oft pyramidenartig angeordneten Managementebenen, wobei jede Ebene an die nächsthöhere berichtet. Bei einer flachen Hierarchie werden einige dieser Ebenen entfernt.

IPO Initial Public Offering. Das erstmalige Angebot der Aktien eines Unternehmens auf dem organisierten Kapitalmarkt. Auch Börsengang, Börsennotierung oder Listing genannt.

Kapital Finanzielle oder physische Vermögenswerte (Assets), die zur Erzielung von Einkommen bzw. Vermögen verwendet werden. Umfasst Geld, das in ein Unternehmen investiert wird (Beteiligungs- bzw. Eigenkapital) oder von diesem geliehen wird (Gläubiger- bzw. Fremdkapital). Investoren erwarten eine Rendite auf das Kapital, das sie investiert haben (ROCE, Return on Capital Employed bzw. ROCI, Return on Capital Invested).

Kerngeschäft Das Geschäft, das den größten Anteil zum Erfolg eines Unternehmens beiträgt. Wie Kernprodukte und Kernkompetenzen sollte es niemals Gegenstand einer Auslagerung (Outsourcing) sein.

Konglomerat Eine Ansammlung von branchenfremden Unternehmen, die sich üblicherweise im Eigentum einer Holding befinden. Auch Mischkonzern genannt. Wird von Investoren inzwischen nicht mehr bevorzugt.

Konsolidierung Innerhalb einer Branche eine Reduzierung der Anzahl von Konkurrenten, indem die Größeren die Kleineren entweder übernehmen oder eliminieren.

Konvergenz Schlagwort der 1990er, Bezeichnung für die wachsende Interdependenz von Telekommunikation, Computern und Medien. „Strategische" Konvergenz bezeichnet die zunehmende Ähnlichkeit individueller Unternehmensstrategien.

Listing *siehe* IPO

Logistik Technisch gesehen das Management des Material- und Informationsflusses entlang der Lieferkette (Supply Chain). Häufig auch Sammelbegriff für Transport und Lagerung.

Marge Prozentualer Anteil des Gewinnes am Umsatz. Auch Gewinnspanne oder Umsatzrendite genannt.

Markteintrittskosten *siehe* Markteintritts-/Marktaustrittshürden.

Markteintritts-/Marktaustrittsbarrieren Faktoren, die neue Konkurrenten am Markteintritt oder existierende Konkurrenten am Marktaustritt hindern. Üblicherweise mit Kosten oder Know-how verbunden – daher „Markteintrittskosten".

Mass Customization (individualisierte Massenfertigung) Anpassung eines Massenprodukts an individuelle Wünsche des Verbrauchers.

Massenartikel (*commodities*) Im Gegensatz zu Markenartiken Produkte, hinter denen keine Marke steht und die nur aufgrund des geringen Preises gekauft werden.

Metrik Jargon für Messung oder Messbarmachung.

Multinationaler Konzern Unternehmen mit Niederlassungen in mehreren Ländern. Manche bezeichnen sich selbst lieber als „Weltkonzern" oder „Global Player".

Nachhaltige Entwicklung Eine von Unternehmen geförderte Entwicklung, die den Bedürfnissen der jetzigen Generation entspricht, ohne die Möglichkeiten künftiger Generationen zu gefährden, deren eigene Bedürfnisse zu befriedigen. Bezieht sich vor allem, wenn auch nicht ausschließlich, auf den Schutz der Umwelt.

Nichtregierungsorganisation (NGO, Non-Governmental Organization) meist mit altruistischer Zielsetzung. Oft Berührungspunkte zu den Themen Stakeholder und Corporate Social Responsibility.

Nische Kleiner Bereich eines großen Marktes. Nischenmarketing ist wesentlich zielgerichteter als Massenmarketing.

Non-Executive Director Im angloamerikanischen Raum ein Mitglied des Board (Organ der Unternehmensleitung), das keine Vorstandsfunktionen wahrnimmt und am ehesten mit einem Aufsichtsratsmitglied vergleichbar ist. Der „Non-Exec" gilt als unabhängig und soll die Interessen der Aktionäre bzw. Anteilseigner repräsentieren. Ein „Non-Exec", der zuvor Angestellter des Unternehmens war, gilt nicht als „unabhängig".

„Not-Invented-Here"-Syndrom Widerstand gegen Ideen oder Methoden, die nicht aus dem eigenen Unternehmen oder der eigenen Abteilung stammen.

Offenlegung Weitergabe von relevanten Informationen über Handelsaktivitäten, finanzielle Performance, Vermögenswerte und Verbindlichkeiten an Anteilseigner und andere interessierte Beteiligte.

Offshoring Verlagerung der Produktion oder eines anderen Unternehmensbereichs in ein anderes Land. Nicht zu verwechseln mit Outsourcing, was die Beauftragung eines in- oder ausländischen Fremdunternehmens mit einer bestimmten Aufgabe umfasst.

Penetration Bezeichnet das Eindringen in einen neuen Markt. Eine Penetrationsstrategie setzt auf einen niedrigen Einführungspreis, um Verbraucherakzeptanz zu erreichen.

Produktivität Das Mengenverhältnis zwischen produzierter Menge (Output, Ausbringungsmenge) und den beim Produktionsprozess eingesetzten Mitteln bzw. Produktionsfaktoren (Input, Einsatzmenge). Die Erhöhung der Produktivität ist eines der Hauptziele vieler Unternehmen.

Ressourcen Mitarbeiter, Ausrüstung, Einrichtungen, Geldmittel und Materialien, die eingesetzt werden, um ein bestimmtes Ziel zu erreichen. Das Problem mit Ressourcen ist ihre Begrenztheit.

Restbuchwert Da sich der Wert von Vermögensgegenständen (Assets) im Laufe der Zeit verringert, werden ihre Anschaffungskosten über eine Anzahl von Jahren gegen die Erlöse aufgerechnet. Je mehr Jahre, desto geringer die jährliche Belastung.

Risikokapital Auch Venture Capital oder Wagniskapital genannt. Außerbörsliches Beteiligungskapital, das eine Beteiligungsgesellschaft (Venture-Capital-Gesellschaft) für Unternehmungen bereitstellt, die als besonders riskant gelten (z. B. Start-ups). Devise: Hohes Risiko, hoher Ertrag.

SGE Strategische Geschäftseinheit. Eine Tochtergesellschaft, Abteilung oder gar ein Produkt des Unternehmens, das über einen eigenen Markt verfügt und seine eigene Strategie verfolgt.

Shareholder Value Wert des Aktionärsvermögens. Ein höherer Shareholder Value ist letztendlich gleichbedeutend mit mehr Geld, sei es in Form eines gestiegenen Aktienkurses, einer höheren Dividende oder einer Einmalzahlung.

Skimming (Martkabschöpfung) Preisstrategie für neue und insbesondere für einzigartige Produkte. Das Produkt wird hochpreisig eingeführt und sobald Mitbewerber erscheinen, wird der Preis gesenkt.

Skunk Works Eine kleine Gruppe von Experten, die einem Unternehmen angehört, jedoch autark arbeitet, meist um neue Produkte oder Technologien zu entwickeln.

Stadtmöblierung Form der Außenwerbung, beispielsweise an Bushaltestellen, Verkehrskreuzungen, Sitzbänken oder Kiosken.

Stückkosten Die Kosten für die Produktion einer Mengeneinheit. Mit steigender Produktionsmenge sinken die Stückkosten (positiver Skaleneffekt).

Synergie Das Ganze ist mehr als die Summe seiner Teile („eins plus eins gleich drei"). Der generierte (bzw. erhoffte) Mehrwert, wenn zwei Unternehmen oder Geschäftszweige fusionieren.

Unkorreliert Beschreibt Branchen oder Investitionen, deren Zyklen in keiner Beziehung zueinander stehen. Die Unkorreliertheit soll der Volatilität (Schwankung) entgegenwirken.

Vertikale Integration Ausweitung der Kontrolle entlang der Lieferkette, entweder durch Übernahme von Lieferanten (Rückwärtsintegration) oder Kunden (Vorwärtsintegration).

Virales Marketing Verbreitung einer Marketingbotschaft über soziale Netzwerke (durch Mundpropaganda oder auf elektronischem Wege) mit dem Ziel, durch Auslösung eines „Ansteckungseffekts" den Umsatz zu steigern.

Index

Danksagungen

Allen, die mich auf meinem Weg unterstützt haben, möchte ich an dieser Stelle meinen tiefsten Dank aussprechen, darunter Managementdenker und Freund Tom Lloyd, John Bates von der London Business School, Unternehmensberater Robert Fonteijn, Richard Rawlinson von Booz Allen Hamilton, Kochbuchverfasserin und Unternehmensberaterin Sarah Woodward und *prima inter pares* meine Agentin Caroline Wood. Doch sie trifft keine Schuld …

Widmung

Für MP

Titel der Originalausgabe:
50 Management Ideas You Really Need to Know

Published by arrangement with Quercus Publishing PLC (UK)

Bibliografische Information der Deutschen Nationalbibliothek
Die Deutsche Nationalbibliothek verzeichnet diese Publikation in der Deutschen Nationalbibliografie; detaillierte bibliografische Daten sind im Internet über http://dnb.d-nb.de abrufbar.

Springer ist ein Unternehmen von Springer Science+Business Media
springer.de

Spektrum Akademischer Verlag ist ein Imprint von Springer

11 12 13 14 15 5 4 3 2 1

Planung und Lektorat: Frank Wigger, Bettina Saglio
Umschlaggestaltung: wsp design Werbeagentur GmbH, Heidelberg
Titelfotografie: © iStockphoto.com
Redaktion: Kai Bergner
Satz: TypoDesign Hecker, Leimen

ISBN 978-3-8274-2636-9

Printed in the United States
By Bookmasters